张校铭 主 编
苏 萌 刘桂兰 副主编

电工
操作技能
快速学

U0210438

化学工业出版社
·北京·

本本书紧密结合电工日常作业要求，以大量的实际操作图配合深入浅出的语言，详细介绍了电工工具与仪表的使用、电子元器件的识别与检测、电工配线与安装、电动机的拆装与维修、变压器的维修、常用控制线路的安装、典型电气线路的安装与维修、常用低压电器及应用、常见导线的连接及绝缘处理、常用照明设备的安装与维修、电动机维修。引导电工技术初学者、电工技术初级从业人员快速入门，轻松上岗。

本书可供电工技术初学者、电气工人和维修人员阅读，也可供电工、电气专业师生参考。

图书在版编目（CIP）数据

电工操作技能快速学/张校铭主编. —北京：化学工业出版社，2017.1
ISBN 978-7-122-28482-2

Ⅰ.①电… Ⅱ.①张… Ⅲ.①电工技术 Ⅳ.①TM

中国版本图书馆 CIP 数据核字（2016）第 267991 号

责任编辑：刘丽宏　　　　　　　　　文字编辑：孙凤英
责任校对：宋　玮　　　　　　　　　装帧设计：刘丽华

出版发行：化学工业出版社（北京市东城区青年湖南街 13 号　邮政编码 100011）
印　　刷：北京永鑫印刷有限责任公司
装　　订：三河市宇新装订厂
850mm×1168mm　1/32　印张 10½　字数 300 千字
2017 年 1 月北京第 1 版第 1 次印刷

购书咨询：010-64518888（传真：010-64519686）　售后服务：010-64518899
网　　址：http://www.cip.com.cn
凡购买本书，如有缺损质量问题，本社销售中心负责调换。

定　　价：39.80 元　　　　　　　　　　版权所有　违者必究

前　言

现代社会，电气化程度正在日益提高，各行业、各部门从事电气工作的人员也在迅速增加。为了满足日益增多的涉足电气领域人员或想寻求一门专业技能的社会人员的学习需求，特编写了本书。

本书的特点是紧密结合电工日常作业要求，以大量的实际操作图配合深入浅出的语言，介绍了电工在日常作业中必须掌握的基本知识和操作技能，使读者能够一看即懂，一读就通。

全书力求文字简洁、图文并茂，详细介绍了电工工具与仪表的使用、电子元器件的识别与检测、电工配线与安装、电动机的拆装与维修、变压器的维修、常用控制线路的安装、典型电气线路的安装与维修、常用低压电器及应用、常见导线的连接及绝缘处理、常用照明设备的安装与维修、电动机维修。引导电工技术初学者、电工技术初级从业人员快速入门，轻松上岗。

本书由张校铭主编，苏萌、刘桂兰副主编，参加本书编写的还有孟建中、孟健杰、魏源徽、黄志深、翟东、宋颖、李川、高帅、彭思文、任振生、苏玉志、孙富财、王胜军、王顺利、王先成、孟祥杰、陈继勇、周福、温明慧、吴家盘、武燕兵，全书由张伯虎统稿。

由于水平所限，书中不足之处难免，恳请广大读者批评指正。

编者

目　录

第1章　电工常用知识　(001)

1.1　电工安全知识 ……………………………………… 001
  1.1.1　常用绝缘安全用具 ……………………………… 001
  1.1.2　一般防护用具 ………………………………… 002
1.2　检修安全用具 ……………………………………… 007
  1.2.1　常用绝缘安全用具 ……………………………… 007
  1.2.2　电气安全用具检验、保管和实验 ………………… 009
1.3　电工识图基础 ……………………………………… 010
  1.3.1　电气常用图形符号及文字符号 …………………… 010
  1.3.2　项目代号 ……………………………………… 021
  1.3.3　回路标号 ……………………………………… 023
  1.3.4　识图的基本步骤 ……………………………… 026

第2章　常用测量、计量仪器仪表及工具　(027)

2.1　常用测量仪器仪表 ………………………………… 027
  2.1.1　万用表 ………………………………………… 027
  2.1.2　钳形电流表 …………………………………… 037
  2.1.3　绝缘电阻表 …………………………………… 039
  2.1.4　示波器 ………………………………………… 042
  2.1.5　信号发生器 …………………………………… 050

　　　　2.1.6　电流表 ………………………………………… 052

　　　　2.1.7　电压表 ………………………………………… 054

　　　　2.1.8　万用电桥 ……………………………………… 056

　　　　2.1.9　功率表 ………………………………………… 060

　2.2　常用计量仪表 …………………………………………… 062

　　　　2.2.1　单相电度表与接线 …………………………… 062

　　　　2.2.2　三相电度表 …………………………………… 062

　2.3　常用量具的使用方法 …………………………………… 067

　　　　2.3.1　测量工具 ……………………………………… 067

　　　　2.3.2　水平垂直检查工具 …………………………… 068

　2.4　常用工具的使用方法 …………………………………… 069

　　　　2.4.1　使用划线工具及样冲 ………………………… 069

　　　　2.4.2　使用手锯锯割 ………………………………… 071

　　　　2.4.3　使用凿子錾削 ………………………………… 071

　　　　2.4.4　电钻及钻孔操作技能 ………………………… 073

　　　　2.4.5　使用丝锥攻螺纹和使用板牙套螺纹 ………… 075

　　　　2.4.6　矫正与弯曲 …………………………………… 075

第3章　电路控制器件与维修　(079)

　3.1　刀开关 …………………………………………………… 079

　　　　3.1.1　型号、结构和原理 …………………………… 079

　　　　3.1.2　常见故障与检修 ……………………………… 080

　3.2　按钮 ……………………………………………………… 082

　　　　3.2.1　用途和分类 …………………………………… 082

　　　　3.2.2　选用与注意事项 ……………………………… 083

　3.3　低压断路器 ……………………………………………… 084

　　　　3.3.1　型号、结构和原理 …………………………… 084

　　　　3.3.2　常见故障与检修 ……………………………… 085

　3.4　交流接触器 ……………………………………………… 086

　　　　3.4.1　型号、结构和原理 …………………………… 086

　　　　3.4.2　常见故障与检修 ……………………………… 088

　3.5　热继电器 ………………………………………………… 095

3.5.1　型号、结构和原理 ·················· 095

3.5.2　常见故障与检修 ·················· 096

3.6　时间继电器 ·················· 098

3.6.1　型号、结构和原理 ·················· 098

3.6.2　常见故障与检修 ·················· 099

3.7　行程开关 ·················· 100

3.7.1　型号、结构和原理 ·················· 100

3.7.2　常见故障与检修 ·················· 101

3.8　主电磁铁 ·················· 102

3.8.1　型号、结构和原理 ·················· 102

3.8.2　常见故障与检修 ·················· 103

3.9　凸轮控制器 ·················· 104

3.9.1　型号、结构和原理 ·················· 104

3.9.2　常见故障与检修 ·················· 105

第4章　电工配线与安装 （107）

4.1　电工配线 ·················· 107

4.1.1　用铝片线卡进行塑料护套线配线 ·················· 107

4.1.2　利用塑料卡钉进行塑料护套线配线 ·················· 111

4.1.3　线管配线 ·················· 112

4.1.4　使用绝缘子与夹板配线 ·················· 124

4.2　导线连接工艺 ·················· 130

4.2.1　剥削导线绝缘层 ·················· 130

4.2.2　导线的连接工艺及要求 ·················· 134

4.2.3　导线与设备元件的连接方法 ·················· 147

4.3　线路安装 ·················· 152

4.3.1　安装照明灯具、开关及插座 ·················· 152

4.3.2　照明电路故障的检修 ·················· 162

4.3.3　安装进户装置和配电装置 ·················· 164

4.3.4　室内配电箱的安装与配线 ·················· 172

第5章　电动机的拆装与维修　(180)

5.1　电动机的结构与工作原理 ················· 180
 5.1.1　三相异步电动机的结构 ············· 180
 5.1.2　三相异步电动机的工作原理 ········· 183
 5.1.3　三相异步电动机的铭牌标注 ········· 185
 5.1.4　铭牌上主要内容的意义 ············· 186
5.2　装配与检修 ····························· 192
 5.2.1　异步电动机的整体检查与试运行 ······ 192
 5.2.2　异步电动机的拆卸 ················· 194
 5.2.3　异步电动机的故障及处理 ············ 201

第6章　变压器的维修　(213)

6.1　变压器的作用、种类和工作原理 ··········· 213
 6.1.1　变压器的用途和种类 ··············· 213
 6.1.2　变压器的工作原理 ················· 214
6.2　电力变压器的主要结构及铭牌 ············· 215
 6.2.1　电力变压器的结构 ················· 215
 6.2.2　电力变压器的型号与铭牌 ··········· 223
6.3　变压器的保护装置 ······················· 225
 6.3.1　变压器的熔断丝保护 ··············· 225
 6.3.2　变压器的继电保护 ················· 225
6.4　变压器的安装与接线 ····················· 226
 6.4.1　杆上变压器台的安装与接线 ········· 227
 6.4.2　落地变压器的安装 ················· 240
6.5　变压器的试验与检查 ····················· 242
 6.5.1　变压器的绝缘油 ··················· 242
 6.5.2　变压器取油样 ····················· 243
 6.5.3　变压器补油 ······················· 244
 6.5.4　变压器分接开关的调整与检查 ········ 244
 6.5.5　变压器的绝缘检查 ················· 246

6.6 变压器的并列运行 ·· 248

    6.6.1 变压器并列运行的条件 ······················· 248

    6.6.2 变压器并列运行条件的含义 ················· 249

    6.6.3 变压器并列运行应注意的事项 ············· 250

6.7 变压器的检修与验收 ·································· 250

    6.7.1 变压器的检修周期 ····························· 250

    6.7.2 变压器的检修项目 ····························· 251

    6.7.3 变压器大修后的验收检查 ··················· 251

第7章　常用控制电路的原理与安装 ㉕㉓

7.1 三相异步电动机单向旋转控制电路 ············· 253

7.2 正反转控制电路 ·· 254

    7.2.1 电容启动式与电容启动运行式正反转控制

        电路 ··· 254

    7.2.2 三相电动机正反转控制电路 ················· 259

7.3 三相异步电动机顺序控制 ······················· 261

    7.3.1 两台三相异步电动机顺序启动、停止控制

        电路 ··· 261

    7.3.2 两台三相异步电动机顺序启动、停止控制

        电路的工作原理 ····························· 262

7.4 三相异步电动机自动降压启动电路的安装 ······ 263

    7.4.1 按钮切换 Y-△减压启动控制电路 ·········· 263

    7.4.2 时间继电器自动切换 Y-△减压启动控制

        电路 ··· 264

7.5 三相异步电动机制动控制 ······················· 265

    7.5.1 反接制动的基本原理 ·························· 265

    7.5.2 单向启动反接制动控制电路的工作原理 ····· 265

7.6 电动机控制电路的布线与配盘工艺 ············· 266

    7.6.1 电动机控制电路的布线要求 ················· 266

    7.6.2 电气元件的安装 ······························· 268

第8章 典型电气线路的分析与维修 (271)

8.1 CA6140 型普通车床电气控制与故障检修 ·············· 271

　　8.1.1 CA6140 型车床的外形 ·············· 271

　　8.1.2 CA6140 型普通车床的电气原理 ·············· 271

　　8.1.3 常见电气故障检修 ·············· 273

8.2 M7120 型磨床电气控制与故障检修 ·············· 274

　　8.2.1 M7120 型磨床的外形 ·············· 274

　　8.2.2 M7120 型磨床的电路原理 ·············· 274

　　8.2.3 M7120 型磨床的维修 ·············· 279

8.3 Z35 型钻床电气控制与故障检修 ·············· 280

　　8.3.1 Z35 型钻床的外形 ·············· 280

　　8.3.2 Z35 型钻床的电路原理 ·············· 280

　　8.3.3 Z35 型钻床的维修 ·············· 283

8.4 X62W 型铣床电气控制与故障检修 ·············· 284

　　8.4.1 电气控制分析 ·············· 284

　　8.4.2 X62W 型万能铣床电气线路的检修 ·············· 288

8.5 桥式起重机电气控制与维修 ·············· 293

　　8.5.1 16t 桥式天车电路 ·············· 293

　　8.5.2 16t 桥式起重机常见故障分析检修 ·············· 298

第9章 典型电子线路的安装调试与维修 (300)

9.1 电气控制线路的原理与安装 ·············· 300

　　9.1.1 三相异步电动机正反转控制电路调试与安装 ·············· 300

　　9.1.2 两台三相异步电动机顺序启动控制电路调试与安装 ·············· 302

　　9.1.3 两台三相异步电动机顺序停止控制电路调试与安装 ·············· 304

　　9.1.4 按钮切换 Y-△减压启动控制电路调试与安装 ·············· 306

9.1.5 时间继电器自动切换 Y-△减压启动控制
电路调试与安装 ······················· 308
9.2 电子线路安装与维修 ······················· 311
9.2.1 串联型稳压电源电子线路的安装与调试 ····· 311
9.2.2 晶体管放大电路的安装与调试 ··············· 313
9.2.3 NE555 时基电路及应用 ····················· 316
9.2.4 时间继电器电子线路的安装与调试 ··········· 321

参考文献 (324)

第1章
电工常用知识

1.1 电工安全知识

1.1.1 常用绝缘安全用具

（1）**绝缘手套和绝缘靴** 绝缘手套和绝缘靴均由特种橡胶制成，一般作为辅助安全用具，但绝缘手套可以作为在低压带电设备或线路上工作的基本安全用具，而绝缘靴在任何电压等级下都不可以作为防护跨步电压的基本安全用具。

绝缘手套可以使人的两手与带电体绝缘，是用特种橡胶（或乳胶）制成的，分12kV（试验电压）和5kV两种。绝缘手套是不能用医疗手套或化工手套代替使用的。绝缘手套一般作为辅助安全用具，在1kV以下电气设备上使用时可以作为基本安全用具。绝缘手套应按规定进行定期试验。

绝缘靴采用特种橡胶制成，作用是使人体与大地绝缘，防止跨步电压，分20kV（试验电压）和6kV两种。它的高度不小于15cm，而且上部另加高边5cm。必须按规定进行定期试验。

绝缘鞋：有高低腰两种，多为5kV，在明显处标有"绝缘"和耐压等级，作为1kV以下辅助绝缘用具，1kV以上禁止使用。使用中，不能用防雨胶靴代替。

（2）**绝缘台、绝缘垫、绝缘毯** 绝缘台、绝缘垫和绝缘毯均系辅助安全用具，绝缘台用干燥的木板或木条制成，其站台的最小尺寸是 0.8m×0.8m，四角用绝缘子作台脚，其高度不得小于 10cm，绝缘垫和绝缘毯由特种橡胶制成，其表面有防滑槽纹，厚度不小于5mm。绝缘垫的最小尺寸为 0.8m×0.8m，绝缘毯最小宽度为0.8m，长度依需要而定，它们一般用于铺设在高、低压开关柜前，作固定的辅助安全用具。

1.1.2　一般防护用具

携带型接地线、临时遮栏、标示牌、护目镜、安全带、竹、木梯和脚扣等，这些都是防止工作人员触电、电弧灼伤、高空坠落的一般安全用具，其本身不是绝缘物。

（1）携带型接地线　如图 1-1 所示。

携带型接地线由短路各相和接地用的多股软铜线、将多股软铜裸线固定在各相导电部分和接地极上的专用线夹组成，一般要求多股软铜线的截面积不小于 $25mm^2$。

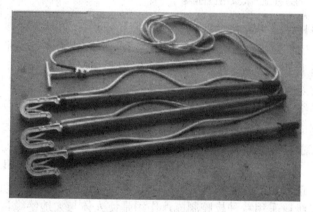

图 1-1　携带型接地线

接地线的使用注意事项：

① 接地线必须使用专用的线夹固定在导体上，严禁用缠绕的方法进行接地或短路。

② 接地线在每次装设以前应经过详细检查。损坏的接地线应及时修理或更换。禁止使用不符合规定的导线作接地或短路之用。

③ 对于可能送电至停电设备的各方面或停电设备可能产生感应电压的都要装设接地线，所装接地线与带电部分应符合安全距离的规定。

④ 检修部分若分为几个在电气上不相连接的部分，如分段母线以隔离开关（刀闸）或断路器（开关）隔开分成几段，则各段应分别验电接地短路。接地线与检修部分之间不得连有断路器（开关）或熔断器（保险）。

⑤ 装设接地线必须由两人进行。装设接地线时须先接接地端，后接导体端，且必须接触良好。拆接地线的顺序与此相反。装、拆接地线均应使用绝缘棒和戴绝缘手套。

⑥ 在室内配电装置上，接地线应装在该装置导电部分的规定地点，这些地点的油漆应刮去，并划下黑色记号。

⑦ 每组接地线均应编号，并存放在固定地点，存放位置亦应编号，接地线号码与存放位置号码必须一致。

⑧ 装、拆装地线，应做好记录，交接班时应交待清楚。

（2）标示牌和遮栏

① 常用的标示牌式样

a. 安全标示

• 安全色：传递安全信息含义的颜色，包括红、蓝、黄、绿四种颜色。红色表示禁止、停止、危险以及消防设备的意思；蓝色表示指令，要求人员必须遵守的规定；黄色表示警告、提醒人们注意；绿色表示给人们提供允许、安全的信息。

• 对比色：使安全色更加醒目的反衬色，包括黑、白两种颜色。

b. 安全标志：由安全色、几何图形和图形符号构成的，用以表达特定安全信息的标记称为安全标志。安全标志的作用是引起人们对不安全因素的注意，预防发生事故。

安全标志分为禁止标志、警告标志、指令标志和提示标志四类。

• 国家标准中《安全标志》对安全标志的尺寸、衬底色、制作、设置位置、检查、维修以及各类安全标志的几何图形、标志数目、图形颜色及其补充标志等作了具体规定。

安全标志的文字说明必须与安全标志同时使用。补充标志应位于安全标志几何图形的下方，文字有横写、竖写两种形式，设置在光线充足、醒目、稍高于人视线处。

• 禁止标志的几何图形是带斜杠的圆环（如图 1-2 所示），圆形背景为白色，圆环和斜杠为红色，图形符号为黑色。禁止标志有禁止烟火、禁止吸烟、禁止用水灭火、禁止通行、禁放易燃物、禁带火种、禁止启动、修理时禁止转动、运转时禁止加油、禁止跨越、禁止乘车、禁止攀登、禁止饮用、禁止架梯、禁止入内、禁止停留等 16 个。

• 警告标志的几何图形是三角形（如图 1-3 所示），图形背景是黄色，三角形边框及图形符号均为黑色。警告标志有：注意安全、当心火灾、当心爆炸、当心腐蚀、当心有毒、当心触电、当心机械伤人、当心伤手、当心吊物、当心扎脚、当心落物、当心坠落、当心车辆、当心弧光、当心冒顶、当心瓦斯、当心塌方、当心坑洞、当心电离辐射、当心裂变物质、当心激光、当心微波、当心滑跌等 23 个。

图 1-2　禁止标志

图 1-3　警告标志

• 指令标志是提醒人们必须要遵守的一种标志。几何图形是圆形，背景为蓝色，图形符号为白色，如图 1-4 所示。指令标志有：必须戴防护眼镜、必须戴防毒面具、必须戴安全帽、必须戴护耳器、必须戴防护手套、必须穿防护靴、必须系安全带、必须穿防护服等 8 个。

• 提示标志是指示目标方向的安全标志（如图 1-5 所示）。几何图形是长方形，按长短边的比例不同，分一般提示标志和消防设备提示标志两类。提示标志图形背景为绿色，图形符号及文字为白色。一般提示标志有太平门、紧急出口、安全通道等，消防提示标志有消防警铃、火警电话、地下消火栓、地上消火栓、消防水带、灭火器、消防水泵接合器等 7 个。

图 1-4　指令标志　　　　　图 1-5　提示标志

c.标示牌：如表 1-1 所示。

表 1-1　标示牌

序号	名称	悬挂处所	式样		
			尺寸/mm	颜色	字样
1	禁止合闸，有人工作！	一经合闸即可送电到施工设备的断路器(开关)和隔离开关(刀闸)操作把手上	200×100和80×50	白底	红字
2	禁止合闸，线路有人工作！	线路断路器(开关)和隔离开关(刀闸)把手上	200×100和80×50	红底	白字
3	在此工作！	室外和室内工作地点或施工设备上	250×250	绿底，上面有直径210mm白圆圈	黑字，写于白圆圈中
4	止步，高压危险！	施工地点临近带电设备的遮栏上；室外工作地点的围栏上；禁止通行的过道上；高压试验地点；室外构架上；工作地点临近带电设备的横梁上	250×200	白底红边	黑字，有红色箭头

续表

序号	名称	悬挂处所	式样		
			尺寸/mm	颜色	字样
5	从此上下！	工作人员上下的铁架、梯子上	250×250	绿底，上面有直径210mm白圆圈	黑字，写于白圆圈中
6	禁止攀登，高压危险！	工作人员上下的铁架临近可能上下的另外铁架上，运行中变压器的梯子上	250×200	白底红边	黑字

② 遮栏　用来防护工作人员意外触碰或过分接近带电部分或作检修部位距离带电体不够安全时的隔离措施，遮栏分一般遮栏、绝缘挡板和绝缘罩三种。遮栏均由干燥的木材或其他绝缘材料制成。

遮栏分为固定遮栏和活动遮栏大类，多用干燥木材制作，高度一般不小于1.7m，下部离地面小于10cm，上面设有"止步，高压危险"的警告标志。新型绝缘遮栏采用高强度、强绝缘的环氧绝缘材料制作，具有绝缘性能好、机械强度主、不腐蚀、耐老化的优点，用于电力系统各电压等级变电站中防止工作人员走错间隔，误入带电区域。

(3) **安全帽**　是一种重要的安全防护用品，凡有可能会发生物体坠落的工作场所，或有可能发生头部碰撞、劳动者自身有坠落危险的场所，都要求佩戴安全帽。戴安全帽时必须系好带子。

用于防止工作人员误登带电杆塔用的无源近电报警安全帽，属于音响提示型辅助安全用具。当工作人员佩戴此安全帽登杆工作中误登带电杆塔，人员对高压设备距离小于《电业安全工作规程》规定的安全距离时，安全帽内部的近电报警装置立即发出报警音响，提醒工作人员注意，防止误触带电设备造成人员伤亡事故。

(4) **安全带**　安全带多采用锦纶、维纶、涤纶等根据人体特点设计的防止高空坠落的安全用具。《电业安全工作规程》中规定凡在离地面2m以上的地点进行工作为高处作业，高处作业时，应使用安全带。

每次使用安全带时，必须作一次外观检查，在使用过程中，也注意查看，在半年至一年内要试验一次，以主部件不损坏为标准。如发现有破损变质情况及时反映并停止使用，以保证操作安全。

1.2　检修安全用具

1.2.1　常用绝缘安全用具

(1) 绝缘棒　如图 1-6 所示。

绝缘棒也称操作棒或绝缘拉杆，主要用于断开或闭合高压隔离开关、跌落式熔断器，安装和拆除携带型接地线，进行带电测量和实验工作等。绝缘棒由工作、绝缘和握手三部分组成，工作部分一般用金属制成，也可以用玻璃钢或具有较大机械强度的绝缘材料制成；绝缘和握手两部分用护环隔开，它们由浸过绝缘漆的木材，硬塑料、胶木或玻璃钢制成。

图 1-6　高压绝缘棒

使用保管注意事项：

① 操作前，棒面应用清洁的干布擦净；

② 操作时应戴绝缘手套、穿绝缘靴或站在绝缘台（垫）上，并注意防止碰伤表面绝缘层；

③ 型号规格符合规定；

④ 雨雪天气室外操作应使用防雨型绝缘棒；

⑤ 按规定进行定期试验；

⑥ 应存放在干燥处，不得与墙面地面接触，以保护绝缘表面。

(2) 绝缘夹钳　绝缘夹钳主要用于 35kV 及以下的电气设备上装拆熔断器等工作时使用。绝缘夹钳由工作钳口、绝缘和握把三部分组成，钳口要保证夹紧熔断器，各部分所使用的材料与绝缘棒相同。

使用注意事项：

① 操作前，夹钳表面应用清洁的干布擦净；

② 操作时戴绝缘手套、穿绝缘靴及戴护目镜，并必须在切断负载的情况下进行操作；

③ 雨雪或潮湿天气操作应使用专门防雨夹钳；

④ 按规定进行定期试验。

(3) 验电笔 验电笔分为高压和低压两类，低压验电器又称为试电笔，其主要作用是检查电气设备或线路是否有电压；高压验电器还可以用于检测是否存在高频电场。验电器的构成是由绝缘材料制成一根空心管子，管子上端有金属管工作触点，管内装有氖光灯和电容器。另外，绝缘和握手部分是用胶木或硬橡胶制成的。

低压验电器除用于检查电气设备或线路是否带电外，还可以区分相线（火线）和地线（零线），氖光灯泡发亮是相线，不亮的是地线。此外，还能区分交流电和直流电，交流电通过氖光灯泡时，两极都发亮，而直流电流通过时仅一个电极发亮。

高压验电笔使用注意事项：

① 为确保设备或线路不再带有电压，应按该设备或线路的电压等级选用相应的验电器进行验电。

② 验电前先检查验电器外观确保无损坏，再在带电设备上先进行试验，确认验电器完好后方可使用。

③ 验电时，不要用验电器直接触及设备的带电部分，应逐渐靠近带电体，至灯亮或风轮转动或语音提示为止。应注意验电器受邻近带电体影响。

④ 验电时，必须三相逐一验电。

使用低压试电笔时，应注意以下事项：

① 使用前，检查试电笔里有无安全电阻，再直观检查试电笔是否有损坏，有无受潮或进水。

② 使用试电笔时，不能用手触及试电笔前端的金属探头，这样做会造成人身触电事故。

③ 使用试电笔时，一定要用手触及试电笔尾端的金属部分，否则，因带电体、试电笔、人体与大地没有形成回路，试电笔中的氖泡不会发光，造成误判，认为带电体不带电。

④ 在测量电气设备是否带电之前，先要找一个已知电源测一测电笔的氖泡能否正常发光，能正常发光才能使用。

⑤ 在明亮的光线下测试带电体时，应特别注意氖泡是否真的发光（或不发光），必要时可用另一只手遮挡光线仔细判别。千万不要造成误判，将氖泡发光判断为不发光，而将有电判断为无电。

1.2.2 电气安全用具检验、保管和实验

(1) 日常检查

① 检查的安全绝缘工器具应在有效试验周期内，且合格；

② 检查验电器的绝缘杆是否完好，有无裂纹、断裂、脱节情况，按试验钮检查验电器发光及声响是否完好，电池电量是否充足，电池接触是否完好，如有时断时续的情况，应立即查明原因，不能修复的应立即更换，严禁使用不合格的验电器进行验电；

③ 检查接地线接地端、导体端是否完好，接地线是否有断裂，螺栓是否紧固，带有绝缘杆的接地线，检查绝缘杆有无裂纹、断裂等情况；

④ 检查绝缘手套有无裂纹、漏气现象，表面是否清洁，有无发黏等现象；

⑤ 检查绝缘靴靴底部有无断裂，靴面有无裂纹、是否清洁；

⑥ 检查绝缘棒有无裂纹、断裂现象；

⑦ 检查安全帽有无裂纹，系带是否完好无损。

(2) 安全用具的管理和存放

安全用具应存放在干燥通风处，并符合下列要求：

① 绝缘杆悬挂或放置在支架上，不得与墙接触；

② 绝缘手套存放在密闭橱内，与其他工具仪表分别存放；

③ 绝缘靴放在橱内，不得用作他处；

④ 验电器存放在防潮匣（或套）内。

1.3 电工识图基础

1.3.1 电气常用图形符号及文字符号

电气常用图形符号及文字符号如表 1-2、表 1-3 所示。

表 1-2　电气常用图形符号

图形符号	说明及应用	图形符号	说明及应用
G	发电机		双绕组变压器
M 3～	三相笼型感应电动机		三绕组变压器
M 1～	单相笼型感应电动机		自耦变压器
M 3～	三相绕线转子感应电动机	形式1　形式2	扼流圈、电抗器
M	直流他励电动机	形式1　形式2	电流互感器脉冲变压器

续表

图形符号	说明及应用	图形符号	说明及应用
	直流串励电动机	形式1 形式2	电压互感器
	直流并励电动机		断路器
	隔离开关		操作器件的一般符号 继电器、接触器的一般符号 具有几个绕组的操作器件,在符号内画与绕组数相等的斜线
	负荷开关		接触器主动合触点
	具有内装的测量继电器或脱扣器触发的自动释放功能的负荷开关		接触器主动断触点
	手动操作开关的一般符号		动合(常开)触点该符号可作开关的一般符号

图形符号	说明及应用	图形符号	说明及应用
	具有动合触点且自动复位的按钮开关		动断(常闭)触点
	具有复合触点且自动复位的按钮开关		先断后合的转换触点
	具有动合触点且自动复位的拉拔开关		位置开关的动合触点
	具有动合触点但无自动复位的旋转开关		位置开关的动断触点
	位置开关先断后合的复合触点		断电延时时间继电器线圈释放时,延时闭合的动断触点
	热继电器的热元件		断电延时时间继电器线圈释放时,延时断开的动合触点
	热继电器的动合触点		接触敏感开关的动合触点

续表

图形符号	说明及应用	图形符号	说明及应用
	热继电器的动断触点		接近开关的动合触点
	通电延时时间继电器线圈		磁铁接近动作的接近开关的动合触点
	通电延时时间继电器线圈吸合时，延时闭合的动合触点		熔断器的一般符号
	通电延时时间继电器线圈吸合时，延时断开的动断触点		熔断器式开关
	断电延时时间继电器线圈		熔断器式隔离开关
	熔断器式负荷开关		压敏电阻器
	火花间隙		热敏电阻器

续表

图形符号	说明及应用	图形符号	说明及应用
	避雷器		光敏电阻器
	灯和信号灯的一般符号		电容器的一般符号
	电喇叭		极性电容器
	电铃		半导体二极管的一般符号
	具有热元件的气体放电管 荧光灯启动器	θ	热敏二极管
	电阻器的一般符号		光敏二极管
	可变(调)电阻器		发光二极管

续表

图形符号	说明及应用	图形符号	说明及应用
	稳压二极管		双向晶闸管
	双向击穿二极管		N 沟道结型场效应晶体管
	双向二极管		P 沟道结型场效应晶体管
	具有 P 型基极的单结晶体管		N 沟道耗尽型绝缘栅场效应晶体管
	具有 N 型基极的单结晶体管		P 沟道耗尽型绝缘栅场效应晶体管
	NPN 型晶体管		N 沟道增强型绝缘栅场效应晶体管
	PNP 型晶体管		P 沟道增强型绝缘栅场效应晶体管
	反向晶体管		桥式整流器

表1-3 电气常用文字符号

单字母符号		双字母符号		
符号	种类	举例	符号	类别
D	二进制逻辑单元延迟器件、存储器件	数字集成电路和器件、延迟线、双稳态元件、单稳态元件、磁性存储器、寄存器磁带记录机、盒式记录机		
E	其他元器件	本表其他地方未提及的元件		
		光器件、热器件	EH	发热器件
			EL	照明灯
			EV	空气调节器
F	保护器件	熔断器、避雷器、过电压放电器件	FA	具有瞬时动作的限流保护器件
			FR	具有延时动作的限流保护器件
			FS	具有瞬时和延时动作的限流保护器件
			FU	熔断器
			FV	限压保护器件
G	信号发生器发电机电源	旋转发电机、旋转变频机、电池、振荡器、石英晶体振荡器	GS	同步发电机
			GA	异步发电机
			GB	蓄电池
			GF	变频机
H	信号器件	光指示器、声响指示器、指示灯	HA	声光指示器
			HL	光指示器
			HL	指示灯
K	继电器接触器		KA	电流继电器
			KA	中间继电器
			KL	闭锁接触继电器
			KL	双稳态继电器
			KM	接触器
			KP	极化继电器
			KP	压力继电器

续表

单字母符号		双字母符号		
符号	种类	举例	符号	类别
K	继电器 接触器		KT	时间继电器
			KH	热继电器
			KR	簧片继电器
L	电感器 电抗器	感应线圈、线路限 流器、电抗器(并联和 串联)	LC	限流电抗器
			LS	启动电抗器
			LF	滤波电抗器
M	电动机		MD	直流电动机
			MA	交流电动机
			MS	同步电动机
			MV	伺服电动机
N	模拟集成电路	运算放大器、模拟/数字混合器件		
P	测量设备 试验设备	指示、记录、计算、 测量设备,信号发生 器,时钟	PA	电流表
			PC	(脉冲)计数表
			PJ	电能表
			PS	记录仪器
			PV	电压表
			PT	时钟、操作时间表
Q	电力电路的 开关	断路、隔离开关	QF	断路器
			QM	电动机保护开关
			QS	隔离开关
			QL	负荷开关
R	电阻器	电位器、变阻器、可 变电阻器、热敏电阻、 测量分流器	RP	电位器
			RS	测量分流器
			RT	热敏电阻
			RV	压敏电阻

续表

单字母符号			双字母符号	
符号	种类	举例	符号	类别
S	控制、记忆、信号电路的开关器件	控制开关、按钮、选择开关、限制开关	SA	控制开关
			SA	选择开关
			SB	按钮
			SP	压力传感器
			SQ	位置传感器(包括接近传感器)
			SR	转速传感器
			ST	温度传感器
T	变压器	电压互感器、电流互感器	TA	电流互感器
			TM	电力变压器
			TS	磁稳压器
			TC	控制电路电力变压器
			TV	电压互感器
V	电真空器件半导体器件	电子管、气体放电管、晶体管、晶闸管、二极管	VE	电子管
			VT	晶体三极管
			VD	晶体二极管
			VC	控制电路用电源的整流器
X	端子插头插座	插头和插座、端子板、连接片、电缆封端和接头测试插孔	XB	连接片
			XJ	测试插孔
			XP	插头
			XS	插座
			XT	端子板
Y	电气操作的机械装置	制动器、离合器、气阀	YA	电磁铁
			YB	电磁制动器
			YC	电磁离合器
			YH	电磁吸盘
			YM	电动阀
			YV	电磁阀

双字母符号由表1-2的左边部分所列的一个表示种类的单字母符号与另一个字母组成，其组合形式以单字母符号在前，另一字母在后的次序标出，见表1-2的右边部分。双字母符号可以较详细和更具体地表达电气设备、装置、电气元件的名称。双字母符号中的另一个字母通常选用该类电气设备、装置、电气元件的英文单词的首位字母，或常用的缩略语，或约定俗成的习惯用字母。例如，"G"表示电源类，"GB"表示蓄电池，"B"为蓄电池的英文名称（Battery）的首位字母。

表中未列入大类分类的各种电气元件、设备，可以用字母"E"来表示。

标准给出的双字母符号若仍不够用时，可以自行增补。自行增补的双字母代号，可以按照专业需要编制成相应的标准，在较大范围内使用；也可以用设计说明书的形式在小范围内约定俗成，只应用于某个单位、部门或某项设计中。

(1) **辅助文字符号** 电气设备、装置和电气元件的种类名称用基本文字符号表示，而它们的功能、状态和特征用辅助文字符号表示，通常用表示功能、状态和特征的英文单词的前一、二位字母构成，也可采用缩略语或约定俗成的习惯用法构成，一般不能超过三位字母。例如，表示"启动"，采用"START"的前两位字母"ST"作为辅助文字符号；而表示"停止（STOP）"的辅助文字符号必须再加一个字母，为"STP"。

辅助文字符号也可放在表示种类的单字母符号后边组合成双字母符号，此时辅助文字符号一般采用表示功能、状态和特征的英文单词的第一个字母，如"GS"表示同步发电机，"YB"表示制动电磁铁等。

某些辅助文字符号本身具有独立的、确切的意义，也可以单独使用。例如，"N"表示交流电源的中性线，"DC"表示直流电，"AC"表示交流电，"AUT"表示自动，"ON"表示开启，"OFF"表示关闭等，常用的辅助文字符号见表1-4。

表 1-4　常用的辅助文字符号

H	高	RD	红	ADD	附加
L	低	GN	绿	ASY	异步
U	升	YE	黄	SYN	同步
D	降	WH	白	A(AUT)	自动
M	主	BL	蓝	M(MAN)	手动
AUX	辅	BK	黑	ST	启动
N	中	DC	直流	STP	停止
FW	正	AC	交流	C	控制
R	反	V	电压	S	停号
ON	闭合	A	电流	IN	输入
OFF	断开	T	时间	OUT	输出

(2) 数字代码　数字代码的使用方法主要有两种：

① 数字代码单独使用：数字代码单独使用时，表示各种电气元件、装置的种类或功能须按序编号，还要在技术说明中对代码意义加以说明。例如，电气设备中有继电器、电阻器、电容器等，可用数字来代表电气元件的种类，如"1"代表继电器，"2"代表电阻器，"3"代表电容器。再如，开关有"开"和"关"两种功能，可以用"1"表示开，用"2"表示关。

电路图中电气图形符号的连线处经常有数字，这些数字称为线号，线号是区别电路接线的重要标志。

② 数字代码与字母符号组合使用：将数字代码与字母符号组合起来使用，可说明同一类电气设备、电气元件的不同编号。数字代码可放在电气设备、装置或电气元件的前面或后面，若放在前面应与文字符号大小相同，放后面一般应作为下标。例如，3 个相同的继电器可以表示为"1KA、2KA、3KA"或"KA_1、KA_2、KA_3"。

1.3.2 项目代号

在电气图上，通常用一个图形符号表示的基本件、部件、组件、功能单元、设备、系统等，称为项目。项目有大有小，可能相差很多，大至电力系统、成套配电装置，以及发电机、变压器等，小至电阻器、端子、连接片等，都可以称为项目，因此项目具有广泛的概念。

项目代号是用以识别图、表图、表格中和设备上的项目种类，并提供项目的层次关系、实际位置等信息的一种特定的代码，是电气技术领域中极为重要的代号。由于项目代号是以一个系统、成套装置或设备的依次分解为基础来编写的，它建立了图形符号与实物间一一对应的关系，因此可以用来识别、查找各种图形符号所表示的电气元件、装置和设备及它们的隶属关系、安装位置。

(1) **项目代号的组成** 项目代号由高层代号、位置代号、种类代号、端子代号根据不同场合的需要组合而成，它们分别用不同的前缀符号来表示。前缀符号后面跟字符代码，字符代码可由字母、数字或字母加数字构成，其意义没有统一规定（种类代码的字符代码除外），通常可以在设计文件中找到说明，大写字母和小写字母具有相同的意义（端子标记例外），但优先采用大写字母。一个完整的项目代号包括 4 个代号段，其名称及前缀符号见表 1-5。

表 1-5 项目代号段及前缀符号

分段	名称	前缀符号	分段	名称	前缀符号
第一段	高层代号	=	第三段	种类代号	—
第二段	位置代号	+	第四段	端子代号	:

① 高层代号 系统或设备中任何高层次（对给予代号的项目而言）的项目代号，称为高层代号。由于各类子系统或成套配电装置、设备的划分方法不同，某些部分对其所属下一级项目就是高层。例如，电力系统对其所属的变电所，电力系统的代号就是高层代号，但对该变电所中的某一开关（如高压断路器）的项目代号，则该变电所代号就为高层代号。因此，高层代号具有项目总代号的

含义，但其命名是相对的。

② 位置代号 项目在组件、设备、系统或建筑物中实际位置的代号，称为位置代号。位置代号通常由自行规定的拉丁字母及数字组成，在使用位置代号时，应画出表示该项目位置的示意图。

③ 种类代号 种类代号是用于识别所指项目属于什么种类的一种代号，是项目代号中的核心部分。

④ 端子代号 端子代号是指项目（如成套柜、屏）内、外电路进行电气连接的接线端子的代号。电气图中端子代号的字母必须大写。

电气接线端子与特定导线（包括绝缘导线）相连接时，规定有专门的标记方法。例如，三相交流电机的接线端子若与相位有关系时，字母代号必须是"U""V""W"，并且与交流三相导线"L_1""L_2""L_3"一一对应。电气接线端子的标记见表1-6，特定导线的标记见表1-7。

表1-6 电气接线端子的标记

电气接线端子的名称		标记符号	电气接线端子的名称	标记符号
	1相	U	接地	E
交流系统	2相	V	无噪声接地	TE
	3相	W	机壳或机架	MM
	中性线	N	等电位	CC
保护接地		PE		

表1-7 特定导线的标记

电气接线端子的名称		标记符号	电气接线端子的名称	标记符号
	1相	L_1	保护接线	PE
交流系统	2相	L_2	不接地的保护导线	PU
	3相	L_3	保护接地线和中性线公用一线	PEN
	中性线	N	接地线	E
直流系统的电源	正	$L+$	无噪声接地线	TE
	负	$L-$	机壳或机架	MM
	中性线	L_M	等电位	CC

（2）**项目代号的应用** 一个项目代号可以由一个代号段组成，也可以由几个代号段组成。通常，种类代号可以单独表示一个项目，而其余大多应与种类代号组合起来，才能较完整地表示一个项目。

为了根据电气图能够很方便地对电路进行安装、检修、分析或查找故障，在电气图上要标注项目代号。但根据使用场合及详略要求的不同，在一张图上的某一项目不一定都有 4 个代号段。如有的不需要知道设备的实际安装位置时，可以省掉位置代号；当图中所有高层项目相同时，可省掉高层代号而只需要另外加以说明。

在集中表示法和半集中表示法的图中，项目代号只在图形符号旁标注一次，并用机械连接线连接起来。在分开表示法的图中，项目代号应在项目每一部分旁都标注出来。

在不致引起误解的前提下，代号段的前缀符号也可省略。

1.3.3 回路标号

电路图中用来表示回路种类、特征的文字和数字标号统称回路标号，也称回路线号，其用途为便于接线和查线。

（1）**回路标号的一般原则**

① 回路标号按照"等电位"原则进行标注，即电路中连接于一点上的所有导线具有同一电位而应标注相同的回路标号。

② 由电气设备的线圈、绕组、电阻、电容、各类开关、触点等电气元件分隔开的线段，应视为不同的线段，标注不同的回路标号。

③ 在一般情况下，回路标号由 3 位或 3 位以下的数字组成。

（2）**直流回路标号** 在直流一次回路中，用个位数的奇、偶数来区别回路的极性，用十位数字的顺序来区分回路中的不同线段，如正极回路用 11、21、31…顺序标号。用百位数字来区分不同供电电源的回路，如电源 A 的正、负极回路分别标注 101、111、121、131…和 101、112、122、132…；电源 B 的正、负极回路分别标注 201、211、221、231…和 201、212、222、232…。

在直流二次回路中，正极回路的线段按奇数顺序标号，如 1、3、5…；负极回路用偶数顺序标号，如 2、4、6…。

(3) **交流回路标号** 在交流一次回路中，用个位数字的顺序来区别回路的相别，用十位数字的顺序来区分回路中的线段。第一相按 11、21、31…顺序标号，第二相按 12、22、32…顺序标号，第三相按 13、23、33…顺序标号。对于不同供电电源的回路，也可用百位数字来区分不同供电电源的回路。

交流二次回路的标号原则与直流二次回路的标号原则相似。回路的主要降压元件两侧的不同线段分别按奇数、偶数的顺序标号，如一侧按 1、3、5…标号，另一侧按 2、4、6…标号。

当要表明电路中的相别或某些主要特征时，可在数字标号的前面或后面增注文字符号，文字符号用大写字母，并与数字标号并列。在机床电气控制电路图中，回路标号实际上是导线的线号。

(4) **电力拖动、自动控制电路的标号**

① 主（一次）回路的标号 主回路的标号由文字标号和数字标号两部分组成。文字标号用来表示主回路中电气元件和线路的种类和特征，如三相交流电动机绕组用 U、V、W 表示；三相交流电源端用 L_1、L_2、L_3 表示；直流电路电源正、负极导线和中间线分别用 L+、L−、M 标记，保护接地线用 PE 标记。数字标号由 3 位数字构成，用来区分同一文字标号回路中的不同线段，并遵循回路标号的一般原则。

主回路的标号方法如图 1-7 所示，三相交流电源端用 L_1、L_2、L_3 表示，"1""2""3"分别表示三相电源的相别；由于电源开关 QS 两端属于不同线段，因此，经电源开关 QS 后，标号为 L_1、L_2、L_3。

带 9 个接线端子的三相用电器（如电动机），首端分别用 U_1、V_1、W_1 标记；尾端分别用 U_2、V_2、W_2 标记；中间抽头分别用 U_3、V_3、W_3 标记。

对于同类型的三相用电器，在其首端、尾端标记字母 U、V、W 前冠以数字来区别，即用 $1U_1$、$1V_1$、$1W_1$ 与 $2U_1$、$2V_1$、$2W_1$ 来标记两个同类型的三相用电器的首端，用 $1U_2$、$1V_2$、$1W_2$ 与 $2U_2$、$2V_2$、$2W_2$ 来标记两个同类型的三相用电器的尾端。

电动机动力电路的标号应从电动机绕组开始，自下而上标号。以电动机 M_1 的回路为例，电动机定子绕组的标号为 $1U_1$、$1V_1$、

$1W_1$，热继电器 FR 的上接线端为另一组导线，标号为 $1U_1$、$1V_1$、$1W_1$；经接触器 KM 主触点的静触点，标号变为 $1U_2$、$1V_2$、$1W_2$；再与熔断器 FU_1 和电源开关的动触点相接，并分别与 L_1、L_2、L_3 同电位，因此不再标号。电动机 M_2 的主回路的标号可依次类推。由于电动机 M_1、M_2 的主回路分用一个电源，因此省去了标号中的百位数字。若主电路为直流回路，则按数字标号的个位数的奇偶性来区分回路的极性，正电源侧用奇数，负电源侧用偶数。

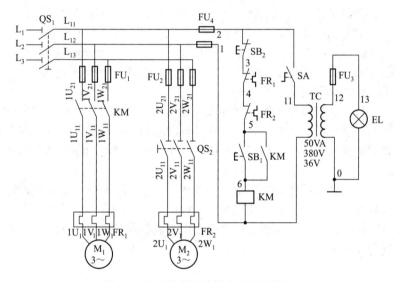

图 1-7　机床控制电路图中的线号标记

② 辅助（二次）回路的标号　以压降元件为分界，其两侧的不同线段分别按标号个位数的奇偶来依序标号，压降元件包括继电器线圈、接触器线圈、电阻、照明灯和电铃等。有时回路较多，标号可连续递增两位奇偶数，如"11、13、15、…""12、14、16、…"。

在垂直绘制的回路中，标号采用自上至中、自下至中的方式标号，这里的"中"指压降元件所在位置，标号一般标在连接线的左侧。在水平绘制的回路中，标号采用自左至中、自右至中的方式标号，这里的"中"同样指压降元件所在位置，标号一般标在连接线的上方。如图 1-7 所示的垂直绘制的辅助电路中，KM 为压降元件，因此，它们上、下两侧的标号分别为奇偶数。

1.3.4 识图的基本步骤

(1) **看图样说明** 图样说明的内容有：图样目录、技术说明、元件明细表、施工说明书等，识图时首先看图样说明，弄清设计内容和施工要求，抓住识图重点。

(2) **读电气原理图** 读电气原理图时首先分清主电路和辅助电路、交流电路和直流电路，其次看主电路和辅助电路的顺序图。

读电气原理图的一般方法：读主电路时，自下而上看，即从电气设备开始经控制元件，顺次往电源看；读辅助电路时自上而下，从左向右看，即先读电源，再顺次看各条回路，分析各条回路元件的工作情况及对主电路的控制关系。

(3) **读安装接线图** 同样先读主电路，再读辅助电路。读主电路时，从电源引入端开始，顺次经控制元件到用电设备；读辅助电路时，要从电源的一端到电源的另一端，按元件的顺序对每个回路进行分析研究。

读安装接线图要对照电气原理图。注意：回路标号是电气元件间导线连接标记，标号相同的导线原则上可以接在一起。还要弄清端子板内外电路的连接，内外电路的相同标号导线要接在端子板的同号接点上。

第2章
常用测量、计量仪器仪表及工具

2.1 常用测量仪器仪表

2.1.1 万用表

普通万用表主要用于检测电压、电流及电阻等物理量，通常在表盘上用 A、V、Ω 等符号来表示，有些万用表还能够测量音频电平。万用表的种类很多，按结构可分为两种：一种为机械式万用表，一种为数字万用表。

(1) 机械式万用表的结构及使用 普通机械式万用表由表头（磁电式）、挡位转换开关、机械调零钮、调零电位器、表笔、插座等构成。按旋转开关的不同形式可将机械式万用表分为两类：一类为单旋转开关型，如 MF9 型、MF10 型、MF47 型、MF50 型等；另一类为双旋转开关型，常用的为 MF500 型。下面以常用的 MF47 型万用表为例介绍其使用方法。

MF47 型万用表的外形如图 2-1 所示。

① 电路部分。万用表由 5 部分电路组成，它们分别是表头或表头电路（用于指示测量结果）、分压电路（用于测量交、直流电压）；分流电路（用于测量直流电流）、电池调零电位器等（用于测

量电阻)、测量选择电路(用于选择挡位量程)。

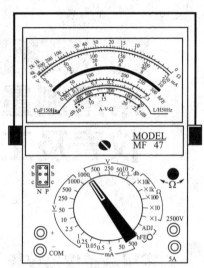

图 2-1　MF47 型万用表的外形

② 表头。机械式万用表采用磁电式微安表作为表头,其内部由上下游丝及磁铁等组成。当微小的电流通过表头时,会产生电磁感应,线圈在磁场的作用下转动,并带动指针偏转。指针偏转角度的大小取决于通过表头电流的大小。由于表头线圈的线径比较细,所以允许通过的电流很小,实际应用中为了能够满足较大量程的需要,在万用表内部没有分流及降压电路来完成对各种物理量的测量。

③ 表盘。如图 2-1 所示,第 1 条刻度线为电阻挡的读数线,它的右端为"0",左端为"∞"(无穷大),且刻度线是不均匀的,读数时应该从右向左读,即表针越靠近左端电阻值越大。第 2、3 条线是交流电压、直流电压及各直流电流的读数线,左端为"0",右端为最大读数。根据量程转换开关的不同,即使表针摆到同一位置时,其所指示的电压、电流的数值也不相同。第 4 条线是交流电压的读数线,是为了提高小电压读数的精度而设置的。第 5 条线是测量晶体管放大倍数(hFE 挡)的读数线。第 6、7 条线分别是测量负载电流和负载电压的读数线。第 8 条线为音频电平(dB)的读

数线。

MF47 型万用表设有反光镜片，可减小视觉误差，如图 2-1 所示。

④ 转换开关的读数

a.测量电阻：转换开关拨至 R×1～R×10k 挡位。

b.测交流电压：转换开关拨至 10～1000V 挡位。

c.测直流电压：转换开关拨至 0.25～1000V 挡位。若测高电压，则将表笔插入 2500V 插孔即可。

d.测直流电流：转换开关拨至 0.25～247mA 挡位。若测量大的电流，应把"正"（红）表笔插入"＋5A"孔内，此时负（黑）表笔还应插在原来的位置。

e.测晶体管放大倍数，将挡位开关拨至 hFE 挡，将半导体三极管插入 NPN 或 PNP 插座，读第 5 条线的数值，即为三极管放大倍数。

f.测负载电流 I 和负载电压 U，使用电阻挡的任何一个挡位均可。

g.音频电平 dB 的测量，应该使用交流电压挡。

⑤ 万用表的使用

a.使用万用表之前，应先注意表针是否指在"∞"（无穷大）的位置，如果表针不正对此位置，应用螺钉旋具调整机械调零钮，使表针正好处在无穷大的位置。注意：此调零钮只能调半圈，否则有可能会损坏，以致无法调整。

b.在测量前，应首先明确测试的物理量，并将转换开关拨至相应的挡位上，同时还要考虑好表笔的接法；然后再进行测试，以免因误操作而造成万用表的损坏。

c.一般测量，将红表笔（正）插入"＋"孔内，黑表笔（负）插入"－"插孔内，如需测大电流、高电压，可以将红表笔分别插入 2500V 或 5A 插孔。

d.测电阻：在使用电阻各不同量程之前，都应先将红、黑表笔对接，调整调零电位器，让表针正好指在零位，然后再进行测量，否则测得的阻值误差太大。

注意：每换一次挡，都要进行一次调零，再将表笔接在被测物的两端，就可以测量电阻值了。

电阻值的读法：将开关所指的数与表盘上的读数相乘，就是被测电阻的阻值。例如：用 R×100 挡测量一个电阻，指针指在"10"的位置，那么这个电阻的阻值是 $10×100Ω＝1000Ω＝1kΩ$；如果表针指在"1"的位置，其电阻值为 $100Ω$；若指在"100"的位置，则电阻值为 $10kΩ$，以此类推。

e. 测电压：测量电压时，应将万用表调到电压挡，并将两表笔并联在电路上，测量交流电压时，表笔可以不分正负极；测量直流电压时红表笔接电源的正极，黑表笔接电源的负极，如果接反，指针会向相反的方向摆动。如果测量前不能估计出被测电路电压的大小，应用较大的量程去试测，如果表针摆动很小，再将转换开关拨到较小的量程；如果表针迅速摆到零位，应该马上把表笔从电路中移开，加大量程后再去测量。

注意：测量电压时，应一边观察表针的摆动情况，一边试着用表笔进行测量，以防电压太高把表针打弯或把万用表烧毁。

f. 测直流电流：将表笔串联在电路中进行测量（将电路断开），红表笔接电路的正极，黑表笔接电路的负极。测量时应该先用高挡位，如果表针摆动很小，再换低挡位。如需测量大电流，应该用扩展挡。注意：万用表的电流挡是最容易被烧毁的，在测量时千万要注意。

g. 晶体管放大倍数（hFE）的测量：先把转换开关转到 ADJ 挡（无 ADJ 挡位则可用 R×1k 挡）调好零位，再把转换开关转到 hFE 进行测量。将晶体管的 b、c、e 3 个极分别插入万用表上的 b、c、e3 个插孔内，PNP 型晶体管插入 PNP 位置，读第 5 条刻度线上的数值；NPN 型晶体管插入 NPN 位置，读第 5 条刻度线的数值。以上数值均按实数读。

h. 穿透电流的测量：按照"晶体管放大倍数（hFE）的测量"的方法将晶体管插入对应的孔内，但晶体管的"b"极不插入，这时表针将有一个很小的摆动，根据表针摆动的大小来估测"穿透电流"的大小，表针摆动幅度越大，穿透电流越大，否则就小。

由于万用表 CUF、LUH 刻度线及 dB 刻度线应用得很少，在此不再赘述，可参见使用说明。

⑥ 万用表使用注意事项

a.不能在红、黑表笔对接时或测量时旋转转换开关，以免旋转到 hFE 挡位时，表针迅速摆动，将表针打弯，并且有可能烧坏万用表。

b.在测量电压、电流时，应该选用大量程的挡位先测量一下，然后再选择合适的量程进行测量。

c.不能在通电的状态下测量电阻，否则会烧坏万用表。测量电阻时，应断开电阻的一端进行测试，这样准确度高，测完后再焊好。

d.每次使用完万用表，都应该将转换开关调到交流最高挡位，以防止由于第 2 次使用不注意或外行人乱动烧坏万用表。

e.在每次测量之前，应该先看转换开关的挡位。严禁不看挡位就进行测量，这样有可能损坏万用表，这是一个从初学时就应养成的良好习惯。

f.万用表不能受到剧烈振动，否则会使万用表的灵敏度下降。

g.使用万用表时应远离磁场，以免影响表的性能。

h.万用表长期不用时，应该把表内的电池取出，以免腐蚀表内的元器件。

⑦ 机械式万用表常见故障 以 MF47 型万用表为例。

a.磁电式表头故障

• 摆动表头，指针摆幅很大且没有阻尼作用。故障为可动线圈断路、游丝脱焊。

• 指示不稳定。此故障为表头接线端松动或动圈引出线、游丝、分流电阻等脱焊或接触不良。

• 零点变化大，通电检查误差大。此故障可能是轴承与轴承配合不妥当，轴尖磨损比较严重，致使摩擦误差增加，游丝严重变形，游丝太脏而粘圈，游丝弹性疲劳，磁间隙中有异物等。

b.直流电流挡故障

• 测量时，指针无偏转，此故障多为：表头回路断路，使电流等于零；表头分流电阻短路，从而使绝大部分电流通不过表头；接线端脱焊，从而使表头中无电流流过。

• 部分量程不通或误差大，是由分流电阻断路、短路或变值所引起的。

• 测量误差大，原因是分流电阻变值当分流电阻变值时，若阻值变大，导致正误差超差；若阻值变小，导致负误差。

• 指示无规律，量程难以控制。原因多为量程转换开关位置窜动（调整位置，安装正确后即可解决）。

c.直流电压挡故障

• 指针不偏转，指示值始终为零。分压附加电阻断线或表笔断线。

• 误差大，原因是附加电阻的阻值增加引起指示值的正误差，阻值减小引起指示值的负误差。

• 正误差超差并随着电压量程变大而变得严重。表内电压电路元件因受潮而漏电，电路元件或其他元器件漏电，印制电路板因受污、受潮、击穿、电击炭化等引起漏电。修理时，刮去烧焦的纤维板，清除粉尘，用酒精清洗电路后进行烘干处理。严重时，应用小刀割铜箔与铜箔之间的电路板，从而使绝缘良好。

• 不通电时指针有偏转，小量程时更为明显。其故障原因是受潮和污染严重，使电压测量电路与内置电池形成漏电回路。处理方法同上。

d.交流电压、电流挡故障

• 交流挡时指针不偏转、示值为零或很小，多是由整流元件短路、断路，或引脚脱焊引起的。检查整流元件，如有损坏要进行更换，有虚焊时应重焊。

• 置于交流挡时，指示值减少一半。此故障是由整流电路故障引起的，即全波整流电路局部失效而变成半波整流电路使输出电压降低，更换整流元件，故障即可排除。

• 交流电压挡，指示值超差。是由串联电阻阻值变化超过元件允许误差而引起的。当串联电阻阻值降低、绝缘电阻阻值降低、转换开关漏电时，将使指示值偏高。相反，当串联电阻阻值变大时，将使指示值偏低而超差。应采用更换元件、烘干和修复转换开关的办法排除故障。

• 置于交流电流挡时，指示值超差，是由分流电阻阻值变化或电流互感器发生匝间短路引起的，更换元器件或调整修复元器件即可排除故障。

• 置于交流挡时，指针抖动。该故障是表头的轴尖配合太松、修理时指针安装不紧、转动部分质量改变等，由于其固有频率刚好与外加交流电频率相同，从而引起的共振。尤其是当电路中的旁路电容变质失效而无滤波作用时更为明显。排除故障的办法是修复表头或更换旁路电容。

e. 电阻挡故障

• 电阻常见故障是各挡位电阻损坏（原因多为使用不当，用电阻挡误测电压造成）。使用前，用手握两表笔，一般情况下，如果指针摆动则表示对应挡电阻烧坏，应予以更换。

• R×1挡两表笔短接之后，调节调零电位器不能使表针偏转到零位。此故障多是由于万用表内置电池电压不足，或电极触簧受电池漏液腐蚀生锈，从而造成接触不良。此类故障在仪表长期不更换电池的情况下出现最多。如果电池电压正常、接触良好，调节调零电位器表针偏转不稳定，无法调到欧姆零位，则多是调零电位器损坏。

• 在R×1挡可以调零，其他量程挡不能调到零位，或只是R×10k、R×100k挡调不到零。出现故障的原因是分流电阻阻值变小，或者高阻量程的内置电池电压不足。更换电阻元件或叠层电池，故障就可排除。

• 在R×1、R×10、R×100挡测量误差大。在R×100挡调零不顺利，即使调到零，但经过几次测量后，零位调节又变得不正常，出现这种故障是因为量程转换开关触点上有黑色污垢，使接触电阻增加且不稳定。擦洗各挡开关触点，直至露出银白色为止，从而保证其接触良好，可排除故障。

• 表笔短路，表头指示不稳定。故障原因多是线路中有假焊点，电池接触不良或表笔引线内部断线。修复时应从最容易排除的故障做起，即先保证电池接触良好，表笔正常，如果表头指示仍然不稳定，就需要寻找线路中的假焊点加以修复。

• 在某一量程挡测量电阻时严重失准，而其余各挡正常。这种故障往往是由于量程开关所指的表箱内对应电阻已经烧毁或断线。

• 指针不偏转，电阻指示值总是无穷大。故障原因大多是表笔断线、转换开关接触不良、电池电极与引出簧片之间接触不良、电池日久失效已无电压，以及调零电位器断路。找到具体原因之后进行针对性的修复，或更换内置电池，故障即可排除。

⑧ 机械式万用表的选用　万用表的型号很多，而且不同型号之间功能也存在差异，因此在选购万用表的时候，通常要注意以下几个方面。

a. 用于检修无线电等弱电子设备时，选用的万用表一定要注意以下 3 个方面：

• 万用表的灵敏度不能低于 $20k\Omega/V$，否则在测试直流电压时，万用表对电路的影响太大，而且测试数据也不准确。

• 外形选择。需要上门修理时，应选外形稍小一些的万用表，如 50 型 U201 等。如果不上门修理，可选择 NMF47 型或 MF50 型万用表。

• 频率特性选择。方法是用直流电压挡测高频电路（如彩色电视机的行输出电路电压）看是否显示标称值，如是则频率特性高；如指示值偏高则频率特性差（不抗峰值），此表不能用于高频电路的检测（最好不要选择此种）。

b. 检修电力设备时，如检修电动机、空调、冰箱等，选用的万用表一定要有交流电流测试挡。

c. 检查表头的阻尼平衡。首先进行机械调零，将表在水平、垂直方向来回晃动，指针不应该有明显的摆动；将表水平旋转和竖直放置时，表针偏转不应该超过一小格；将表针旋转 360°时，指针应该始终在零位附近均匀摆动。如果达到了上述要求，则说明表头在平衡和阻尼方面达到了标准。

(2) 数字万用表的结构及使用　数字万用表是利用模拟/数字转换原理，将被测量的模拟电量参数转换成数字电量参数，并以数字形式显示的一种仪表。它具有比机械式万用表的精度高、速度快、输入阻抗高、对电路的影响小、读数方便准确等优点，其外形如图 2-2 所示。

① 数字万用表的使用

首先打开电源，将黑表笔插入 "COM" 插孔，红表笔插入 "V·Ω" 插孔。

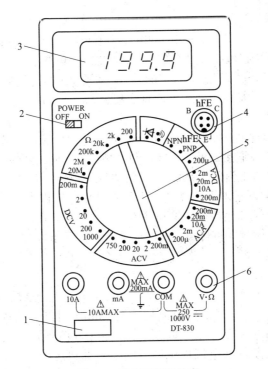

图 2-2 数字万用表外形

1—铭牌；2—电源开关；3—LCD 显示器；4—hFE 插孔；

5—量程选择开关；6—输入插孔

a. 电阻测量 将转换开关调节到 Ω 挡，将表笔测量端接于电阻两端，即可显示相应指示值，如显示最大值 "1"（溢出符号），则必须向高电阻值的挡位调整，直到显示有效值为止。

为了保证测量的准确性，在路测量电阻时，最好断开电阻的一端，以免测量电阻时会在电路中形成回路，影响测量结果。

注意：不允许在通电的情况下进行在线测量，测量前必须先切断电源，并将大容量电容放电。

b. "DCV"——直流电压测量 表笔必须与测试端可靠接触（并联测量）。原则上由高电压挡位逐渐往低电压挡位调节测量，直到该挡位量程的 1/3～2/3 为止，此时的指示值才是一个比较准确的值。

注意：严禁用小电压挡位测量大电压，不允许在通电状态下调整转换开关。

c."ACV"——交流电压测量　表笔必须与测试端可靠接触（并联测量）。原则上由高电压挡位逐渐往低电压挡位调节测量，直到该挡位量程的 1/3～2/3 为止，此时的指示值才是一个比较准确的值。

注意：严禁以小电压挡位测量大电压，不允许在通电状态下调整转换开关。

d.二极管测量　将转换开关调至二极管挡位，黑表笔接二极管负极，红表笔接二极管正极，即可测量出正向压降值。

e.晶体管电流放大系数 hFE 的测量。将转换开关调至"hFE"挡，根据被测晶体管选择"PNP"或"NPN"位置，将晶体管正确地插入测试插座即可测量到晶体管的"hFE"值。

f.开路检测　将转换开关调至有蜂鸣器符号的挡位，表笔测试端可靠地接触测试点，若两者低于 20Ω±10Ω，蜂鸣器就会响，表示该线路是通的，否则表示该线路不通。

注意：不允许在被测量电路通电的情况下进行检测。

g."DCA"——直流电流测量　200mA 时红表笔插入 mA 插孔；表笔测试端必须与测试点可靠接触（串联测量）。原则上由高电流挡位逐渐往低电流挡位调节测量，直到该挡位量程的 1/3～2/3 为止，此时的指示值才是一个比较准确的值。

注意：严禁以小电流挡位测量大电流，不允许在通电状态下调整转换开关。

h."ACA"——交流电流测量　200mA 时红表笔插入 mA 插孔；表笔测试端必须与测试点可靠接触（串联测量）。原则上由高电流挡位逐渐往低电流挡位调节测量，直到该挡位量程的 1/3～2/3 为止，此时的指示值才是一个比较准确的值。

注意：严禁以低电流挡位测量大电流，不允许在通电状态下调整转换开关。

② 数字万用表常见故障与检修

a.仪表无显示　首先检查电池电压是否正常（一般用的是 9V 电池，新的也要测量）。其次检查熔丝是否正常，若不正常，予以更换；检查稳压块是否正常，若不正常，予以更换；检查限流电阻是否开路，若开路，予以更换。再查：检查电路板上的电路是否有腐蚀或短路、断路现象（特别是主电源电路线），若有，则应清洗电路板，并及时做好干燥和焊接工作。如果一切正常，测量显示集成块的电源输入引脚，测试电压是否正常。若正常，则该集成块损坏，必须更换该集成块；若不正常，则检查其他有没有短路点。若有，则要及时处理好；若没有或处理好后还不正常，那么该集成块已经内部短路，必须更换。

b.电阻挡无法测量　首先从外观上检查电路板，在电阻挡回路中有没有连接电阻烧坏，若有，则必须立即更换；若没有，则要对每一个连接元件进行测量，有坏的及时更换；若外围都正常，则测量集成块是否损坏，若损坏则必须更换。

c.电压挡在测量高压时指示值不准，或测量稍长时间指示值不准甚至不稳定。此类故障大多是由某一个或几个元件工作功率不足引起的。若在停止测量的几秒内，检查时会发现这些元件发烫，这是由于功率不足而产生了热效应所造成的，同时使元件变值（集成块也是如此），必须更换该元件（或集成电路）。

d.电流挡无法测量　多数是由于操作不当引起的，检查限流电阻和分压电阻是否烧坏，若烧坏，应予以更换；检查到放大器的连线是否损坏，若损坏，则应重新连接好，若不正常，则更换放大器。

e.指示值不稳，有跳字现象　检查整体电路板是否受潮或有漏电现象，若有，则必须清洗电路板并做好干燥处理；输入回路中有无接触不良或虚焊现象（包括测试笔），若有，则必须重新焊接；检查有无电阻变质或刚测试后有无元件发生非正常的烫手现象，这种现象是由于其功率降低引起的，若有此现象，则应更换该元件。

f.指示值不准　这种现象主要是由通路中的电阻值或电容失效引起的，应更换该电容或电阻；检查该通路中的电阻值（包括热反应中的电阻值），若电阻值变值或热反应变值，则应更换该电阻；检查 A/D 转换器的基准电压回路中的电阻、电容是否损坏，若损坏，则予以更换。

2.1.2　钳形电流表

钳形电流表简称钳形表，主要用来在不断开电路的情况下测量交、直流电流，有的钳形电流表还可以测交流电压。

(1) 钳形表的分类 钳形表分为磁电式和电磁式两类。前者可测交流电流和交流电压，常用的有 T301 型和 T302 型。后者可测交流电流和直流电流，常用的有 MG20 型和 MG21 型。

钳形表是根据电流互感器原理制成的，图 2-3 所示为钳形表外形图。

(2) 钳形表的使用方法和注意事项

图 2-3 钳形表外形图

① 在进行测量时，按动手柄，钳口张开，将被测载流导线置于钳口中间，然后松开手柄，使铁芯闭合，表头就有指示了。

② 使用时应先估计被测电流和电压的大小，选择合适的量程，若被测电流大小未知，可拨到较大的量程，然后再根据被测电流和电压大小逐渐减小量程，使读数超过刻度的 1/2，以便得到较准确的读数。

③ 为使读数准确，钳口两个面应保证很好地接合，如有杂物，可将钳口重新开合一次，如果开合时有声音存在，检查接合面上是否有污垢，可用溶剂擦干净。

④ 测量低压熔断器或低压母线电流时，应将临近的各相用绝缘板隔离，以防钳口张开时可能引起的相间短路。

⑤ 测量交流电流、电压时应分别进行，不能同时测量。

⑥ 不能用于高压带电测量。

⑦ 测量完毕后，一定要把调节开关放在最大量程位置，以免下次使用时由于未经量程选择而造成仪表损坏。

⑧ 为了测量小于 5A 以下的电流时能得到较准确的读数，在条件允许时，可把导线多绕几圈放在钳口中进行测量，但实际电流取值应为读数除以放进钳口内的导线匝数。

(3) 钳形表在几种特殊情况下的应用

① 测量绕线转子异步电动机转子电流时，应选择电磁式钳形表，不能选用磁电式钳形表，主要是因为转子电流频率很低，仅有 $2\sim3Hz$。

② 用钳形表测量三相平衡负载电流时，钳口中放入两相导线时的指示值与放入一相导线时的指示值相同。

三相同时放入钳口中，指示值为 0，即 $i_1+i_2+i_3=0$。

当钳口中放入一相正接导线和一相反接导线时，表的指示值为 $\sqrt{3}\,I_1$。

2.1.3 绝缘电阻表

绝缘电阻表一般用于测量高阻值电容器、各种电气设备布线的绝缘电阻、电线的绝缘电阻和电机绕组的绝缘电阻。

绝缘电阻表有指针式绝缘电阻表和数字式绝缘电阻表两种，在此仅介绍常见的指针式绝缘电阻表。指针式绝缘电阻表在使用时必须摇动手把，所以又叫摇表，绝缘电阻表又叫绝缘电阻测定器。表盘上采用对数刻度，读数单位是兆欧，是一种测量高电阻的仪表。绝缘电阻表以其测试时所产生的直流电压高低和绝缘电阻测量范围大小来分类。常用的绝缘电阻表有两种：5050（ZC-3）型，直流电压 500V，测量范围 $0\sim500M\Omega$；1010（ZC11-4）型，直流电压 1100V，测量范围 $0\sim1000M\Omega$。选用绝缘电阻表时要依工作电压来选择，如 500V 以下的电气设备应选用 500V 的绝缘电阻表。

(1) 绝缘电阻表的结构和工作原理

指针式绝缘电阻表由磁电式比率计和一个手摇直流发电机组成，其外形如图 2-4(a) 所示。磁电式比率计是一种特殊形式的磁电式电表，结构如图 2-4(b) 所示。它有两个转动线圈，但没有游丝，电流由柔软的金属线引进线圈。这两个线圈互成一定的角度，装在一个有缺口的圆柱形铁芯外面，并且与指针一起固定在同一轴上，组成了可动的部分。固定部分由永久磁铁和有缺口的圆柱铁芯组成，磁铁的一个极与铁芯之间间隙不均匀。

绝缘电阻表的电气原理如图 2-4(c) 所示，虚线框内为表内电路，被测电阻 R 接在绝缘电阻表"线"和"地"端钮上。手摇发电机就是带动导线旋转，切割磁铁磁力线，产生稳定的、其值不因手摇速度不均匀而发生变化的高压直流电。手摇发电机发出的电流在 P 点分为两路：电流 I_2 经过附加电流 $R_{2串}$ 和一个线圈（线圈电阻为 R_{C2}）；电流 I_1 经过被测电阻 R 和另一个线圈（电阻为 R_{C1}）。如果发电机端电压为 U，则有：$I_1 = U/(R + R_{C1})$，$I_2 = U/(R_{2串} + R_{C2})$。可见电流 I_1 的大小与被测电阻值 R 有关，而 I_2 与 R 无关。

两个通电线圈与空气隙中的磁通相互作用产生电磁力，由于两个线圈绕的方向相反，所以产生的两个力矩的方向相反，M_1 与被测电阻大小有关，是转动力矩，M_2 是反作用力矩。由于气隙不匀，气隙间磁场分布也不匀，因此 M_1 和 M_2 的大小不仅与流过线圈的电流有关，还与线圈所在的位置有关。随着偏转角度的不同，线圈中虽然电流相同，但转矩并不相同。如果 I_1 和 I_2 保持一定，随偏转角 β 的增大，气隙减小，磁场增强，M_1 和 M_2 也相应增大，但 M_1 增加得慢，M_2 增加得快。到一定角度时，$M_1 = M_2$，指针稳定不动。如果被测绝缘电阻 R 变小，I_1 增大，M_1 亦增大，指针要偏转一个更大的角度才能使 M_1 和 M_2 平衡。当绝缘电阻表两端钮断开时，被测电阻 $R = \infty$，$I_1 = 0$，$I_2 \neq 0$，则线圈在 M_2 的作用下转到铁芯缺口处，此处磁场为零，M_2 也变为零，线圈停在 $\beta = 0°$ 的位置，对应标尺上的 "∞"。就这样，根据被测绝缘电阻 R 的大小而引起的 M_1 大小的变化，指针有不同的偏转。根据被测绝缘电阻 R 与指针偏转角 β 之间的函数关系，可以在仪表盘上直接标示出绝缘电阻数值。

由于绝缘电阻表内没有游丝，不转动手柄时，指针可以随意停在表盘的任意位置，这时的读数是没有意义的，因此，必须在转动手柄时读取数据。

(2) **绝缘电阻表的使用方法**　使用绝缘电阻表测量绝缘电阻时，须先切断电源，然后用绝缘良好的单股线把两表线（或端钮）连接起来，进行开路试验和短路试验。在两个测量表线开路时摇动手柄，表针应指向无穷大；如果把两个测量表线迅速短路一下，指针应摆向零线。如果不是这样，则说明表线连接不良或仪表内部有故障，应排除故障后再测量。

测量绝缘电阻时，要把被测电气设置上的有关开关接通，使其上所有电气元件都与绝缘电阻表连接。如果有的电气元件或局部电路不和绝缘电阻表相通，则这个电气元件或局部电路就没被测量到。绝缘电阻表有 3 个接线柱，即接地柱 E、电路柱 L、保护环柱 G，其接线方法依被测对象而定。测量设备对地绝缘时，被测电路接于 L 柱上，将接地柱 E 接于地线上。测量电机与电气设备对外壳的绝缘时，将绕组引线接于 L 柱上，外壳接于 E 柱上。测量电动机的相间绝缘时，L 和 E 柱分别接于被测的两相绕组引线上。测量电缆芯线的绝缘电阻时，将芯线接于 L 柱上，电缆外皮接于 E 柱上，绝缘包扎物接于 G 柱上。有关测量接线如图 2-4(d) 所示。

读数时，绝缘电阻表手把的摇动速度为 120r/min 左右。

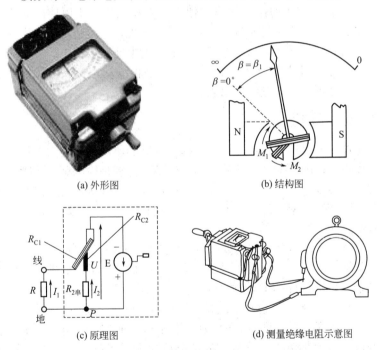

(a) 外形图

(b) 结构图

(c) 原理图

(d) 测量绝缘电阻示意图

图 2-4　绝缘电阻表的结构与测量绝缘电阻

注意，由于绝缘材料的漏电或击穿，往往在加上较高的工作电压时才能表现出来，所以一般不能用万用表的电阻挡来测量绝缘电阻。

(3) 绝缘电阻表使用注意事项

① 绝缘电阻表接线柱与被测物体间的测量导线,不能使用双股并行导线或绞合导线,应使用绝缘良好的导线。

② 绝缘电阻表的量程要与被测绝缘电阻值相适应,绝缘电阻表的电压值要接近或略大于被测设备的额定电压。

③ 用绝缘电阻表测量设备的绝缘电阻时,必须先切断电源。对于有较大容量的电容器,必须先放电后再测。

④ 测量绝缘电阻时,应使绝缘电阻表手把的摇动速度在 120r/min 左右,一般以绝缘电阻表摇动 1min 时测出的读数为准,读数时要继续摇动手柄。

⑤ 由于绝缘电阻表输出端钮上有直流高压,所以使用时应注意安全,不要用手触及端钮。要在摇动手把,发电机处于发电的状态下断开测量导线,以防电气设备储存的电能对表放电。

⑥ 测量中若指针指示到零应立即停止摇动,如果继续摇动手柄,则有可能损坏绝缘电阻表。

2.1.4　示波器

对于电气维修人员来说,掌握示波器的使用,将会大大加快判断故障的速度,提高判断故障的准确率,特别是检测疑难故障,示波器将会成为得力工具。示波器不仅可以测量电压,还可以快速地把电压变化的幅值描绘成随时间变化的曲线,这就是常说的波形图。

(1) 示波器各操作功能

本文以 VP-5565A 双踪示波器为例进行介绍,示波器的面板如图 2-5 所示,它由三个部分组成,即显示部分、X 轴插件和 Y 轴插件。

① 显示部分　包括示波管屏幕和基本操作旋钮两个部分。

示波管屏幕(见图 2-5)为波形显示的地方,屏幕上刻有 8×10 的等分坐标刻度,垂直方向的刻度用电压定标,水平方向用时间定标。下面以方波波形为例简单说明这个波形的基本参数,假如 X 轴插件中的 TIME/DIV 开关置于 0.1ms/div,水平方向一个周期刚好;Y 轴插件中的 VOLTS/DIV 开关置于 0.2V/div,垂直方

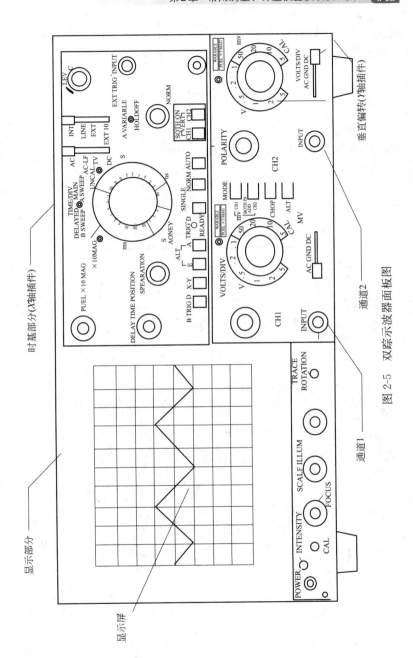

图 2-5 双踪示波器面板图

向为 5 格，可以算出，波形的周期为 0.1ms/div×10div＝1ms，电压幅值为 0.2V/div×5div＝1V，这是一个频率为 1000Hz，电压幅值为 1V 的方波信号。

屏幕下方的旋钮为仪器的基本操作旋钮，其名称和作用如图 2-6 所示。

② X 轴插件　X 轴插件是示波器控制电子束水平扫描的系统，该部分旋钮的作用如图 2-6(b) 所示。

这里说明一下"扫描扩展"。"扫描扩展"是加快扫描的装置，

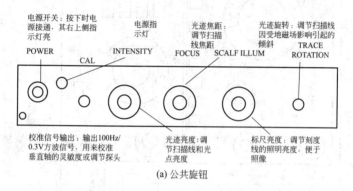

(a) 公共旋钮

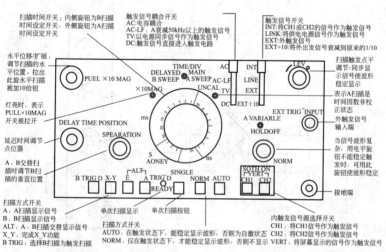

(b) X轴插件

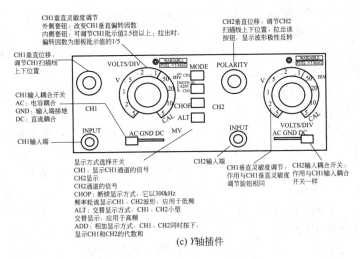

图 2-6 示波器的旋钮及各插件的作用

可以将水平扫描速度扩展10倍,扫描线长度也扩展相应倍数,主要用于观察波形的细节。比如,当仪器测试接近带宽上限的信号时,显示的波形周期太多,单个波形相隔太密不利于观察,如将几十个周期的波形扩展之后显示的只有几个波形了,适当调节 X 轴位移旋钮,使扩展之后的波形刚好落在坐标定度上,即可方便读出时间,扩展之后扫描时间误差将会增大,光迹的亮度也将变暗,测试时应当予以注意。

③ Y 轴插件 VP-5565A 是双踪单时基示波器,可以同时测量两个相关的信号。电路结构上多了一个电子开关,且有相同的两套 Y 轴前置放大器,后置放大器是共用的,因此,面板上有 CH1 和 CH2 两个输入插座,两个灵敏度调节旋钮,一个用来转换显示方式的开关等。Y 轴插件旋钮名称和作用如图 2-6(c) 所示。

单踪测量时,选择 CH1 通道或者 CH2 通道均可,输入插座、灵敏度微调和 VOLTS/DIV 开关、Y 轴平衡、Y 轴位移等与之对应就行了。

"VOLTS/DIV" 旋钮,用于垂直灵敏度调节,单踪或者双踪显示时操作方法是相同的。该仪器最高灵敏度为 5mV/div,最大输入电压为440V,为了不损坏仪器,操作者测试前应对被测信号的最大幅值有明确的了解，正确选择垂直衰减器。示波器测试的是电压幅值，其值与直流电压等效，与交流信号峰-峰值等效。

双踪显示时，可以根据被测信号或测试需要，有交替、相加、继续三种方式供选择。

所谓的交替工作方式，就是把两个输入信号轮流地显示在屏幕上，当扫描电路第一次扫描时，示波器显示出第一个波形；第二次扫描时，显示出第二个波形；以后的各次扫描，只是轮流重复显示这两个被测波形。这种显示电路技术的限制，在扫描时间长时，不适宜观测频率较低的信号。所谓的断续工作方式，就是在第一次扫描的第一瞬间显示出第一个被测波形的某一段，第二个瞬间显示出第二个被测信号的某一段，以后的各个瞬间，轮流显示出这两个被测波形的其余各段，经过若干次断续转换之后，屏幕上就可以显示出两个完整的波形。由于断续转换频率较高，显示每小段靠得很近，人眼看起来仍然是连续的波形，与交替显示方式刚好相反，这种方式不适宜观测较高频率的信号。相加工作方式实际上是把两个测试信号代数相加，当 CH1 和 CH2 两个通道信号同相时，总的幅值增加，当两个信号反相时，显示的是两个信号幅值之差。

双踪示波器一般有四根测试电缆，两根直通电缆，两根带有10：1衰减的探头。直通电缆只能用于测量低频小信号，如音频信号，这是因为电缆本身的输入电容太大。衰减探头，可以有效地将电缆的分布电容隔离，还可以大大提高仪器接入电路时的输入阻抗，当然输入信号也受到衰减，在读取电压幅值时要把衰减考虑进去。

(2) **示波器的应用**　了解示波器面板上操作旋钮的功能，只能说明为实际操作做好了准备，要想用于维修实际，还必须进行一些基本的测试演练。维修中需要测试的信号波形千差万别，不可能全部列出来作为标准进行对比来确定故障，因此，从一些基本波形测试入手，学会识读，掌握测试技巧和要领，这样才能举一反三地用于维修实践。

示波器使用时应放在工作台上，屏幕要避开直射光，检测彩电之类的电器还要用隔离变压器与市电隔离；有些场合，为了避免干扰，仪器面板上专用接地插口要妥善接地。打开仪器之后，不要忙于接上测试信号，首先要将光点或光迹亮度、清晰度调节好，并将光迹移至合适位置，根据被测信号的幅值和时间选择好 TIME/DIV 与 VOLTS/DIV 旋钮，连接好测试电缆或探头，在与电路中的待测点连接时，应在电路测试点附近找到连接地线的装置，以便固定地线鳄鱼夹。

① 测试前的校准　测试之前应对仪器进行一些常规校准，如垂直平衡、垂直灵敏度、水平扫描时间。校准垂直平衡时，将扫描方式置于自动扫描状态，在屏幕上形成水平扫描基线，调节 Y 轴微调，正常时，扫描线沿垂直方向应当没有明显变化，如果变化较大，调节平衡旋钮予以校正，一般这种校正需要反复进行几次才能达到最佳平衡；垂直灵敏度和扫描时间的校准，可输入仪器面板上频率为 1000kHz、电压幅值为 1V 的方波信号进行，采用单踪显示方式进行（参见图 2-7）调校时，如果显示的波形幅值、时间和形状总不能达到标准，表明该信号不准确，或示波器存在问题。

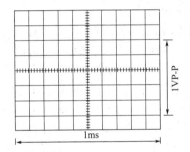

单踪显示方式,两个通道分别进行检查。"TIME/DIV"置于0.1ms/div;VOLTS/DIV置于0.2V/div;同步置于+,自动、AC、DC方式均可，扫描扩展，显示极性等置于常态；调整垂直和水平位移波形与坐标重合，此图为校准好的波形图

图 2-7　垂直灵敏度与扫描时间校准

② 波形测试的基本方法

a. 电压幅值的测量　测量电压实际上就是测量信号波形的垂直幅度，被测信号在垂直方向占据的格数，与 VOLTS/DIV 所对应标称值的乘积为该信号的电压幅值。假设 VOLTS/DIV 开关置于 0.5V/div，波形垂直方向占据 5 格，则这个信号的幅值为 0.5V/div×5 格=2.5V（定量测试电压时，垂直微调应当放在校准位置，在后面的章节中，凡是定量测试不再说明）。对于直流信号，由于电压值不随时间变化，其最大值和瞬时值是相同的，因此，示波器

显示的光迹仅仅是一条在垂直方向产生位移的扫描直线。电压幅值包括直流幅值和交流幅值。

现代示波器垂直放大器都是直流器、宽带放大器，示波器测量电压的频率范围可以从零一直到数千兆赫兹，这是其他电压测量仪器很难实现的。图 2-8(a) 为幅度值的测试，对于直流很少采用示波器测试。

交流信号与直流电压不同，直流信号的幅值不随时间变化，交流信号则是随着时间在不断变化，对应不同的时间幅值不同（表现在波形的形状上）。大多数情况下，这些信号都是周期性变化的，一个周期的信号波形就能够帮助我们了解这个信号。

比较简单和常见的有正弦波、方波、锯齿波等，这些波形变化单一。而电视机中的彩条视频信号、灰度视频信号等是典型的复合信号，在一个周期内往往是几种不同的分量在幅度和时间上的不同组合，不仅需要测量它们的电压或时间，还要根据图形中的分量来具体区分。如一个行扫描周期的视频信号，其中还包括同步信号、色度信号等。下面列举几种信号具体说明。

波形幅值的测试是示波器最基本的，也是经常的操作。有些时候只需要测量幅值，操作过程相对可以简化，测试时先根据待测信号的可能幅度初步确定垂直衰减，并将后期直流微调置于校准，实际显示的波形以占据坐标的百分之七十左右为宜（过小则分辨率降低，过大则由于示波管屏幕的非线性也会增大误差）。垂直输入方式根据待测信号选择，如果是交流信号，采用 AC；如果需要测量直流，采用 DC。在不需要准确读出时间时，扫描时间等的设置可以随意一些，只要能够显示一个周期以上的波形，即使没有稳定同步，都是可以读出幅值的。

b. 信号周期，时间间隔和频率的测试 ［图 2-8(b)］ 大多数交流信号都是周期性变化的，如我国的市电，变化（一个周期）的时间为 20ms，电视机的场扫描信号一个周期也是 20ms，行扫描信号的周期为 64μs，当把这些信号用示波器显示出来之后，依据扫描速度开关（TIME/DIV）对应的标称值和波形在屏幕上占据的水平格数，就能读出这个信号的周期。周期和频率互为倒数关系，即 $f=1/T$，因此，周期与频率之间是可以相互转换的。

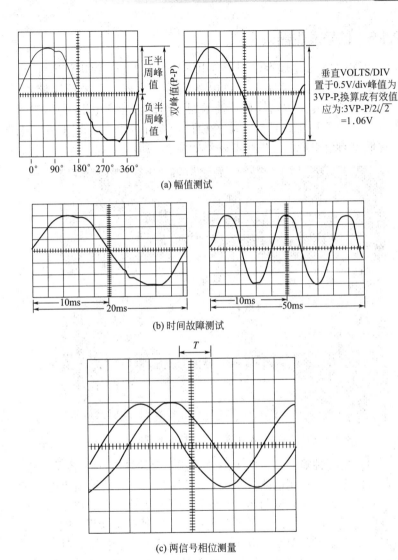

(a) 幅值测试

(b) 时间故障测试

(c) 两信号相位测量

图 2-8 波形测试方法

(3) 双踪波形信号相位比较 在实际应用中,有时需要比较两个信号相位,此时需用 CH1、CH2 同时输入信号,如图 2-8(c) 所示,通过图 2-8(c) 即可知道两信号的相位差值。

2.1.5　信号发生器

以 YDC-868 电脑存储型彩色电视信号发生器为例进行讲解。

YDC-868 电脑存储型彩色电视信号发生器，系采用存储器、中央处理器、专用编码等高新技术器件组成，能产生 16 种理想图案，图像十分稳定、精确，彩色相位误差小于±3°。YDC-868 电脑存储型彩色电视信号发生器外形如图 2-9 所示。

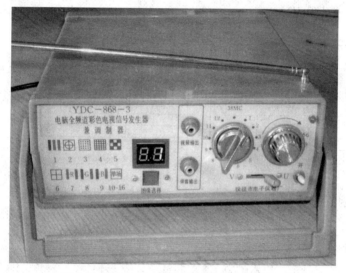

图 2-9　YDC-868 电脑存储型彩色电视信号发生器

（1）**主要性能**　本机由中央处理器、存储器、D/A 转换电路、彩色编码电路、控制电路等组成，全机用 11 个大规模集成电路和六个晶体管组成，测试图形由存储器中软件产生彩条、电子圆、点阵、棋盘、中心十字线、各种单色面等十六种测试信号，图像清晰稳定，不受温度、湿度、电压的影响。实现了隔行扫描，其行场同步脉冲、均衡脉冲、色度信号、消隐信号等全部符合国标 GB 3174 的技术要求，单键选择图像、数码指示、全屏显示、电子音乐，并设有音频、视频输出口和音频、视频输入口。

（2）**仪器产生的图像信号和伴音信号具有的功用**

① 八级竖彩条：用来校整电视机总的性能，进行比较测试，

检验显像管的激励以及对彩色副载波的抑制度。对黑白电视机可检查视频增益和灰度级。

② 电子圆：可直观地检查电视机的帧、行线性。

③ 中心十字线：调整帧幅和行幅，为图形的几何中心。

④ 格子和方格：调整帧、行线性之用，使图形的四个角以及中心的方格同等大小。同时检查同步、灰度、场频控制、图像纵横尺寸比、视频增益和对比度及亮度的调整。

⑤ 点子：调整聚焦，使之点子越小，则清晰度越高。

⑥ 白场：调白平衡用。

⑦ 红场：检查色纯度和测红电子枪。

⑧ 绿场：检查色纯度和测绿电子枪。

⑨ 蓝场：检查色纯度和测蓝电子枪。

⑩ VHF 选择：用来选择 VHF1～12 频道讯号输出和 38MC 中频输出。

⑪ UHF 选择：用来选择 UHF13～56 频道讯号输出。

⑫ 伴音：6.5MHz、电子音乐调频、用来校对和检查伴音对图像讯号的干扰和整个声音通道。

⑬ 1VP-P 视频输出：用来检修视频通道用。

(3) 技术参数 电视 PAL-D 制。

行频：(15625±1)Hz。

帧频：50Hz。

彩色副载波：4.43361875Hz±10Hz。

射频信号：868-1 为 1～12 频道，868-2 为 1～56 频道，868-3 为 1～56 频道。

视频信号：AM 负调制。

伴音信号：6.5MHz、FM 调制电子音乐伴音。

视频输出：≥1VP-P 负极性 75Ω 负载，868-3 型除具有 868-2 的全部功能外，另有视频输入口，1VP-P；伴音输入口，600Ω，0dB±3dB。

可在任意频道上调制发射距离半径 15m。

电源供给：180～240V，50Hz。

功耗：<7W。

外形尺寸：203mm×220mm×70mm 标准塑料机箱。

(4) 使用方法

① 高频发射：拉出拉杆天线，打开本机电源，按图像选择键到所需的图像，转动频道选择钮到当地没有的电视频道，调节电视机频道与本机相同，适当移动天线的位置和方向，即可收到稳定的图像和伴音。

② 视频输出：将本机的视频输出口与电视机视频输入口相连，即可收到稳定的图像信号。

③ 伴音输出：本伴音信号为 6.5MHz 调制后的信号，用来检查伴音通道。

④ 视频输入：将 1VP-P 的视频信号从机后图像输入口输入，微调伴音音量电位器即可听到清晰的伴音信号。

当开机后数码显示出现"日"字样，系是本机电源插头和电源插座接触不良，可将本机电源开关关掉 5s 后，再开机则本机工作正常，同时请检查电源电压是否过低。

2.1.6 电流表

电流表又称"安培表"，是测量电路中电流大小的工具，主要采用磁电系电表的测量机构，如图 2-10 所示。

图 2-10 电流表

(1) 电流测量电路 电流测量电路如图 2-11 所示，图中 TA 为电流互感器，每相一个，其一次绕组串接在主电路中，二次绕组各接一块电流表。三个电流互感器二次绕组接成星形，其公共点必须可靠接地。

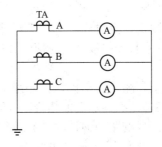

图 2-11　电流测量电路

(2) 电流表的选择和使用注意事项　电流表的测量机构基本相同，但在测量线路中的连接有所不同。因此，在选择和使用电流表时应注意以下几点。

① 类型的选择。当被测量是直流时，应选直流表，即磁电系测量机构的仪表。当被测量是交流时，应注意其波形与频率，若为正弦波，只需测出有效值即可换算为其他值（如最大值、平均值等），采用任意一种交流表即可；若为非正弦波，则应区分需测量的是什么值，有效值可选用磁系或铁磁电动系测量机构的仪表，平均值则选用整流系测量机构的仪表。电动系测量机构的仪表常用于交流电流和电压的精密测量。

② 准确度的选择。因仪表的准确度越高，价格越贵，维修也较困难，而且，若其他条件配合不当，再高准确度等级的仪表，也未必能得到准确的测量结果。因此，在选用准确度较低的仪表可满足测量要求的情况下，就不要选用高准确度的仪表。通常 0.1 级和 0.2 级仪表作为标准表选用；0.5 级和 1.0 级仪表为实验室测量使用；1.5 级以下的仪表一般作为工程测量选用。

③ 量程的选择。要充分发挥仪表准确度的作用，还必须根据被测量的大小，合理选用仪表量限，如选择不当，其测量误差将会很大。一般使仪表对被测量的指示大于仪表最大量程的 1/2～2/3，而不能超过其最大量程。

④ 内阻的选择。选择仪表时，还应根据被测阻抗的大小来选

择仪表的内阻，否则会带来较大的测量误差。因内阻的大小反映仪表本身功率的消耗，所以，测量电流时，应选用内阻尽可能小的电流表。

⑤ 正确接线。测量电流时，电流表应与被测电路串联。测量直流电流时，必须注意仪表的极性，应使仪表的极性与被测量的极性一致。

⑥ 大电流的测量。测量大电流时，必须采用电流互感器，电流表的量程应与互感器二次的额定值相符，一般为5A。

⑦ 量程的扩大。当电路中的被测量超过仪表的量程时，可采用外附分流器，但应注意其准确度等级应与仪表的准确度等级相符。

另外，还应注意仪表的使用环境要符合要求，要远离外磁场。

2.1.7 电压表

电压表是测量电压的一种仪器，如图2-12所示。常用电压表的符号为 V，在灵敏电流计里面有一个永磁体，在电流计的两个接线柱之间串联一个由导线构成的线圈，线圈放置在永磁体的磁场中，并通过传动装置与表的指针相连。大部分电压表都分为两个量程：0～3V，0～15V。电压表有三个接线柱，一个负接线柱，两个正接线柱，电压表的正极与电路的正极连接，负极与电路的负极连接。电压表是个相当大的电阻器，理想地认为是断路。

图2-12 电压表

(1) 电压表的接线 采用一个转换开关和一块电压表测量三相

电压的方式，测量三个线电压的电路如图2-13所示，其工作原理是：当扳动转换开关SA，使它的触点1-2、7-8分别接通时，电压表测量的是AB两相之间的电压U_{AB}；扳动SA使触点5-6、11-12分别接通时，测量的是U_{BC}；当扳动SA使其触点3-4、9-10分别接通时，测量的是U_{AC}。

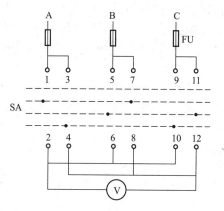

图2-13　电压测量电路

(2) 电压表的选择和使用注意事项：电压表的测量机构基本相同，但在测量线路中的连接有所不同，因此在选择和使用电流表和电压表时应注意以下几点。

① 类型的选择。当被测量是直流时，应选直流表，即磁电系测量机构的仪表。当被测量是交流时，应注意其波形与频率，若为正弦波，只需测出有效值即可换算为其他值（如最大值、平均值等），采用任意一种交流表即可；若为非正弦波，则应区分需测量的是什么值，有效值可选用磁系或铁磁电动系测量机构的仪表，平均值则选用整流系测量机构的仪表。电动系测量机构的仪表常用于交流电流和电压的精密测量。

② 准确度的选择。因仪表的准确度越高，价格越贵，维修也较困难，而且，若其他条件配合不当，再高准确度等级的仪表，也未必能得到准确的测量结果。因此，在选用准确度较低的仪表可满足测量要求的情况下，就不要选用高准确度的仪表。通常0.1级和0.2级仪表作为标准表选用；0.5级和1.0级仪表作为实验室测量

使用；1.5 级以下的仪表一般作为工程测量选用。

③ 量程的选择。要充分发挥仪表准确度的作用，还必须根据被测量的大小，合理选用仪表量限，如选择不当，其测量误差将会很大。一般使仪表对被测量的指示大于仪表最大量程的 1/2～2/3，而不能超过其最大量程。

④ 内阻的选择。选择仪表时，还应根据被测阻抗的大小来选择仪表的内阻，否则会带来较大的测量误差。因内阻的大小反映仪表本身功率的消耗，所以，测量电压时，应选用内阻尽可能大的电压表。

⑤ 正确接线。测量电压时，电压表应与被测电路并联。测量直流电压时，必须注意仪表的极性，应使仪表的极性与被测量的极性一致。

⑥ 高电压的测量。测量高电压时，必须采用电压互感器。电压表的量程应与互感器二次的额定值相符，一般为 100V。

⑦ 量程的扩大。当电路中的被测量超过仪表的量程时，可采用外附分压器，但应注意其准确度等级应与仪表的准确度等级相符。另外，还应注意仪表的使用环境要符合要求，要远离外磁场。

⑧ 测电压时，必须把电压表并联在被测电路的两端。

⑨ "＋""－"接线柱不能接反。

⑩ 正确选择量程。被测电压不要超过电压表的量程，使用时并联在电路中。

2.1.8　万用电桥

万用电桥是利用桥式电路平衡原理制成的仪器，分为直流电桥，交流电桥和交、直流电桥三大类，可用来测量电阻值、电容量、电感量、品质因数、损耗因数、阻抗等，适用于测量直流或低频范围内使用的元件，测量精度较高。

现以 QS18A 型万用电桥为例，介绍一下万用电桥的使用方法。QS18A 型万用电桥是一种便携式交、直流电桥，采用一个 9V 叠层电池和 6 节一号 1.5V 电池供电，仪表机板如图 2-14 所示。

(1) 旋钮及开关的作用　图 2-14 中各数字对应的旋钮及开关：

① 接线柱　用来连接被测元件，在测量时最好将被测元件直

接连接在接线柱上，若无法连接，可采用导线连接，导线应尽量短，必要时还应在测量结果中去除导线电阻，在测量有极性元件时"1"接正极，"2"接负极。

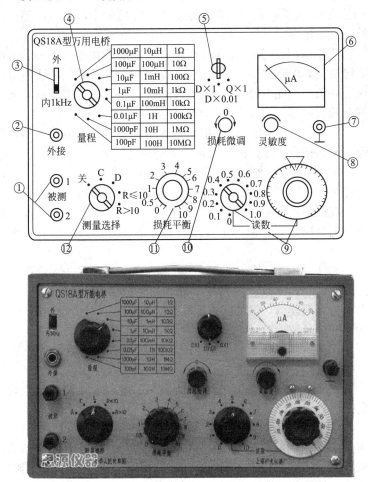

图2-14 仪表机板图

② 外接插座　在使用外部音频信号源时，可在波段开关置于"外"时，由插座输入音频信号源；如果在测电容、电感时需外加直流偏置，可从此插座输入。

③ 拨动开关　在使用电桥内部 1kHz 的振荡信号作为电源时，此开关置于"内 1kHz"位置；在使用外接插座输入的信号电源时，此开关置于"外"位置。

④ 量程选择开关　选择测量范围，各挡的指示值为该挡在测量时的最大值。

⑤ 损耗倍率开关　用于扩展损耗平衡的读数范围，一般情况下，测量空芯电感线圈时，置于"Q×1"位置；测量高 Q 值电感线圈和一般小损耗电容时，置于"D×0.01"位置；测量铁芯电感和损耗较大电容时，置于"D×1"位置。

⑥ 指示电表　用于指示电桥是否达到平衡，在电桥灵敏度最大时，电表指针指零，说明电桥达到平衡。

⑦ 电桥机壳接地端。

⑧ 电桥灵敏度调节旋钮　通过调节放大器的增益实现灵敏度调节，在粗调电桥平衡时，要降低电桥灵敏度，使电表指示小于满刻度，电桥快达到平衡时再逐步增大灵敏度，提高电桥测量的准确度。

⑨ 读数盘　调节两个读数盘可使电桥平衡，第一位读数盘为步进开关，每挡读数为量程指示的 1/10，即 0.1 单位，第二位读数盘为连续调读数，满刻度为量程指示的 1/10，分 50 小格，每小格为 0.002 单位。

⑩ 损耗微调旋钮　调节平衡时的损耗，一般情况下应置于"0"处。

⑪ 损耗平衡调节　可指示被测电感、电容的损耗读数，该读数盘的读数乘以损耗倍率开关的指示，即为损耗值。

⑫ 测量选择开关　测小于 10Ω 的电阻时应置于"R≤10"；测大于 10Ω 的电阻时应置于"R>10"；测电容时应置于"C"；测电感时应置于"L"；仪表不用时应置于"关"，即可切断内部电源。

(2) 使用与测量

① 电阻的测量　将被测电阻 R_X 接在接线柱上，先估计一下被测电阻的大小，将测量选择开关和量程开关置于适当的位置，拨动开关置于"内 1kHz"，损耗倍率开关与电阻测量无关。调节灵敏度旋钮，降低电桥灵敏度，使电表指示小于满刻度，分别调节两

个读数盘，使电表指示为零。然后逐步增大电桥灵敏度，再调节两个读数盘，当灵敏度最大时，调节读数盘使电表指示为零或接近于零，说明电桥已达到平衡，记下电桥读数盘的读数，根据公式：$R_X =$ 量程开关指示值 × （第一位读数盘读数 + 第二位读数盘读数），求出被测电阻 R_X 的值。例如：量程开关置于 100Ω 位置，第一位读数盘为 0.8，第二位读数盘为 0.055，则被测电阻 $R_X = 100 \times (0.8 + 0.055) = 85.5\Omega$。

如果不能估计电阻大小，可将电阻接在"被测"接线柱上，第一位读数盘置于"0"处，第二位读数盘置于"0.05"处，量程放在任一挡上，调节灵敏度使电表指针指在 $50\mu A$ 左右，测量选择开关置于"R>10"或"R≤10"，转动量程开关，找出电表指示最小的一挡，固定在该挡，逐步增大电桥灵敏度，调节第二位读数盘，使电表指示最小，这样可测出电阻的大概数值，再根据引数值选择合适量程，按照上面电阻的测量过程测出准确数值。

② 电容的测量 将被测电容 C_X 接在接线柱上，拨动开关置于"内 1kHz"位置，测量选择开关置于"C"位置，估计一下被测电容容量的大小，量程开关置于适当的位置，如 560pF 电容，量程开关应置于 1000pF 挡，损耗倍率开关置于"D×0.01"（一般电容），若为大的电解电容应置于"D×1"，损耗平衡开关置于"1"处，损耗微调旋钮置于"0"，调节灵敏度旋钮，使电表指示小于满刻度，先调节电桥的两个读数盘，再调节损耗平衡，使电表指针指零。然后逐步增大电桥灵敏度，反复调节电桥读数盘和损耗平衡，直至灵敏度达到最大时，电表指针指零或接近指零，这时认为电桥已基本达到平衡，记下电桥读数盘读数和损耗平衡指示值，根据公式：$C_X =$ 量程开关读数 × （第一位读数盘值 + 第二位读数盘值）和 $D_X =$ 损耗倍率开关值 × 损耗平衡指示值，可得出被测电容容量和损耗值。例如：量程开关为 1000pF，损耗倍率开关置于"D×0.01"处，电桥第一位读数盘读数为 0.5，第二位读数盘读数为 0.025，损耗平衡指示为 1.5，则被测电容容量 $C_X = 1000 \times (0.5 + 0.025) = 525pF$；电容的损耗 $D_X = 0.01 \times 1.5 = 0.015$。

如果不能估计出电容容量和损耗的大小，可将量程开关置于 100pF 处，第一位读数盘置于"0"处，第二位读数盘置于"0.05"

处，调节灵敏度使电表指示在 $50\mu A$ 处，再转动量程开关，观察电表指示，若调到某一量程处时电表指示最小，则停在该挡，调节第二位读数盘使电表指示指零，然后逐步增大电桥灵敏度，分别调节损耗平衡和第二位读数盘，使电表指零或接近指零，此时得出电容的粗测值，根据粗测值选择适当量程测出电容准确的容量和损耗。

③ 电感的测量　将被测电感 L_X 接在"被测"端上，拨动开关置于"内 1kHz"位置，测量选择开关置于"L"位置，估计一下电感的大小，选择适当的量程，根据电感的结构选择损耗倍率开关位置，空芯电感应置于"Q×1"位置；铁芯电感应置于"D×1"位置；高 Q 值电感（如磁芯电感）应置于"D×0.01"位置，损耗平衡旋钮置于"1"左右，调节电桥灵敏度使电表指示小于满刻度，先调节两个读数盘，后调节损耗平衡，直到电桥灵敏度达到最大时，电表指针指零或接近于零，即电桥基本达到平衡。记下电桥读数盘的读数和损耗平衡的指示值，根据公式：L_X＝量程开关指示值×（读数盘第一位＋第二位值）和 Q_X＝损耗倍率指示值×损耗平衡指示值，求出被测电感的电感量和电感线圈的 Q 值。例如：量程开关为 100mH，损耗倍率开关为"Q×1"，电桥第一位读数盘读数为 0.8，第二位读数盘读数为 0.085，损耗平衡指示为 2.5，则 L_X＝100mH×（0.8＋0.085）＝88.5mH；Q_X＝1×2.5＝2.5。如果损耗倍率开关置于"D×1"或"D×0.01"位置，则 Q 值为 $1/D$。

如果不能估计出电感的大小，采用的测量方法与测未知电容基本相同，但测量选择开关置于"L"，量程开关置于 $10\mu H$，损耗倍率根据电感结构确定，其他参照测未知电容的步骤进行。

2.1.9　功率表

功率表主要用来测量电功率，实物如图 2-15 所示。

在配电屏上常采用功率表（W）、功率因数表（cosφ）、频率表（Hz）、三块电流表（A）经两个电流互感器 TA 和两个电压互感器 TV 的联合接线线路，如图 2-16 所示。

接线时注意以下几点：

① 三相有功功率表（W）的电流线圈、三相功率因数表

（cosφ）的电流线圈以及电流表（A）的电流线圈，与电流互感器二次侧串联成电流回路，但 A 相、C 相两电流回路不能互相接错。

图 2-15　功率表

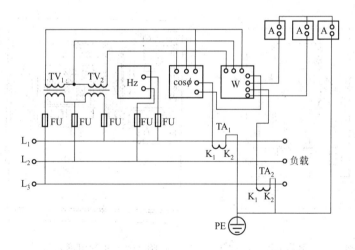

图 2-16　功率表和功率因数表测量线路的方法

② 三相有功功率表（W）的电压线圈、三相功率因数表（cosφ）的电压线圈，与电压互感器二次侧并联成电压回路，但各相电压相位不可接错。

③ 电流互感器二次侧"K₂"或"—"端，与第三块电流表 A

末端相连接，并需作可靠接地。

2.2 常用计量仪表

2.2.1 单相电度表与接线

单相电度表可以分为感应式单相电度表和电子式电度表两种，目前，家庭大多数用的是感应式单相电度表，其常用额定电流有2.5A、5A、10A、15A和20A等规格。

选好单相电度表后，应进行检查安装和接线。图2-17所示为交叉接线图，图中的1、3为进线，2、4接负载，接线柱1要接相线（即火线），这种电度表目前在我国最常见而且应用最多。

单相电度表与漏电保护器一起安装的示意图如图2-18所示。

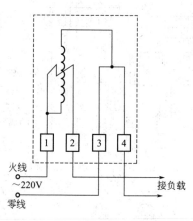

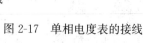

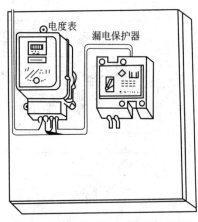

图 2-17 单相电度表的接线　　图 2-18 单相电度表与漏电
　　　　　　　　　　　　　　　　　　　　　保护器的安装

2.2.2 三相电度表

三相有功电度表分为三相四线制和三相三线制两种，常用的三相四线制有功电度表有 DT 系列。三相电度表见图 2-19。

三相四线制有功电度表的额定电压一般为 220V，额定电流有 1.5A、3A、5A、6A、10A、15A、20A、25A、30A、40A、60A 等数种，其中额定电流为 5A 的可经电流互感器接入电路；三相三线制有功电度表的额定电压（线电压）一般为 380V，额定电流有 1.5A、3A、5A、6A、10A、15A、20A、25A、30A、40A、60A 等数种，其中额定电流为 5A 的可经电流互感器接入电路。

图 2-19　三相电度表

（1）三相四线制交流电度表的安装及接线　三相四线制交流电度表共有 11 个接线端子，其中 1、4、7 端子分别接电源相线，3、6、9 是相线出线端子，10、11 分别是中性线（零线）进、出线接线端子，而 2、5、8 为电度表三个电压线圈连接接线端子，电度表电源接上后，通过连接片分别接入电度表三个电压线圈，电度表才能正常工作。图 2-20（a）所示为三相四线制直接接线的安装示意，图 2-20（b）所示为三相四线制交流电度表接线示意，图 2-20（c）所示为三相四线制安装连接片接线示意。

（2）三相三线制交流电度表的安装接线　三相三线制交流电度表有 8 个接线端子，其中 1、4、6 为相线进线端子，3、5、8 为出线端子，2、7 两个接线端子空着，目的是与接入的电源相线通过连接片取到电度表工作电压并接入到电度表电压线圈上。图 2-21（a）所示为三相三线制交流电度表的安装及实际接线示意，图 2-21（b）

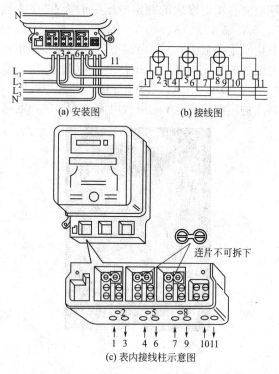

图 2-20　三相四线制交流电度表的安装及接线

所示为三相三线制交流电度表接线示意。

(3) 间接式三相三线制交流电度表的安装接线　间接式（互感器式）三相三线制交流电度表配两个相同规格的电流互感器，电源进线中两根相线分别与两个电流互感器一次侧 L_1 接线端子连接，并分别接到电度表的 2 和 7 接线端（2、7 接线端上原先接的小铜连接片需拆除）；电流互感器二次侧 K_1 接线端子分别与电度表的 1 和 6 接线端子相连；两个 K_2 接线端子相连后接到电度表的 3 和 8 接线端并同时接地。电源进线中的最后一根相线与电度表的 4 接线端相连接并作为这根相线的出线。互感器一次侧 L_2 接线端子作为另两相的出线。互感器式三相三线制电度表的安装如图 2-22（a）所示，互感器式三相三线制电度表的接线线路如图 2-22（b）所示。

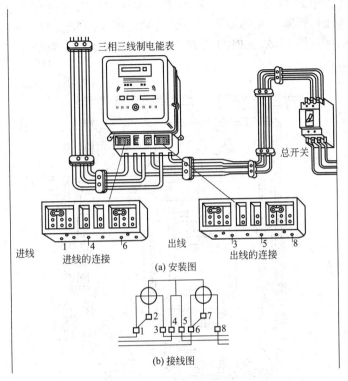

(a) 安装图

(b) 接线图

图 2-21　三相三线制交流电度表的安装及接线

(4) 间接式三相四线制交流电度表的安装接线　间接式三相四线制电度表由一块三相电度表配用 3 个规格相同、比率适当的电流互感器，以扩大电度表量程。接线时 3 根电源相线的进线分别接在 3 个电流互感器一次绕组接线端子 L_1 上，3 根电源相线的出线分别从 3 个互感器一次绕组接线端子 L_2 引出，并与总开关进线接线端子相连。然后用 3 根铜芯绝缘分别从 3 个电流互感器一次绕组接线端子 L_1 引出，与电度表 2、5、8 接线端子相连。再用 3 根同规格的绝缘铜芯线将 3 个电流互感器二次绕组接线端子 K_1 与电度表 1、4、7 接线端子 K_2 和电度表 3、6、9 接线端子相连，最后将 3 个 K_2 接线端子用 1 根导线统一接零线。由于零线一般与大地相连，使各互感器 K_2 接线端子均能良好接地。如果三相电度表中如 1、2、4、5、7、8 接线端子之间有连接片，应事先将连接片拆除。互感器式三相四线制电度表的安装如图 2-23(a)所示，互感器式三相四线制电度表的接线线路如图 2-23(b)所示。

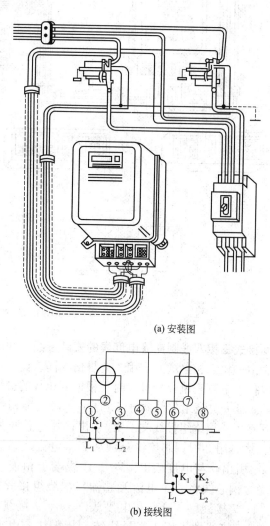

(a) 安装图

(b) 接线图

图 2-22　间接式三相三线制交流电度表的安装及接线

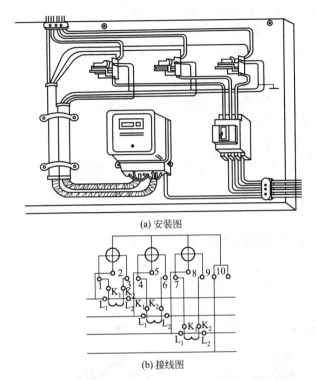

(a) 安装图

(b) 接线图

图 2-23　间接式三相四线制交流电度表的安装及接线

2.3　常用量具的使用方法

2.3.1　测量工具

常用测量工具有普通盒尺、游标卡尺、钢直尺、90°角尺和平板尺等。游标卡尺是一种精密工具，其读数精度一般为 0.02mm，如图 2-24 所示，主要用于半成品划线，不允许用它在毛坯上划线。

游标卡尺测量值读数分 3 步进行。

① 读整数。游标零线左边的尺身上的第一条刻线是整数的毫米值。

　　② 读小数。在游标上找出一条刻线与尺身刻度对齐，从副尺上读出毫米的小数值。

　　③ 将上述两值相加，即为游标卡尺的测得尺寸。

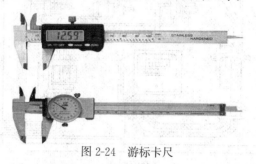

图 2-24　游标卡尺

2.3.2　水平垂直检查工具

　　装修中，水平垂直以及角度检查工具也是非常关键和常用到的工具，常用于检查墙面等是否水平和方正，以利于后一步的施工，保证装修施工效果。常用的水平垂直检查工具有吊线、垂直检测尺、激光水平仪以及内外直角检测尺，如图 2-25 所示。

吊线

瓦工、木工工作时，用线吊重物形成垂线，借以取直

垂直检测尺

检测物体平面的垂直度、平整度及水平度的偏差

激光水平仪

带有激光导向装置的测定地面水准点高差的仪器

内外直角检测尺

检测阴阳直角的偏差及一般平面的垂直度和水平度

图 2-25　水平垂直检查工具

2.4 常用工具的使用方法

2.4.1 使用划线工具及样冲

直接划线工具有划针、划规、划卡、划线盘和样冲。

① 划针 划针［如图 2-26(a) 所示］是在工件表面划线用的工具，常用 φ3～6mm 的工具钢或弹簧钢丝制成并经淬硬处理。有的划针在尖端部分焊有硬质合金，这样划针就更锐利，耐磨性好。划线时，划针要依靠钢直尺或直角尺等工具而移动，并向外倾斜 15°～20°，向划线方向倾斜 45°～75°［如图 2-26(b) 所示］。在划线时，要做到尽可能一次划成，使线条清晰、准确。

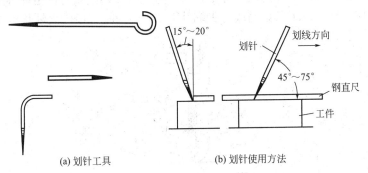

(a) 划针工具   (b) 划针使用方法

图 2-26 划针的种类及使用方法

② 划规 划规（如图 2-27 所示）是划圆、弧线、等分线段及量取尺寸等用的工具。

③ 划卡 划卡（单脚划规）主要用来确定轴和孔的中心位置，也可用来划平行线。操作时应先划出四条圆弧线，然后再在圆弧线中冲一样冲点。

④ 划线盘 划线盘（如图 2-28 所示）主要用于立体划线和校正工件位置。用划线盘划线时，要注意划针装夹应牢固，伸出长度要短，以免产生抖动，其底座要保持与划线平台贴紧，不要摇晃和

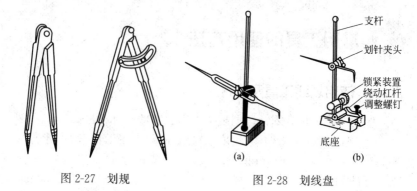

图 2-27 划规 图 2-28 划线盘

跳动。

⑤ 样冲 样冲（如图 2-29 所示）是在划好的线上冲眼时使用的工具。冲眼是为了强化显示用划针划出的加工界线，也是使划出的线条具有永久性的位置标记，另外它也可在划圆弧时作定性脚点使用。样冲由工具钢制成，尖端处磨成 45°～60°并经淬火硬化。

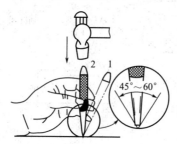

图 2-29 样冲及其用法

冲眼时应注意以下几点：

a. 冲眼位置要准确，冲心不能偏离线条；

b. 冲眼间的距离要以划线的形状和长短而定，直线上可稀，曲线则稍密，转折交叉点处需冲点；

c. 冲眼大小要根据工件材料、表面情况而定，薄的可浅些，粗糙的应深些，软的应轻些，而精加工表面禁止冲眼；

d. 圆中心处的冲眼，最好要打得大些，以便在钻孔时钻头容易对中。

2.4.2 使用手锯锯割

锯削是用手锯对工件或材料进行分割的切削加工，工作范围包括：分割各种材料或半成品；锯掉工件上多余部分；在工件上锯槽。

虽然当前各种自动化、机械化的切割设备已被广泛应用，但是手锯切削还是常见，这是因为它具有方便、简单和灵活的特点，不需任何辅助设备，不消耗动力。在单件小批量生产时，在临时工地以及在切削异形工件、开槽、修整等场合应用很广。

手锯包括锯弓和锯条两部分，锯弓是用来夹持和拉紧锯条的工具，有固定式和可调式两种。固定式锯弓只能安装一种长度规格的锯条，可调式锯弓的弓架分成两段，如图 2-30 所示，前端可在后段的套内移动，可安装几种长度规格的锯条。可调式锯弓使用方便，目前应用较广。

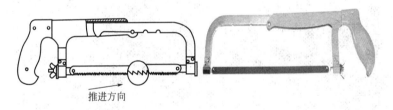

推进方向

图 2-30 手锯弓

锯条由一般碳素工具钢制成。为了减少锯条切削时两侧的摩擦，避免夹紧在锯缝中，锯齿应具有规律的向左右两面倾斜，形成交错式两边排列。

常用的锯条长度为 300mm，宽 12mm，厚 0.8mm。按齿距的大小，锯条分为粗齿、中齿和细齿三种。粗齿主要用于加工截面或厚度较大的工件；细齿主要用于锯割硬材料、薄板和管子等；中齿主要用于加工普通钢材、铸铁以及中等厚度的工件。

2.4.3 使用凿子錾削

电工用凿按不同的用途分有大扁凿、小扁凿、圆槎凿和长凿等。大扁凿常用来凿打砖或凿制木结构建筑物上较大的安装孔；小扁凿常用来凿制砖结构上较小的安装孔；圆榫凿常用来凿打混凝土建筑物的安装孔；长凿则主要用来凿打较厚的墙壁和打穿墙孔。按使用对象有冷凿和木凿两种，冷凿用于金属材料的加工，木凿用于木质材料的加工，如图 2-31 所示。

电工用凿图

图 2-31　电工用凿使用方法

在家装电工的线路暗敷时，需要对墙面进行开槽，需要使用到扁凿对墙面进行处理。在安装接线盒时，同样需要使用电工用凿来进行开槽，当使用电工用凿时，不要使其与墙面成直角，应有一定的倾斜角度，使用锤子敲打电工用凿的尾端，还有一种电工用凿是与冲击钻配合使用的，使用时应当注意与使用冲击电钻的方式极为相同，一直按住电源开关，或在按下电源开关的同时按下锁定开关。电工用凿可以一直工作，此时若再按一次电源开关，则锁定开关自动弹起，电工用凿停止工作。但在对混凝土的墙面进行开凿时，应当在一小段时间内停止工作，防止电工用凿前端的损坏或断裂。

2.4.4 电钻及钻孔操作技能

(1) **冲击电钻** 主要适用于在混凝土地板、墙壁、砖块、石料、木板和多层材料上进行冲击打孔；另外，还可以在木材、金属、陶瓷和塑料上进行钻孔和攻牙，配备有电子调速装备作顺/逆转等功能。

冲击钻电机有着 $0 \sim 230V$ 与 $0 \sim 115V$ 两种不同的电压，控制微动开关的离合，取得电机快慢两级不同的转速，配备了顺逆转向控制机构、松紧螺钉和攻牙等功能。冲击电钻的冲击机构有犬牙式和滚珠式两种。滚珠式冲击电钻由动盘、定盘、钢球等组成。动盘通过螺纹与主轴相连，并带有 12 个钢球；定盘利用销钉固定在机壳上，并带有 4 个钢球，在推力作用下，12 个钢球沿 4 个钢球滚动，使硬质合金钻头产生旋转冲击运动，能在砖、砌块、混凝土等脆性材料上钻孔。脱开销钉，使定盘随动盘一起转动，不产生冲击，可作普通电钻用，如图 2-32 所示。

图 2-32　冲击电钻

使用与保养：冲击电钻为双重绝缘设计，操作安全可靠，使用时不需要采用保护接地（接零），使用单相二极插头即可，使用时可以不戴绝缘手套或穿绝缘鞋。为使操作方便、灵活和有力，冲击电钻上一般带有辅助手柄。由于冲击电钻采用双重绝缘，没有接地（接零）保护，因此应特别注意保护橡套电缆。手提移动电钻时，必须握住电钻手柄，移动时不能拖拉橡套电缆。橡套电缆不能让车轮轧辗和足踏；防止鼠咬。

正确的使用方法：

① 操作前必须查看电源是否与电动工具上的常规额定电压220V相符，以免错接到380V的电源上。

② 使用冲击钻前请仔细检查机体绝缘防护、辅助手柄及深度尺调节等情况，机器有没有螺钉松动现象。

③ 冲击钻必须按材料要求装入 $\phi 6 \sim 25mm$ 之间允许范围的合金钢冲击钻头或打孔通用钻头，严禁使用超越范围的钻头。

④ 冲击钻导线要保护好，严禁满地乱拖防止轧坏、割破，更不准把电磁线拖到油水中，防止油水腐蚀电磁线。

⑤ 使用冲击钻的电源插座必须配备漏电开关装置，并检查电源线有没有破损现象，使用当中发现冲击钻漏电、振动异常、高热或者有异声时，应立即停止工作，找电工及时检查修理。

⑥ 冲击钻更换钻头时，应用专用扳手及钻头锁紧钥匙，杜绝使用非专用工具敲打冲击钻。

⑦ 使用冲击钻时切记不可用力过猛或出现歪斜操作，事前务必装紧合适钻头并调节好冲击钻深度尺，垂直、平衡操作时要徐徐均匀地用力，不可强行使用超大钻头。

⑧ 熟练掌握和操作顺逆转向控制机构、松紧螺钉及打孔攻牙等功能。

(2) 钻孔 钻孔是用钻头在实体材料上加工孔的方法。在钻床上钻孔，工件固定不动，钻头一边旋转（主运动），一边沿轴向向下移动（进给运动）。钻孔属于粗加工，主要的工具是钻床手电钻和钻头。钻头通常由高速钢制造，其工作部分热处理后淬硬至 $60 \sim 65HRC$，钻头的形状和规格很多，麻花钻是钻头的主要形式，其组成部分如图 2-33 所示。麻花钻的前端为切削部分，有两个对称的主切削刃。钻头的顶部有横刃，横刃的存在使钻削时轴向压力增加。麻花钻有两条螺旋槽和两条刃带，螺旋槽的作用是形成切削刃和向外排屑；刃带的作用是减少钻头与孔壁的摩擦并导向。麻花钻头的结构决定了它的刚度和导向性均比较差。

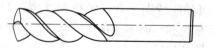

图 2-33 麻花钻的形成

2.4.5 使用丝锥攻螺纹和使用板牙套螺纹

加工内、外螺纹的方法虽然很多，但小直径的内螺纹只能依靠丝锥加工，而套螺纹则是用板牙在棒料（或管料）工件上切出外螺纹，如图 2-34、图 2-35 所示。

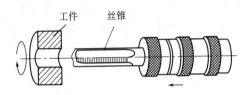

图 2-34 用丝锥攻螺纹

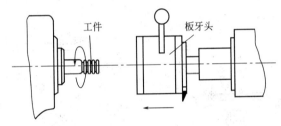

图 2-35 用板牙套螺纹

在攻螺纹或套螺纹时，刀具（丝锥或板牙）与工件作相对旋转运动，并由先形的螺纹沟引导着刀具（或工件）作轴向移动（注：此处攻丝为传统的柔性攻丝，现代的刚性攻丝是工件每转一转，机床的传动链保证丝锥沿工件轴向准确而均匀地移动一个导程）。

攻螺纹或套螺纹的加工精度取决于丝锥或板牙的精度。加工内、外螺纹的方法虽然很多，但小直径的内螺纹只能依靠丝锥加工。攻螺纹和套螺纹可用手工操作，也可用车床、钻床、攻丝机和套丝机。

2.4.6 矫正与弯曲

矫正：如图 2-36 所示。矫正是指消除金属材料或工件的弯曲、不直和翘曲等缺陷的加工方法。按矫正时被矫正的工件的温度分类，可分为冷矫正和热矫正两种，按矫正时产生矫正力的方法不同，可分为手工矫正、机械矫正、火焰矫正和高频热点矫正。

　　原理——在外力作用下使金属材料产生新的塑性变形以消除元素不应有的塑性变形（即消除内应力）。

　　名词解释：冷作硬化——无论是矫正或弯曲都是使材料发生塑性变形，矫正后，由于受到新的外力作用材料内部组织发生变化（这一部分原子结构密度提高），硬度提高，性质变脆。

　　硬化后的危害——变硬能力加大，变脆易断，不能重新弯曲。

　　钳工常用的手工矫正是将材料或工件放在平板、铁砧或台虎钳上，采用锤击、弯曲、延展或伸张等方法进行矫正。

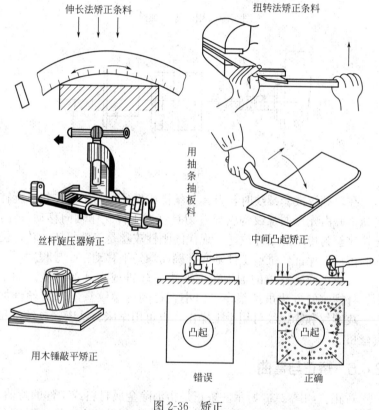

伸长法矫正条料　　扭转法矫正条料

丝杆旋压器矫正　　用抽条抽板料　　中间凸起矫正

用木锤敲平矫正　　错误　　正确

凸起

图 2-36　矫正

弯曲（如图 2-37 所示）——将原来平直的板料、棒材、管材加工成所要求的形状或角度的操作称为弯曲。

原理——弯曲工作是使材料产生塑性变形。所以说只有塑性好的材料才能进行弯曲。

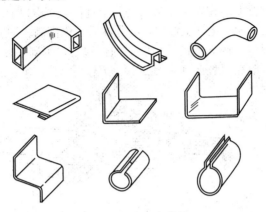

图 2-37　常见弯曲件

弯曲变形过程（图 2-38）及变形特点：

① 弯曲变形只发生在弯曲中心角 α 对应的扇形区域，直线部分不发生塑性变形。

② 内层的纤维受压缩而缩短，外层的纤维受拉伸而伸长，在内层与外层之间存在中性层。

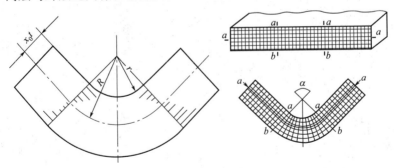

图 2-38　弯曲变形过程

毛坯弯曲后：只有中性层的长度不变。因此，弯形前坯料可按中性层的长度来计算。

　　弯形方法：弯形的方法有冷弯和热弯两种，当弯形材料厚度大于 5mm 及直径较大的棒料和管料工件时，常用热弯工艺，管子直径在 12mm 以下可用冷弯法；直径大于 12mm 的管子应常用热弯工艺。管子弯形的临界半径必须是管子直径的 4 倍以上，管子直径 10mm 以上；为防止管子弯瘪，必须在管子内灌满、灌实干沙，两端用木塞塞紧，将弯缝置于中性层的位置上，否则易使焊缝开裂。冷弯管子一般在弯管夹具（图 2-39）上进行。

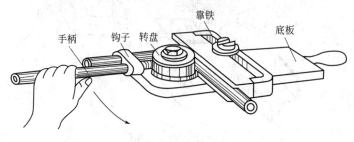

图 2-39　弯管夹具

第3章
电路控制器件与维修

3.1 刀开关

3.1.1 型号、结构和原理

(1) **刀开关的用途** 刀开关是一种使用最多、结构最简单的手动控制的低压电器，是低压电力拖动系统和电气控制系统中最常用的电气元件之一，普遍用于电源隔离，也可用于直接控制接通和断开小规模的负载如小电流供电电路、小容量电动机的启动和停止。刀开关和熔断器组合使用是电力拖动控制线路中最常见的一种结合。刀开关由操作手柄、动触点、静触点、进线端、出线端、绝缘底板和胶盖组成。常见的刀开关外形结构及用途见表 3-1。

(2) **刀开关的选用原则** 在低压电气控制电路中选用刀开关时，常常只考虑刀开关的主要参数，如额定电流、额定电压。

① 额定电流：在电路中刀开关能够正常工作而不损坏时所通过的最大电流。因此在选用刀开关的额定电流时不应小于负载的额定电流。

因负载不同，选用额定电流的大小也不同。用作隔离开关或控制照明、加热等电阻性负载时，额定电流要等于或略大于负载的额定电流；用作直接启动和停止电动机时，瓷底胶盖闸刀开关只能控制容量 5.5kW 以下的电动机，额定电流应大于电动机的额定电流；铁壳开关的额定电流应小于电动机额定电流的 2 倍；组合开关的额定电流应不小于电动机额定电流的 2~3 倍。

表 3-1　常见刀开关外形结构及用途

名称	胶盖闸刀开关（开启式负荷开关）	铁壳开关（封闭式负荷开关）
结构图	胶盖　胶盖紧固螺钉　进线座　静触点　熔丝　瓷柄　动触点　出线座　瓷底	熔断器　夹座　闸刀　速动弹簧　转轴　手柄
用途	应用于额定电压为交流 380V 或直流 440V、额定电流不超过 60A 的电气装置，不频繁地接通或切断负载电路，具有短路保护作用	适用于各种配电设备中，供手动不频繁地接通和分断负载电路，并可控制 15kW 以下交流异步电动机的不频繁直接启动及停止，具有电路保护功能

② 额定电压：在电路中刀开关能够正常工作而不损坏时所承受的最高电压。因此在选用刀开关的额定电压时应高于电路中实际工作电压。

3.1.2　常见故障与检修

刀开关的常见故障及处理措施见表 3-2。

表3-2 刀开关的常见故障及处理措施

种类	故障现象	故障分析	处理措施
开启式负荷开关	合闸后,开关一相或两相开路	静触点弹性消失,开口过大,造成动、静触点接触不良	整理或更换静触点
		熔丝熔断或虚连	更换熔丝或紧固
		动、静触点氧化或有尘污	清洗触点
		开关进线或出线线头接触不良	重新连接
	合闸后,熔丝熔断	外接负载短路	排除负载短路故障
		熔体规格偏小	按要求更换熔体
	触点烧坏	开关容量太小	更换开关
		拉、合闸动作过慢,造成电弧过大,烧毁触点	修整或更换触点,并改善操作方法
封闭式负荷开关	操作手柄带电	外壳未接地或接地线松脱	检查后,加固接地导线
		电源进出线绝缘损坏碰壳	更换导线或恢复绝缘
	夹座(静触点)过热或烧坏	夹座表面烧毛	用细锉修整夹座
		闸刀与夹座压力不足	调整夹座压力
		负载过大	减轻负载或更换大容量开关

刀开关使用注意事项:

① 以使用方便和操作安全为原则:封闭式负荷开关安装时必须垂直于地面,距地面的高度应在 1.3～1.5m 之间,开关外壳的接地螺钉必须可靠接地。

② 接线规则:电源进线接在静夹座一边的接线端子上,负载引线接在熔断器一边的接线端子上,且进出线必须穿过开关的进出线孔。

③ 分合闸操作规则:应站在开关的手柄侧,不准面对开关,避免因意外故障电流使开关爆炸,造成人身伤害。

④ 大容量的电动机或额定电流100A以上负载不能使用封闭式

负荷开关控制，避免产生飞弧灼伤手。

3.2 按钮

3.2.1 用途和分类

（1）**按钮的用途**　按钮是一种用来短时间接通或断开小电流电路的手动主令电器。由于按钮的触点允许通过的电流较小，一般不超过 5A，一般情况下，不直接控制主电路的通断，而是在控制电路中发出指令或信号去控制接触器、继电器等电器，再由它们去控制主电路的通断、功能转换或电气联锁，其外形如图 3-1 所示。

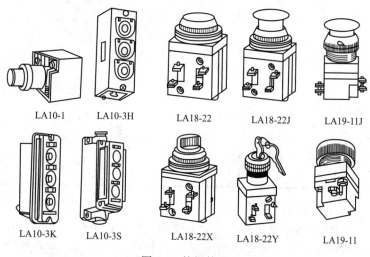

图 3-1　按钮外形

（2）**按钮的分类**　按钮由按钮帽、复位弹簧、桥式触点和外壳等组成，通常被做成复合触点，即具有动触点和静触点。根据使用要求、安装形式、操作方式不同，按钮的种类很多。根据触点结构不同，按钮可分为停止按钮（常闭按钮）、启动按钮（常开按钮）及复合按钮（常闭、常开组合为一组按钮），它们的结构与符号见表 3-3。

表 3-3 按钮的结构与符号

名称	常闭按钮 （停止按钮）	常开按钮 （启动按钮）	复合按钮
结构			按钮帽 复位弹簧 支柱连杆 常闭静触点 桥式动触点 常开静触点 外壳
符号	SB	SB	SB

(3) 按钮的常见故障及处理措施 如表 3-4 所示。

表 3-4 按钮常见故障及处理方法

故障现象	故障分析	处理措施
触点接触不良	触点烧损	修正触点和更换产品
	触点表面有尘垢	清洁触点表面
	触点弹簧失效	重绕弹簧和更换产品
触点间短路	塑料受热变形，导线接线螺钉相碰短路	更换产品，并查明发热原因，如灯泡发热所致，可降低电压
	杂物和油污在触点间形成通路	清洁按钮内部

3.2.2 选用与注意事项

(1) 按钮选用原则 选用按钮时，主要考虑：

① 根据使用场合选择控制按钮的种类。

② 根据用途选择合适的形式。

③ 根据控制回路的需要确定按钮数。

④ 按工作状态指示和工作情况要求选择按钮和指示灯的颜色。

(2) 按钮使用注意事项

① 按钮安装在面板上时，应布置整齐、排列合理，如根据电动机启动的先后顺序，从上到下或从左到右排列。

② 同一机床运动部件有几种不同的工作状态时（如上、下、前、后，松、紧等），应使每一对相反状态的按钮安装在一组。

③ 按钮的安装应牢固，安装按钮的金属板或金属按钮盒必须可靠接地。

④ 由于按钮的触点间距较小，如有油污等极易发生短路故障，因此应注意保持触点间的清洁。

3.3 低压断路器

3.3.1 型号、结构和原理

（1）**断路器的用途** 低压断路器又称自动空气开关或自动空气断路器，是一种重要的控制和保护电器，主要用于交直流低压电网和电力拖动系统中，即可手动又可电动分合电路。它集控制和多种保护功能于一体，对电路或用电设备实现过载、短路和欠电压等保护，也可以用于不频繁地转换电路及启动电动机。低压短路器主要由触点、灭弧系统和各种脱扣器3部分组成。常见的低压断路器外形结构及用途见表3-5。

表3-5 常见低压断路外形结构及用途

名称	框架式	塑料外壳式	
结构图	电磁脱扣器 按钮 自由脱扣器 动触点 静触点 热脱扣器 接线柱	DW10系列	DW16系列
用途	适用于手动不频繁地接通和断开容量较大的低压网络和控制大容量电动机的场合（电力网主干线路）	适用于配电线路的保护开关，以及电动机和照明线路的控制开关等（电气设备控制系统）	

(2) 断路器的选用原则 在低压电气控制电路中选用低压断路器时，常常只考虑低压断路器的主要参数，如额定电流、额定电压和壳架等级额定电流。

① 额定电流 低压断路器的额定电流应不小于被保护电路的计算负载电流，即用于保护电动机时，低压断路器的长延时电流整定值等于电动机额定电流；用于保护三相笼型异步电动机时，其瞬时整定电流等于电动机额定电流的 8～15 倍，倍数与电动机的型号、容量和启动方法有关；用于保护三相绕线式异步电动机时，其瞬间整定电流等于电动机额定电流的 3～6 倍。

② 额定电压 低压断路器的额定电压应不高于被保护电路的额定电压，即低压断路器欠电压脱扣器额定电压等于被保护电路的额定电压、低压断路器分励脱扣器额定电压等于控制电源的额定电压。

③ 壳架等级额定电流 低压断路器的壳架等级额定电流应不小于被保护电路的计算负载电流。

④ 用于保护和控制不频繁启动电动机时，还应考虑断路器的操作条件和使用寿命。

3.3.2 常见故障与检修

断路器的常见故障及处理措施见表 3-6。

表 3-6 低压断路常见故障及处理方法

故障现象	故障分析	处理措施
不能合闸	欠压脱扣器无电压和线圈损坏	检查施加电压和更换线圈
	储能弹簧力过大	更换储能弹簧
	反作用弹簧力过大	重新调整
	机构不能复位再扣	调整再扣接触面至规定值
电流达到整定值，断路器不动作	热脱扣器双金属片损坏	更换双金属片
	电磁脱扣器的衔铁与铁芯的距离太大或电磁线圈损坏	调整衔铁与铁芯的距离或更换断路器
	主触点熔焊	检查原因并更换主触点

续表

故障现象	故障分析	处理措施
启动电动机时断路器立即分断	电磁脱扣器瞬动整定值过小	调高整定值至规定值
	电磁脱扣器某些零件损坏	更换脱扣器
断路器闭合后经一定时间自行分断	热脱扣器整定值过小	调高整定值至规定值
断路器温升过高	触点压力过小	调整触点压力或更换弹簧
	触点表面过分磨损或接触不良	更换触点或整修接触面
	两个导电零件连接螺钉松动	重新拧紧

断路器使用注意事项：

① 安装时低压断路器垂直于配电板，上端接电源线，下端接负载。

② 低压断路器在电气控制系统中若作为电源总开关或电动机的控制开关，则必须在电源进线侧安装熔断器或刀开关等，这样可出现明显的保护断点。

③ 低压断路器在接入电路后，在使用前应将防锈油脂擦在脱扣器的工作表面上；设定好脱扣器的保护值后，不允许随意改动，避免影响脱扣器保护值。

④ 低压断路器在使用过程中分断短路电流后，要及时检修触点，发现电灼烧痕现象，应及时修理或更换。

⑤ 定期清扫断路器上的积尘和杂物，定期检查各脱扣器的保护值，定期给操作机构添加润滑剂。

3.4 交流接触器

3.4.1 型号、结构和原理

（1）**接触器的用途** 接触器工作时利用电磁吸力的作用把触点由原来的断开状态变为闭合状态或由原来的闭合状态变为断开状态，以此来控制电流较大交直流主电路和容量较大控制电路。在低压控制电路或电气控制系统中，接触器是一种应用非常普遍的低压控制电器，并具有欠电压保护的功能，可以用它对电动机进行远距离频繁接通、断开的控制；也可以用它来控制其他负载电路，如电焊机等。

接触器按工作电流不同可分为交流接触器和直流接触器两大类。交流接触器的电磁机构主要由线圈、铁芯和衔铁组成，交流接触器的触点有三对主常开触点用来控制主电路通断；有两对辅助常开和两对辅助常闭触点实现对控制电路的通断。直流接触器的电磁机构与交流接触器相同，直流接触器的触点有两对主常开触点。

接触器的优点：使用安全、易于操作和能实现远距离控制、通断电流能力强、动作迅速等。缺点：不能分离短路电流，所以在电路中接触器常常与熔断器配合使用。

交、直流接触器分别有 CJ10、CZ0 系列，03TB 是引进的交流接触器，CZ18 直流接触器是 CZ0 的换代产品。接触器的图形、文字符号如图 3-2 所示。交流接触器的外形结构及符号如图 3-3 所示。

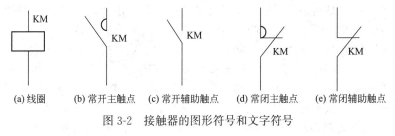

(a) 线圈　　(b) 常开主触点　　(c) 常开辅助触点　　(d) 常闭主触点　　(e) 常闭辅助触点

图 3-2　接触器的图形符号和文字符号

(2) 接触器的选用原则　在低压电气控制电路中选用接触器时，常常只考虑接触器的主要参数，如主触点额定电流、主触点额定电压、吸引线圈的电压。

① 主触点额定电流　接触器主触点的额定电压应不小于负载电路的工作电流，主触点的额定电流应不小于负载电路的额定电流，也可根据经验公式计算。

根据所控制的电动机的容量或负载电流种类来选择接触器类型，如交流负载电路应选用交流接触器来控制，而直流负载电路就应选用直流接触器来控制。

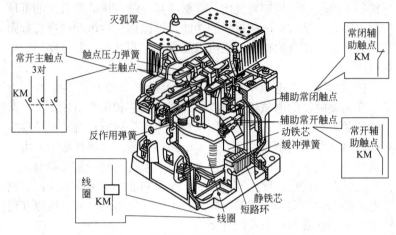

图 3-3　交流接触器的外形结构及符号

② 交流接触器的额定电压有两个：一个是主触点的额定电压，由主触点的物理结构、灭弧能力决定；二是吸引线圈额定电压，由吸引线圈的电感量决定。而主触点和吸引线圈额定电压是根据不同场所的需要而设计的。例如主触点 380V 额定电压的交流接触器的吸引线圈的额定电压就有 36V、127V、220V 与 380V 多种规格。接触器吸引线圈的电压选择，交流线圈电压有 36V、110V、127V、220V、380V；直流线圈电压有 24V、48V、110V、220V、440V。从人身安全的角度考虑，线圈电压可选择低一些，但当控制线路简单、线圈功率较小时，为了节省变压器，可选 220V 或 380V。

③ 接触器的触点数量应满足控制支路数的要求，触点类型应满足控制线路的功能要求。

3.4.2　常见故障与检修

接触器的常见故障及处理措施见表 3-7。

(1) 接触器常见故障及其原因

① 交流接触器在吸合时振动和有噪声

a. 电压过低，其表现是噪声忽强忽弱。例如，电网电压较低，只能维持接触器的吸合。大容量电动机启动时，电路压降较大，相应的接触器噪声也大，而启动过程完毕噪声则小。

表 3-7　交流接触器常见故障及处理方法

故障现象	故障分析	处理措施
触点过热	通过动、静触点间的电流过大	重新选择大容量触点
	动、静触点间接触电阻过大	用刮刀或细锉修整或更换触点
触点磨损	触点间电弧或电火花造成电磨损	更换触点
	触点闭合撞击造成机械磨损	更换触点
触点熔焊	触点压力弹簧损坏使触点压力过小	更换弹簧和触点
	线路过载使触点通过的电流过大	选用较大容量的接触器
铁芯噪声大	衔铁与铁芯的接触面接触不良或衔铁歪斜	拆下清洗、修整端面
	短路环损坏	焊接短路环或更换
	触点压力过大或活动部分受到卡阻	调整弹簧、消除卡阻因素
衔铁吸不上	线圈引出线的连接处脱落,线圈断线或烧毁	检查线路及时更换线圈
	电源电压过低或活动部分卡阻	检查电源、消除卡阻因素
衔铁不释放	触点熔焊	更换触点
	机械部分卡阻	消除卡阻因素
	反作用弹簧损坏	更换弹簧

b. 短路环断裂。

c. 静铁芯与衔铁接触面之间有污垢和杂物, 致使空气隙变大, 磁阻增加。当电流过零时, 虽然短路环工作正常, 但因极面间的距离变大, 不能克服恢复弹簧的反作用力, 而产生振动。如接触器长期振动, 将导致线圈烧毁。

d. 触点弹簧压力太大。

e. 接触器机械部分故障, 一般是机械部分不灵活, 铁芯极面磨损, 磁铁歪斜或卡住, 接触面不平或偏斜。

② 线圈断电, 接触器不释放　线路故障、触点焊住、机械部分卡住、磁路故障等因素, 均可使接触器不释放。检查时, 应首先分清两个界限, 是电路故障还是接触器本身的故障; 是磁路的故障还是机械部分的故障。

区分电路故障和接触器故障的方法是: 将电源开关断开, 看接触器是否释放。如释放，说明故障在电路中，电路电源没有断开；如不释放，就是接触器本身的故障。区分机械故障和磁路故障的方法是：在断电后，用螺丝刀（螺钉旋具）木柄轻轻敲击接触器外壳。如释放，一般是磁路的故障；如不释放一般是机械部分的故障，其原因如下。

a.触点熔焊在一起。

b.机械部分卡住，转轴生锈或歪斜。

c.磁路故障，可能是被油污粘住或剩磁的原因，使衔铁不能释放。区分这两种情况的方法是：将接触器拆开，看铁芯端面上有无油污，有油污说明铁芯被粘住，无油污可能是剩磁作用。造成油污粘住的原因，多数是在更换或安装接触器时没有把铁芯端面的防锈凡士林油擦去。剩磁造成接触器不能释放的原因是在修磨铁芯时，将E形铁芯两边的端面修磨过多，使去磁气隙消失，剩磁增大，铁芯不能释放。

③ 接触器自动跳开

a.接触器（指 CJ10 系列）后底盖固定螺芯松脱，使静铁芯下沉，衔铁行程过长，触点超行程过大，如遇电网电压波动就会自行跳开。

b.弹簧弹力过大（多数为修理时，更换弹簧不合适所致）。

c.直流接触器弹簧调整过紧或非磁性垫片垫得过厚，都有自动释放的可能。

④ 线圈通电衔铁吸不上

a.线圈损坏，用欧姆表测量线圈电阻。如电阻很大或电路不通，说明线圈断路；电阻很小，可能是线圈短路或烧毁。如测量结果与正常值接近，可使线圈再一次通电，听有没有"嗡嗡"的声音，是否冒烟；冒烟说明线圈已烧毁，不冒烟而有"嗡嗡"声，可能是机械部分卡住。

b.线圈接线端子接触不良。

c.电源电压太低。

d.触点弹簧压力和超程调整得过大。

⑤ 线圈过热或烧毁

a.线圈通电后由于接触器机械部分不灵活或铁芯端面有杂物，

使铁芯吸不到位，引起线圈电流过大而烧毁。

b. 加在线圈上的电压太低或太高。

c. 更换接触器时，其线圈的额定电压、频率及通电持续率低于控制电路的要求。

d. 线圈受潮或机械损伤，造成匝间短路。

e. 接触器外壳的通气孔应上下装置，如错将其水平装置，空气不能对流，时间长了也会把线圈烧毁。

f. 操作频率过高。

g. 使用环境条件特殊，如空气潮湿、腐蚀性气体在空气中含量过高、环境温度过高。

h. 交流接触器派生直流操作的双线圈，因常闭联锁触点熔焊不能释放而使线圈过热。

⑥ 线圈通电后接触器吸合动作缓慢

a. 静铁芯下沉，使铁芯极面间的距离变大。

b. 检修或拆装时，静铁芯底部垫片丢失或撤去的层数太多。

c. 接触器的装置方法错误，如将接触器水平装置或倾斜角超过5°以上，有的还悬空装。这些不正确的装置方法，都可能造成接触器不吸合、动作不正常等故障。

⑦ 接触器吸合后静触点与动触点间有间隙　这种故障有两种表现形式，一是所有触点都有间隙，二是部分触点有间隙。前者是因机械部分卡住，静、动铁芯间有杂物。后者可能是由于该触点接触电阻过大、触点发热变形或触点上面的弹簧片失去弹性。

检查双断点触点终压力的方法如图3-4所示，将接触器触点的接线全部拆除，打开灭弧罩，把一条薄纸放在动静触点之间，然后给线圈通电，使接触器吸合，这时，可将纸条向外拉，如拉不出来，说明触点接触良好，如很容易拉出来或毫无阻力，说明动静触点有间隙。

检查辅助触点时，因小容量的接触器的辅助触点装置位置很狭窄，可用测量电阻的方法进行检查。

⑧ 静触点（相间）短路

a. 油污及铁尘造成短路。

b. 灭弧罩固定不紧，与外壳之间有间隙，接触器断开时电弧

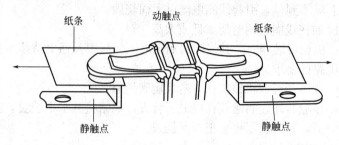

纸条　　　动触点　　　纸条

静触点　　　　　　　静触点

图 3-4　双断点触点终压力的检查方法

逐渐烧焦两相触点间的胶木，造成绝缘破坏而短路。

c.可逆运转的联锁机构不可靠或联锁方法使用不当，由于误操作或正反转过于频繁，致使两台接触器同时投入运行而造成相间短路。

另外由于某种原因造成接触器动作过快，一接触器已闭合，另一接触器电弧尚未熄灭，形成电弧短路。

d.灭弧罩破裂。

⑨ 触点过热　触点过热是接触器（包括交、直流接触器）主触点的常见故障。除分断短路电流外，主要原因是触点间接触电阻过大，触点温度很高，致使触点熔焊，这种故障可从以下几个方面进行检查。

a.检查触点压力，包括弹簧是否变形、触点压力弹簧片弹力是否消失。

b.触点表面氧化。铜材料表面的氧化物是一种不良导体，会使触点接触电阻增大。

c.触点接触面积太小、不平、有毛刺、有金属颗粒等。

d.操作频率太高，使触点长期处于大于几倍的额定电流下工作。

e.触点的超程太小。

⑩ 触点熔焊

a.操作频率过高或过负载使用。

b.负载侧短路。

c.触点弹簧片压力过小。

d. 操作回路电压过低或机械卡住，触点停顿在刚接触的位置。

⑪ 触点过度磨损

a. 接触器选用欠妥，在反接制动和操作频率过高时容量不足。

b. 三相触点不同步。

⑫ 灭弧罩受潮　有的灭弧罩是石棉和水泥制成的，容易受潮，受潮后绝缘性能降低，不利于灭弧。而且当电弧燃烧时，电弧的高温使灭弧罩里的水分汽化，进而使灭弧罩上部压力增大，电弧不能进入灭弧罩。

⑬ 磁吹线圈匝间短路　由于使用保养不善，使线圈匝间短路，磁场减弱，磁吹力不足，电弧不能进入灭弧罩。

⑭ 灭弧罩炭化　在分断很大的短路电流时，灭弧罩表面烧焦，形成一种炭质导体，也会延长灭弧时间。

⑮ 灭弧罩栅片脱落　由于固定螺钉或铆钉松动，造成灭弧罩栅片脱落或缺片。

(2) 接触器修理

① 触点的修整

a. 触点表面的修磨：铜触点因氧化、变形积垢，会造成触点的接触电阻和温升增加。修理时可用小刀或锉刀修理触点表面，但应保持原来形状。修理时，不必把触点表面锉得过分光滑，这会使接触面减少，也不要将触点磨削过多，以免影响使用寿命。不允许用砂纸或砂布修磨，否则会使砂粒嵌在触点的表面，反而使接触电阻增大。

银和银合金触点表面的氧化物，遇热会还原为银，不影响导电。触点的积垢可用汽油或四氯化碳清洗，但不能用润滑油擦拭。

b. 触点整形：触点严重烧蚀后会出现斑痕及凹坑，或静、动触点熔焊在一起。修理时，将触点凸凹不平的部分和飞溅的金属熔渣细心地锉平整，但要尽量保持原来的几何形状。

c. 触点的更换：镀银触点被磨损而露出铜质或触点磨损超过原高度的1/2时，应更换新触点。更换后要重新调整压力、行程，保证新触点与其他各相（极）未更换的触点动作一致。

d. 触点压力的调整：有些电器触点上装有可调整的弹簧，借助弹簧可调整触点的初压力、终压力和超行程。触点的这三种压力定义是这样的：触点开始接触时的压力叫初压力，初压力来自触点弹簧的预先压缩，可使触点减少振动，避免触点的熔焊及减轻烧蚀程度；触点的终压力指动、静触点完全闭合后的压力，应使触点在工作时接触电阻减小；超行程指衔铁吸合后，弹簧在被压缩位置上还应有的压缩余量。

② 电磁系统的修理

a.铁芯的修理：先确定磁极端面的接触情况，在极面间放一软纸板，使纸圈通电，衔铁吸合后将在软纸板上印上痕迹，由此可判断极面的平整程度。如接触面积在 80％以上，可继续使用；否则要进行修理。修理时，可将砂布铺在平板上，来回研磨铁芯端面（研磨时要压平，用力要均匀）便可得到较平的端面。对于 E 形铁芯，其中柱的间隙不得小于规定间隙。

b.短路环的修理：如短路环断裂，应重新焊住或用铜材料按原尺寸制一个新的换上，要固定牢固且不能高出极面。

③ 灭弧装置的修理

a.磁吹线圈的修理：如是并联磁吹线圈断路，可以重新绕制，其匝数和线圈绕向要与原来一致，否则不起灭弧作用。串联型磁吹线圈短路时，可拨开短路处，涂点绝缘漆烘干定型后方可使用。

b.灭弧罩的修理：灭弧罩受潮，可将其烘干；灭弧罩炭化，可以刮除；灭弧罩破裂，可以粘合或更新；栅片脱落或烧毁，可用铁片按原尺寸重做。

(3) 接触器使用注意事项

① 安装前检查接触器铭牌与线圈的技术参数（额定电压、电流、操作频率等）是否符合实际使用要求；检查接触器外观，应无机械损伤，用手推动接触器可动部分时，接触器应动作灵活，灭弧罩应完整无损，固定牢固；测量接触器的线圈电阻和绝缘电阻正常。

② 接触器一般应安装在垂直面上，倾斜度不得超过 5°；安装和接线时，注意不要将零件失落或掉入接触器内部，安装空的螺钉应装有弹簧垫圈和平垫圈，并拧紧螺钉以防振动松脱；安装完毕，检查接线正确无误后，在主触点不带电的情况下操作几次，然后测量产品的动作值和释放值，所测得数值应符合产品的规定要求。

③ 使用时应对接触器作定期检查，观察螺钉有无松动，可动部分是否灵活等；接触器的触点应定期清扫，保持清洁，但不允许涂油，当触点表面因电灼作用形成金属小颗粒时，应及时清除。拆装时注意不要损坏灭弧罩，带灭弧罩的交流接触器绝不允许不带灭弧罩或带破损的灭弧罩运行。

3.5　热继电器

3.5.1　型号、结构和原理

（1）**热继电器外形及结构**　热继电器是利用电流的热效应来推动机构使触点闭合或断开的保护电器，主要用于电动机的过载保护、断相保护、电流的不平衡运行保护及其他电气设备发热状态的控制。常见的双金属片式热继电器的外形结构符号如图 3-5 所示。

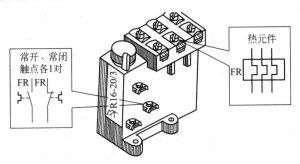

图 3-5　热继电器的外形结构符号

（2）**热继电器的选用原则**　热继电器的技术参数主要有额定电压、额定电流、整定电流和热元件规格，选用时，一般只考虑其额定电流和整定电流两个参数，其他参数只有在特殊要求时才考虑。

① 额定电压是指热继电器触点长期正常工作所能承受的最大电压。

② 额定电流是指热继电器允许装入热元件的最大额定电流，根据电动机的额定电流选择热继电器的规格，一般应使热继电器的

额定电流略大于电动机的额定电流。

③ 整定电流是指长期通过热元件而热继电器不动作的最大电流。一般情况下，热元件的整定电流为电动机额定电流的 0.95～1.05 倍；若电动机拖动的是冲击性负载或启动时间较长及拖动设备不允许停电的场合，热继电器的整定电流值可取电动机额定电流的 1.1～1.5 倍，若电动机的过载能力较差，热继电器的整定电流可取电动机额定电流的 0.6～0.8 倍。

④ 当热继电器所保护的电动机绕组是 Y 形接法时，可选用两相结构或三相结构的热继电器；当电动机绕组是△形接法时，必须采用三相结构带端相保护的热继电器。

3.5.2 常见故障与检修

热继电器的常见故障及处理措施见表 3-8。

表 3-8　热继电器常见故障及处理方法

故障现象	故障分析	处理措施
热元件烧断	负载侧短路,电流过大	排除故障、更换热继电器
	操作频率过高	更换合适参数的热继电器
热继电器不动作	热继电器的额定电流值选用不合适	按保护容量合理选用
	整定值偏大	合理调整整定值
	动作触点接触不良	消除触点接触不良因素
	热元件烧断或脱焊	更换热继电器
	动作机构卡阻	消除卡阻因素
	导板脱出	重新放入并调试
热继电器动作不稳定,时快时慢	热继电器内部机构某些部件松动	将这些部件加以紧固
	在检查中弯折了双金属片	用两倍电流预试几次或将双金属片拆下来热处理以除去内应力
	通电电流波动太大,或接线螺钉松动	检查电源电压或拧紧接线螺钉

续表

故障现象	故障分析	处理措施
热继电器动作太快	整定值偏小	合理调整整定值
	电动机启动时间过长	按启动时间要求,选择具有合适的可返回时间的热继电器
	连接导线太细	选用标准导线
	操作频率过高	更换合适的型号
	使用场合有强烈冲击和振动	采取防振动措施
	可逆转频繁	改用其他保护方式
	安装热继电器与电动机环境温差太大	按两低温差情况配置适当的热继电器
主电路不通	热元件烧断	更换热元件或热继电器
	接线螺钉松动或脱落	紧固接线螺钉
控制电路不通	触点烧坏或动触点片弹性消失	更换触点或弹簧
	可调整式旋钮在不合适的位置	调整旋钮或螺钉
	热继电器动作后未复位	按动复位按钮

热继电器使用注意事项:

① 必须按照产品说明书中规定的方式安装,安装处的环境温度应与所处环境温度基本相同。当与其他电器安装在一起,应注意将热继电器安装在其他电器的下方,以免其动作特性受到其他电器发热的影响。

② 热继电器安装时,应清除触点表面尘污,以免因接触电阻过大或电路不通而影响热继电器的动作性能。

③ 热继电器出线端的连接导线应按照标准。导线过细;轴向导热性差,热继电器可能提前动作;反之,导线过粗,轴向导热快,继电器可能滞后动作。

④ 使用中的热继电器应定期通电校验。

⑤ 热继电器在使用中应定期用布擦净尘埃和污垢,若发现双金属片上有锈斑,应用清洁棉布蘸汽油轻轻擦除,切忌用砂纸打磨。

⑥ 热继电器在出厂时均调整为手动复位方式,如果需要自动

复位,只要将复位螺钉顺时针方向旋转3~4圈,并稍微拧紧即可。

3.6 时间继电器

3.6.1 型号、结构和原理

(1) 时间继电器外形及结构 时间继电器是一种按时间原则进行控制的继电器,从得到输入信号(线圈的通电或断电)起,需经过一段时间的延时后才输出信号(触点的闭合或分断)。它广泛用于需要按时间顺序进行控制的电器控制线路中。时间继电器有电磁式、电动式、空气阻尼式、晶体管式等,目前电力拖动线路中应用较多的是空气阻尼式时间继电器和晶体管式时间继电器,它们的外形结构及特点见表3-9。

表3-9 常见时间继电器外形结构及特点

名 称	空气阻尼式时间继电器	晶体管式时间继电器
结构图	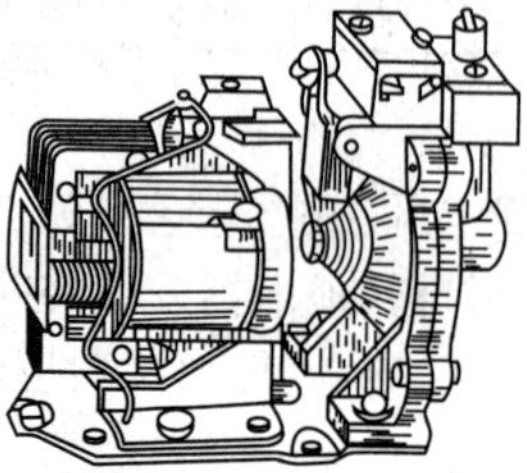	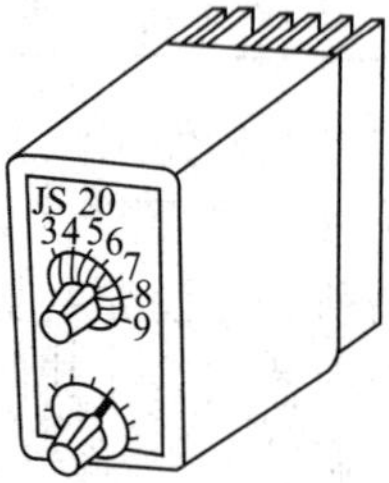
特点	延时范围较大,不受电压和频率波动的影响,可以做成通电和断电两种延时形式,结构简单、寿命长、价格低;但延时误差较大,难以精确地整定延时值,且延时值易受周围环境温度、尘埃等影响,主要用于延时精度要求不高的场合	机械结构简单、延时范围广、精度高、消耗功率小、调整方便及寿命长;适用于延时精度较高、控制回路相互协调需要无触点输出的场合

空气阻尼式时间继电器是交流电路中应用较广泛的一种时间继电器,主要由电磁系统、触点系统、空气室、传动机构、基座组成,其外形结构及符号如图3-6所示。

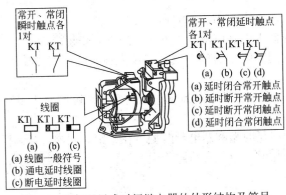

图 3-6 空气阻尼式时间继电器的外形结构及符号

（2）时间继电器的选用原则 时间继电器选用时，需考虑的因素主要如下。

① 根据系统的延时范围和精度选择时间继电器的类型和系列。在延时精度要求不高的场合，一般可选用价格较低的空气阻尼式时间继电器（JS7-A 系列）；反之，对精度要求较高的场合，可选用晶体管式时间继电器。

② 根据控制线路的要求选择时间继电器的延时方式（通电延时和断电延时）；同时，还必须考虑线路对瞬间动作触点的要求。

③ 根据控制线路电压选择时间继电器吸引线圈的电压。

3.6.2 常见故障与检修

时间继电器（JS7-A 系列）常见故障及处理措施见表 3-10。

表 3-10 热继电器常见故障及处理方法

故障现象	故障分析	处理措施
延时触点不动作	电磁线圈断线	更换线圈
	电源电压过低	调高电源电压
	传动机构卡住或损坏	排除卡住故障更换部件
延时时间缩短	气室装配不严、漏气	修理或更换气室
	橡皮膜损坏	更换橡皮膜
延时时间变长	气室内有灰尘，使气道阻塞	消除气室内灰尘，使气道畅通

时间继电器使用注意事项：

① 时间继电器应按说明书规定的方向安装。

② 时间继电器的整定值，应预先在不通电时整定好，并在试车时校正。

③ 时间继电器金属地板上的接地螺钉必须与接地线可靠连接。

④ 通电延时型和断电延时型可在整定时间内自行调换。

⑤ 使用时，应经常清除灰尘及油污，否则延时误差将更大。

3.7 行程开关

3.7.1 型号、结构和原理

（1）行程开关用途 行程开关也称位置开关或限位开关。它的作用与按钮相同，特点是触点的动作不靠手，而是利用机械运动部件的碰撞使触点动作来实现接通或断开控制电路。它是将机械位移转变为电信号来控制机械运动的，主要用于控制机械的运动方向、行程大小和位置保护。

行程开关主要由操作机构、触点系统和外壳3部分构成。行程开关种类很多，一般按其机构分为直动式、转动式和微动式。常见的行程开关的外形、结构与符号见表3-11。

表 3-11　常见的行程开关的外形、结构与符号

	直动式	单轮旋转式	双轮旋转式
外形			

续表

结构	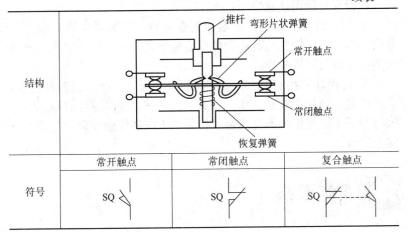

	常开触点	常闭触点	复合触点
符号	SQ	SQ	SQ

(2) 行程开关的选用原则

行程开关选用时，主要考虑动作要求、安装位置及触点数量，具体如下。

① 根据使用场合及控制对象选择种类。

② 根据安装环境选择防护形式。

③ 根据控制回路的额定电压和额定电流选择系列。

④ 根据行程开关的传力与位移关系选择合理的操作形式。

3.7.2 常见故障与检修

行程开关的常见故障及处理措施见表 3-12。

表 3-12 行程开关常见故障及处理方法

故障现象	故障分析	处理措施
挡铁碰撞位置开关后，触点不动作	安装位置不准确	调整安装位置
	触点接触不良或线松脱	清理触点或紧固接线
	触点弹簧失效	更换弹簧
杠杆已经偏转，或无外界机械力作用，但触点不复位	复位弹簧失效	更换弹簧
	内部撞块卡阻	清扫内部杂物
	调节螺钉太长，顶住开关按钮	检查调节螺钉

行程开关使用注意事项：

① 行程开关安装时，安装位置要准确，安装要牢固；滚轮的方向不能装反，挡铁与其碰撞的位置应符合控制线路的要求，并确保能可靠地与挡铁碰撞。

② 行程开关在使用中，要定期检查和保养，除去油垢及粉尘，清理触点，经常检查其动作是否灵活、可靠，及时排除故障。防止因行程开关触点接触不良或接线松脱产生误动作而导致设备和人身安全事故。

3.8 主电磁铁

3.8.1 型号、结构和原理

(1) 电磁铁用途及分类 电磁铁是一种把电磁能转换为机械能的电气元件，被用来远距离控制和操作各种机械装置及液压、气压阀门等，另外它可以作为电器的一个部件，如接触器、继电器的电磁系统。

电磁铁是利用电磁吸力来吸持钢铁零件，操纵、牵引机械装置以完成预期的动作等。电磁铁主要由铁芯、衔铁、线圈和工作机构组成，类型有牵引电磁铁、制动电磁铁、起重电磁铁、阀用离合器等。常见的制动电磁铁与 TJ2 型闸瓦制动器配合使用，共同组成电磁抱闸制动器，如图 3-7 所示。

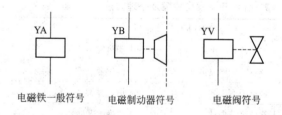

电磁铁一般符号　　　电磁制动器符号　　　电磁阀符号

图 3-7　MZDI 型制动电磁铁

电磁铁的分类如下：

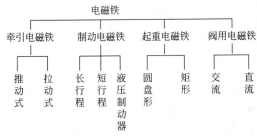

(2) **电磁铁的选用原则** 电磁铁在选用时应遵循以下原则：

① 根据机械负载的要求选择电磁铁的种类和结构形式。

② 根据控制系统电压选择电磁铁线圈电压。

③ 电磁铁的功率应不小于制动或牵引功率。

3.8.2 常见故障与检修

(1) **电磁铁的常见故障及处理措施** 如表 3-13 所示。

表 3-13 电磁铁的常见故障及处理方法

故障现象	故障分析	处理措施
电磁铁通电后不动作	电磁铁线圈开路或短路	测试线圈阻值，修理线圈
	电磁铁线圈电源电压过低	调电源电压
	主弹簧张力过大	调整主弹簧张力
	杂物卡阻	清除杂物
电磁铁线圈发热	电磁铁线圈短路或接头接触不良	修理或调换线圈
	动、静铁芯未完全吸合	修理或调换电磁铁铁芯
	电磁铁的工作制或容量规格选择不当	调换容量规格或工作制合格的电磁铁
	操作频率太高	降低操作频率
电磁铁工作时有噪声	铁芯上短路环损坏	修理短路环或调换铁芯
	动、静铁芯极面不平或有油污	修整铁芯极面或清除油污
	动、静铁芯歪斜	调整对齐
线圈断电后衔铁不释放	机械部分被卡住	修理机械部分
	剩磁过大	增加非磁性垫片

(2) 电磁铁使用注意事项

① 安装前应清除灰尘和杂物，并检查衔铁有无机械卡阻。

② 电磁铁要牢固地固定在底座上，并在紧固螺钉下放弹簧垫圈锁紧。

③ 电磁铁应按接线图接线，并接通电源，操作数次，检查衔铁动作是否正常以及有无噪声。

④ 定期检查衔铁行程的大小，该行程在运行过程中由于制动面的磨损而增大。当衔铁行程达到正常值时，即进行调整，以恢复制动面和转盘间的最小空隙。不让行程增加到正常值以上，因为这样可能引起吸力显著降低。

⑤ 检查连接螺钉的旋紧程度，注意可动部分的机械磨损。

3.9 凸轮控制器

3.9.1 型号、结构和原理

(1) 凸轮控制器用途 凸轮控制器是一种利用凸轮来操作动触点动作的控制电器，主要用于容量小于 30kW 的中小型绕线转子一步电动机线路中，控制电动机的启动、停止、调速、反转和制动，也广泛地应用于桥式起重等设备。常见的 KTJ1 系列凸轮控制器主要由手柄（手轮）、触点系统、转轴、凸轮和外壳等部分组成，其外形与结构如图 3-8 所示。

凸轮控制器头分合情况，通常使用触点分合表来表示。KTJI-50/1 型凸轮控制器的触点分合表如图 3-9 所示。

(2) 凸轮控制器的选用原则 凸轮控制器在选用时主要根据所控制

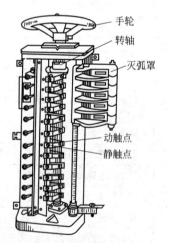

手轮
转轴
灭弧罩
动触点
静触点

图 3-8 凸轮控制器的与结构

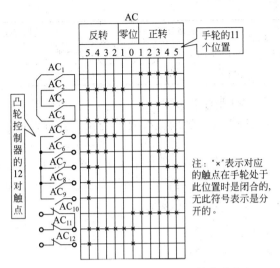

图 3-9 KTJI-51 型凸轮控制器的触点分合表

电动机的容量、额定电压、额定电流、工作制和控制位置数目等，可查阅相关技术手册。

3.9.2 常见故障与检修

凸轮控制器常见故障及处理措施见表 3-14。

表 3-14 凸轮控制器常见故障及处理方法

故障现象	故障分析	处理措施
主电路中常开主触点间短路	灭弧罩破损	调换灭弧罩
	触点间绝缘损坏	调换凸轮控制器
	手轮转动过快	降低手轮转动速度
触点过热使触点支持件烧焦	触点接触不良	修整触点
	触点压力变小	调整或更换触点压力弹簧
	触点上连接螺钉松动	旋紧螺钉
	触点容量过小	调换控制器
触点熔焊	触点弹簧脱落或断裂	调换触点弹簧
	触点脱落或磨光	更换触点

故障现象	故障分析	处理措施
操作时有卡轧现象及噪声	滚动轴承损坏	调换轴承
	异物嵌入凸轮鼓或触点	清除异物

凸轮控制器使用注意事项：

① 凸轮控制器在安装前应检查外壳及零件有无损坏，并清除内部灰尘。

② 安装前应操作控制器手柄不少于 5 次，检查有无卡轧现象。凸轮控制器必须牢固可靠地安装在墙壁或支架上，其金属外壳上的接地螺钉必须与接地线可靠接地。

第4章
电工配线与安装

4.1 电工配线

塑料护套线是一种有塑料保护层的双芯或多芯绝缘导线，采用塑料护套线是进行明线安装的一种方式，它具有防潮、耐酸、耐腐蚀、线路造价较低、安装方便等优点。

它可以直接敷设在空心板墙壁以及其他建筑物表面，用铝片线卡（俗称钢精扎头）或塑料卡钉作为导线的支持物。

4.1.1 用铝片线卡进行塑料护套线配线

基本步骤：定位、划线、固定铝片线卡、敷设导线。

（1）**定位** 根据线路布置图确定导线的走向和各个电器的安装位置，并做好记号。

（2）**划线** 根据确定的位置和线路的走向用弹线袋划线，方法如下：在需要走线的路径上，将线袋的线拉紧绷直，弹出线条，要做到横平竖直。垂直位置吊铅垂线，如图4-1所示，水平位置通过目测划线，如图4-2所示。

（3）**固定铝片线卡** 铝片线卡的形状如图4-3所示。

固定铝片线卡的方法如下：

① 根据每一线条上导线的数量选择合适型号的铝片线卡，铝片线卡由小到大其型号为0号、1号、2号、3号、4号等。在室内

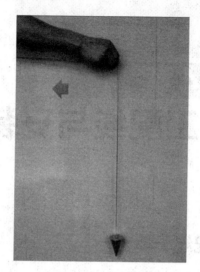

图 4-1 定位

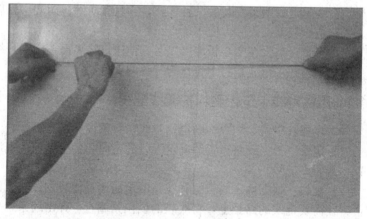

图 4-2 划\线

外照明线路中通常用 0 号和 1 号铝片线卡。根据护套线布线原则，即线卡与线卡之间的距离为 120～200mm，弯角处线卡离弯角顶点的距离为 50～100mm，离开关、灯座的距离为 50mm。画出铝片线卡的位置。

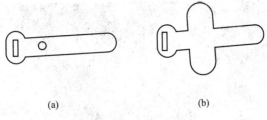

(a)　　　　　　　　(b)

图 4-3　铝片线卡

② 固定铝片线卡的方法。在木制结构上，可用铁钉固定铝片线卡。将鞋钉插入轧片中央的小孔处，用榔头将铝片线卡固定在所需位置上，如图 4-4 所示。

在抹灰浆的墙上，每隔 4～5 档，进入木台和转角处需用小铁钉在木榫上固定铝片线卡，其余的可用小铁钉直接将铝片线卡钉在灰浆上。

在砖墙和混凝土墙上可用木榫或环氧树脂黏结剂固定铝片线卡。在鞋钉无法钉入的墙面上，应凿眼安装木榫。木榫削制方法是：先按需要的长度用锯锯出木胚，然后用左手按住木胚的顶部，右手拿电工刀削制，如图 4-5 所示。

图 4-4　固定铝片线卡

③ 敷设导线。将护套线按需要放出一定的长度，用钢丝钳将

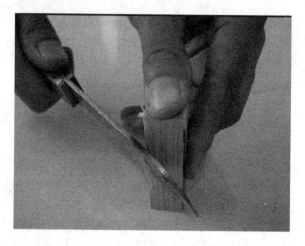

图 4-5　削制木榫

其剪断，然后敷设，如果线路较长，可一人放线，另一人敷设，注意不可使导线产生扭曲，放出的导线不得在地上拉拽，以免损伤导线护套层。护套线的敷设必须横平竖直。敷设时用一只手拉紧导线，另一只手将导线固定在铝片线卡上，在弯角处应按最小弯曲半径来处理，这样可使布线更美观，如图 4-6 所示。

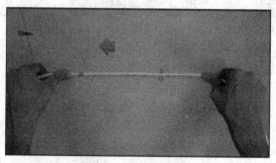

图 4-6　敷设导线

对于截面较粗的护套线，为了敷直，可在直线部分的两端各装一副瓷夹，敷线时，先把护套线的一端固定在瓷夹内，然后勒直并在另一端收紧护套线后固定在另一副瓷夹中，最后把护套线依次夹入铝片线卡中，如图 4-7 所示。

图 4-7　护套线

④ 铝片线卡的夹持。护套线均置于铝片线卡的定位孔后，将铝片线卡收紧夹持护套线，如图 4-8 所示。

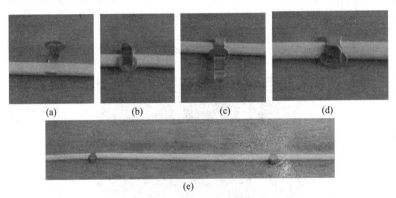

图 4-8　铝片线卡的夹持

4.1.2　利用塑料卡钉进行塑料护套线配线

塑料卡钉进行塑料护套线较为方便，现在使用较广泛。在定位及划线后进行敷设，共间距要求与铝片线卡塑料护套线配线相同，具体操作步骤如图 4-9 所示。

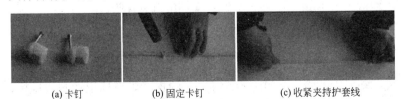

(a) 卡钉　　　　　(b) 固定卡钉　　　　　(c) 收紧夹持护套线

图 4-9　塑料卡钉进行塑料护套线配线

注意事项：

① 室内使用塑料护套线配线时，其截面积规定，铜芯不得小于 $0.5mm^2$，铝芯不得小于 $1.5mm^2$；室外使用塑料护套线配线时，其截面积规定，铜芯不得小于 $1.0mm^2$，铝芯不得小于 $2.5mm^2$。

② 护套线不可在线路上直接连接，可通过瓷头接头、接线盒或借用其他电器的接线柱来连接线头。

③ 护套线转弯时，用手将导线勒平后，弯曲成形，再嵌入塑料卡钉，折弯半径不得小于导线直径的 3～6 倍，转弯前后应各用一个塑料卡钉夹住。

④ 护套线进入木台前应安装一个塑料卡钉。

⑤ 两根护套线相互交叉时，交叉处要用四个塑料卡钉卡住，护套线应尽量避免交叉，如图 4-10 所示。

图4-10 十字交叉

⑥ 护套线路的最小离地距离不得小于 0.5m，对于穿越楼板及离地低于 0.15m 的一般护套线，应加电线管保护。

4.1.3 线管配线

保护电磁线用的塑料管及其配件必须由经阻燃处理的材料制成，塑料管外壁应有间距不大于 1m 的连续阻燃标记和制造厂标，且不应敷设在高温和易受机械损伤的场所。塑料管的材质及适用场所必须符合设计要求和施工规范的规定。

(1) PVC管的特性

① 管材的选择 对于硬质塑料管，在工程施工时应按下列要求进行选择。

a.硬质塑料管应具有耐热、耐燃、耐冲击并有产品合格证，其内外管径应符合国家统一标准。管壁厚度应均匀一致，没有凸棱、凹陷、气泡等缺陷。

b.硬质聚氯乙烯管应能反复加热撅制，即热塑性能要好。再生硬质聚氯乙烯管不应再用到工程中。

c.电气线路中，使用的刚性PVC塑料管必须具有良好的阻燃性能，否则隐患极大，因阻燃性能不良而酿成的火灾事故屡见不鲜。

d.工程中，使用的电磁线保护管及其配件必须由阻燃处理材料制成。塑料管外壁应有间距不大于1m的连续阻燃标记和制造厂标，其氧指数应为27%及以上，有离火自熄的性能。

e.选择硬质塑料管时，还应根据管内所穿导线截面积、根数选择配管管径。一般情况下，管内导线总截面积（包括外护层）不应大于管内空截面面积的40%。

② 管材的应用 硬质塑料管适用于民用建筑或室内有酸、碱腐蚀性介质的场所。由于塑料管在高温下机械强度会降低，老化加速，蠕变量大，故而在环境温度大于40℃的高温场所不应敷设；在经常发生机械冲击、碰撞、摩擦等易受机械损伤的场所也不应使用。

(2) 管道固定

① 胀管法：先在墙上打孔，将胀管插入孔内，再用螺钉（栓）固定。

② 剔注法：按测定位置剔出墙洞，用水把洞内浇湿，再将拌好的高强度等级砂浆填入洞内，填满后，将支架、吊装架或螺栓插入洞内，校正埋入深度和平直度，再将洞口抹平。

③ 先固定两端支架、吊装架，然后拉直线固定中间的支架、吊装架。

(3) 管道敷设

① 断管：小管径可使用剪管器，大管径可使用钢锯锯断，断

口后将管口锉平齐。

② 管子的弯曲　管子的弯曲方法有冷弯和热搣两法。

a. 冷弯法。冷弯法只适用于硬质 PVC 塑料管在常温下的弯曲。在弯管时，将相应的弯管弹簧插入管内需弯曲处，两手握住管弯曲处弯簧的部位，用手逐渐弯出需要的弯曲半径来，如图 4-11 所示。

当在硬质 PVC 塑料管端部冷弯 90°弯曲或鸭脖弯时，如用手冷弯管有一定困难，可在管口处外套一个内径略大于管外径的钢管，一手握住管子，一手扳动钢管即可弯出管端长度适当的 90°弯曲。

弯管时，用力和受力点要均匀，一般需弯曲至比所需要弯曲角度要小，待弯管回弹后，便可达到要求，然后抽出管内弯簧。

此外，硬质 PVC 塑料管还可以使用手扳弯管器冷弯管，将已插好弯簧的管子插入配套的弯管器，手扳一次即可弯出所需弯管。

b. 热搣法。采用热搣法弯曲塑料管时，可用喷灯、木炭或木材来加热管材，也可用水煮、电炉子或碘钨灯加热等。但是，应掌握好加热温度和加热长度，不能将管烤伤、变色。

对于管径 20mm 及以下的塑料管，可直接加热搣弯。加热时，应均匀转动管身，达到适当温度后，应立即将管放在平木板上搣弯，也可采用模型搣弯。如在管口处插入一根直径相适宜的防水线或橡胶棒或氧气带，用手握住需搣弯处的两端进行弯曲，当弯曲成形后将弯曲部位插入冷水中冷却定型。

弯曲 90°时，管端部应与原管垂直，有利于瓦工砌筑。管端不应过长，应保证管（盒）连接后管子在墙体中间位置上，如图 4-12(a) 所示。

在管端部搣鸭脖弯时，应一次搣成所需长度和形状，并注意两直管段间的平行距离，且端部短管段不应过长，防止预埋后造成砌体墙通缝，如图 4-12(b) 所示。

对于管径在 25mm 及以上的塑料管，可在管内填砂搣弯。弯曲时，先将一端管口堵好，然后将干沙子灌入管内捣蹾实，将另一端管口堵好后，用热沙子加热到适当温度，即可放在模型上弯制成形。

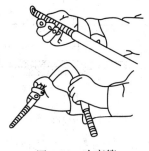

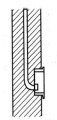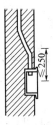

(a) 管端90°弯曲   (b) 管端鸭脖弯

图 4-11 冷弯管   图 4-12 管端部的弯曲

硬塑 PVC 塑料管也可同硬质聚氯乙烯管一样进行热撼，其方法相似，可予参考。

塑料管弯曲完成后，应对其质量进行检查。管子的弯曲半径不应小于管外径的 6 倍；埋于地下或混凝土楼板内时，不应小于管外径的 10 倍。为了防止渗漏、穿线方便及穿线时不损坏导线绝缘层，并便于维修，管的弯曲处不应有褶皱、凹穴和裂缝现象，弯扁程度不应大于管外径的 10%。

敷管时，先将管卡一端的螺钉（栓）拧紧一半，然后将管敷设于管卡内，逐个拧紧。

(4) 管与管的连接

① 插接法 对于不同管径的塑料管，其采用的插接方法也不相同：对于 $\phi 50$mm 及以下的硬塑料管多采用加热直接插接法；而对于 $\phi 65$mm 及以上的硬塑料管常采用模具胀管插接法。

a. 加热直接插接法。塑料管连接时，应先将管口倒角，外管倒内角，内管倒外角，如图 4-13 所示。然后将内、外管插接段的尘埃等污垢擦净，如有油污时可用二氯乙烯、苯等溶剂擦净。插接长度应为管径的 1.1～1.8 倍，可用喷灯、电炉、炭化炉加热，也可浸入温度为 130℃左右的热甘油或石蜡中加热至软化状态。此时，可在内管段涂上胶合剂（如聚乙烯胶合剂），然后迅速插入外管，待内外管线一致时，立即用湿布冷却，如图 4-14 所示。

b. 模具胀管插接法。与上述方法相似，也是先将管口倒角，再清除插接段的污垢，然后加热外管插接段。待塑料管软化后，将已被加热的金属模具插入（如图 4-15 所示），冷却（可用水冷）至

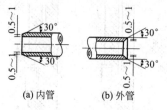

图 4-13　管口倒角（塑料管）

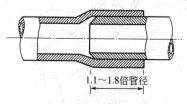

图 4-14　塑料管插接

50℃后脱模。模具外径应比硬管外径大 2.5％左右；当无金属模具时，可用木模代替。

在内、外插接面涂上胶合剂后，将内管插入外管，插入深度为管内径的 1.1～1.8 倍，加热插接段，使其软化后急速冷却（可浇水），收缩变硬即连接牢固。

② **套管连接法**　采用套管连接时，可用比连接管管径大一级的塑料管作套管，长度应该为连接管外径的 1.5～3 倍（管径为 50mm 及以下者取上限值；50mm 以上者取下限值）。将需套接的两根塑料管端头倒角，并涂上胶黏剂，再将被连接的两根塑料管插入套管，并使连接管的对口处于套管中心，且紧密牢固。套管加热温度应该取 130℃左右。塑料管套管连接如图 4-16 所示。

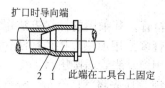

图 4-15　模具胀管
1—成形模；2—硬聚氯乙烯管

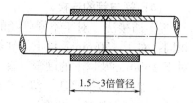

图 4-16　塑料管套管连接

在暗配管施工中常采用不涂胶合剂直接套接的方法，但套管的长度不应该小于连接管外径的 4 倍，且套管的内径与连接管的外径应紧密配合才能连接牢固。

③ **波纹管的连接**（图 4-17）　波纹管由于成品管较长（ϕ20mm 以下为每盘 100m），在敷设过程中，一般很少需要进行管与管的连接，如果需要进行连接时，可以按下列方法进行。

(5) 管与盒（箱）的连接 硬质塑料管与盒（箱）连接，有的需要预先进行连接，有的则需要在施工现场配合施工过程在管子敷设时进行连接。

① 硬塑料管与盒连接时，一般把管弯成 90°，在盒的后面与盒子的敲落孔连接，尤其是埋在墙内的开关、插座盒可以方便瓦工的砌筑。如果撅成鸭脖弯，在盒上方与盒的敲落孔连接，预埋砌筑时立管不易固定。

② 硬质塑料管与盒（箱）的连接，可以采用成品管盒连接件（如图 4-18 所示）。连接时，管插入深度应该为管外径的 1.1～1.8倍，连接处结合面应涂专用胶合剂。

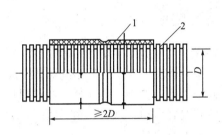

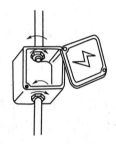

图 4-17 塑料波纹管连接
1—塑料管接头；2—聚氯乙烯波纹管

图 4-18 管盒连接件

③ 连接管外径应与盒（箱）敲落孔相一致，管口平整、光滑，一管一孔顺直进入盒（箱），在盒（箱）内露出长度应小于 5mm，多根管进入配电箱时应长度一致，排列间距均匀。

④ 管与盒（箱）连接应固定牢固，各种盒（箱）的敲落孔不被利用的不应被破坏。

⑤ 管与盒（箱）直接连接时要掌握好入盒长度，不应在预埋时使管口脱出盒子，也不应使管插入盒内过长，更不应后打断管头，致使管口出现锯齿或断在盒外出现负值。

(6) 使用保护管 硬塑料管埋地敷设（在受力较大处，应该采用重型管）引向设备时，露出地面 200mm 段，应用钢管或高强度塑料管保护。保护管埋地深度不小于 50mm，如图 4-19 所示。

(7) 扫管穿带线 对于现浇混凝土结构，如墙、楼板，应及时

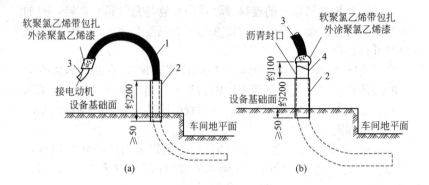

图 4-19　硬塑料管暗敷引至设备做法
1—聚氯乙烯塑料管（直径 15～40mm）；2—保护钢管；
3—软聚氯乙烯管；4—硬聚氯乙烯管（直径 50～80mm）

进行扫管，即随拆模随扫管，这样能够及时发现堵管不通现象，便于处理，可在混凝土未终凝时，修补管道。对于砖混结构墙体，应在抹灰前进行扫管。有问题时修改管道，便于土建修复。经过扫管后确认管道畅通，及时穿好带线，并将管口、盒口、箱口堵好，加强成品配管保护，防止出现二次堵塞管道现象。

(8) 电磁线穿管和导线槽敷设一般规定

① 一般要求穿管导线的总截面积不超过线管内径截面积的40%，线管的管径可根据穿管导线的截面积和根数按表 4-1 选择。

② 配线的布置应符合设计规定，当设计没有规定时室内外绝缘导线与地面的距离应符合表 4-2 的规定。

③ 在顶棚内由接线盒引向器具的绝缘导线，应采用柔性金属软管或金属波纹软管等，保护导线不应有裸露部分。

④ 穿线时，应穿线、放线互相配合，统一指挥，一端拉线，一端送线，号令应一致，穿线才顺利。

⑤ 配线工程施工完毕后，应进行各回路的绝缘检查，保证保护地线连接可靠，对带有漏电保护装置的线路应做模拟动作并做好记录。

(9) 穿管施工准备工作

① 检查所有预埋管路进柜、进箱、进盒或进电缆一端是否已

接地良好或已和箱盒焊接可靠，是否已做成喇叭口状且毛刺已修整，多根管路并列时，是否整齐、垂直；否则应补焊或修复。出地坪的管修整时可用气焊火焰将管烤红，然后用另一根直径稍大的管套入管口搬正即可。

表 4-1　导线穿管管径的选用

导线截面积/mm²	线管规格（直径）/mm	铁管的标称直径（内径）/mm					电磁线管的标称直径（外径）/mm				
		二根	三根	四根	六根	九根	二根	三根	四根	六根	九根
1		13	13	13	16	23	13	16	16	19	25
1.5		13	16	16	19	25	13	16	19	25	25
2		13	16	16	19	25	16	16	19	25	25
2.5		16	16	16	19	25	16	16	19	25	25
3		16	16	19	19	32	16	16	19	25	32
4		16	19	19	25	32	16	16	25	25	32
5		16	19	19	25	32	16	19	25	25	32
6		19	19	19	25	32	16	19	25	25	32
8		19	19	25	32	32	19	19	25	32	36
10		19	19	25	32	32	25	25	32	32	61
16		25	25	32	38	51	25	32	32	38	51
20		25	32	32	51	64	25	32	38	51	64
25		32	32	38	51	64	32	38	38	51	64
35		32	38	51	51	64	32	38	51	64	64
50		38	51	51	64	76	38	51	64	64	76

表 4-2　设计没有规定时室内外绝缘导线与地面的距离

敷设方式	最小距离/m	
水平敷设	室内	2.5
	室外	2.7
垂直敷设	室内	1.8
	室外	2.7

② 检查管路到设备一端的标高是否适合设备高度、设备接线盒的位置和管路出线口位置是否一致，管口是否已套螺纹、边缘的毛刺是否已锉光滑，管口是否已焊接好接地螺钉等，否则应修复或补焊，管口没套螺纹的应将其烤打成喇叭口状。

③ 用接地摇表测量管路的接地电阻，应小于或等于4Ω，否则

要找出原因修复，通常逐一检查焊点和连接点是否可靠或漏焊，即可找出故障点。

④ 将管口的包扎物取掉，用高压空气吹除管内的异物杂土，一般用小型空压机，吹除时要前后呼应，以免发生事故；凡吹不通者多是硬物堵塞，要修复。修复管路堵塞是一项细致耐心的工作，不要急于求成。管径较大者可用管道疏通机，管径较小者可用钢性较大的硬铁丝从管的两端分别穿入，顶部做成尖状，当穿不动时即为堵塞点，然后往复抽动铁丝，逐渐将堵塞物捣碎，最后再吹除干净。明设管路可将堵塞处锯断，取出堵塞物，然后用一接线盒将锯削处填补整齐。

⑤ 按照图样核对管径、线径、导线型号及根数，根据管路的长度加上两端接线的余量确定导线的长度。接线余量一般不超过2m，通常是用米绳从管口到接线点实际测量，或者把线放开用线实测，避免浪费。

导线的根数与电动机启动方法和电动机的绕组有关。一般直接启动和降压启动的电动机是 3 根导线；Y-△启动的电动机是 6 根导线；延边△启动的电动机是 9 根导线；频敏变阻器启动的绕线电动机是两根管，每管 3 根导线；双速电动机是 6 根导线；三速电动机是 10 根导线；直流电动机一般是串励 2 根导线，并励或复励 3 根导线；电磁调速电动机是三根管，一根是主回路 3 根导线，另一根是调速回路 2 根导线，第三根是测速回路 3 根导线，其中调速回路和测速回路必须是多股的软铜导线，同步电动机两根管，一根是主回路 3 根导线，另一根是励磁回路 2～3 根导线。

⑥ 整盘导线的撒开最好使用放线架，放线架也可自制，如图 4-20 所示，如果没有放线架应顺缠绕的反方向转动线盘，另一人拉着首端撒开，如图 4-21 所示，切不可用手一圈一圈地撒开，严禁导线打纽或成麻花状，撒开时要检查导线的质量。

⑦ 撒开后的导线必须伸直，否则妨碍穿线。伸直的方法很多，通常是两人分别将导线的两端拽住在干净平整的地面上，一起将导线撑起再向地面摔打，边摔边撑，使其伸直。细导线可三根或几根一块伸直，粗导线则应一根一根分别伸直。也可将一端固定在一物体上，一人从另一端用上法伸直。

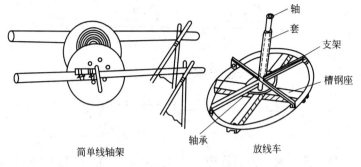

图 4-20 简易放线架示意图

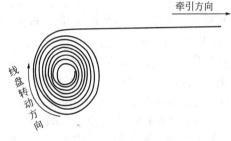

图 4-21 线盘撒开方向

⑧ 准备好滑石粉和穿带线用的不同规格的铁丝。带线一般用 $\phi 2 \sim 3mm$ 的刚性铁丝,粗导线、距离长时,则用 8# 或 10# 镀锌铁丝。

穿线前,必须将管子需要动火的修复焊接工作做完,穿线后严禁在管子上焊接烘烤,否则会损坏导线的绝缘。所用的导线、线鼻子、绝缘材料、辅助材料必须是合格品,导线要有生产厂家的合格证。

(10) 导线的选择

① 应根据设计图要求选择导线露天架空。进(出)户的导线应使用橡胶绝缘导线,严禁使用塑料绝缘导线。

② 相线、中性线及保护地线的颜色应加以区分,用黄绿色相间的导线作为保护地线,淡蓝色导线作为中性线。同一单位工程的相线颜色应予统一规定。

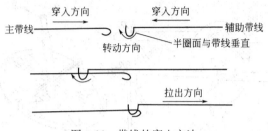

图 4-22 带线的穿入方法

(11) **穿带线** 根据管径、线径大小，选择合适的刚性铁丝作为带线。每根管应有两根带线，一根为主带线，长度应大于整个管路的全长，另一根为辅助带线，长度大于 1/2 管路全长。把主带线的一端煨成半圆环状小钩，直径视带线粗细而定，一般为 10～20mm；辅助带线也煨同样一个小钩，并将其折 90°，钩端为顺时针方向，如图 4-22 所示。先将主带线从管的一端穿入，穿入的长度至少为 1/2 管路全长，穿入时应握着管口部分导线的 100mm 左右往里送，特别是越穿越困难的时候。当穿不动时，可将带线稍拉出一些再往里送，直到实在送不动为止，一般情况下能穿入 1/2 管路全长。如果穿不到 1/2 管路全长，则将主带线全部拉出，从管的另一端穿入，直到大于 1/2 管路全长。然后将辅助带线从另一端管口送入，直到大于 1/2 管路全长为止，这时将辅助带线留在管口外的部分按顺时针转动，使其在管内部分也顺时针转动，当转动到手感觉吃力时，即可轻轻向外拉辅助带线，如果这时主带线也慢慢移动，则说明两个小钩已经挂在一起，即可将主带线从管口另一端拉出；如果这时主带线不动，则说明两个小钩没有钩在一起，应重新穿入辅助带线，直至两个小钩挂在一起，拉出主带线为止。一般情况下，按上述方法可顺利穿入主带线，主要是耐心和带线的钢性。

还有一种机械穿线法，就是用穿线枪，使用方法极为简单。先把柔性活塞装入枪腔，系好尼龙绳和活塞，并对着管口，管的另一端用管堵堵好，将空压机储气罐和枪腔进气口用高压输气管接好，检查无误后，开动气泵，达到压力后扣动穿线枪的扳机，即可将尼龙绳穿入管内。细导线可用尼龙绳直接牵引穿入，粗导线可用带线将其引入。柔性活塞可按管径选择，共有七个规格，管堵头有三个规格。使用穿线枪时要注意安全，枪体要专人保管。

导线穿入线管前，线管口应先套上护圈，接着按线管长度，加上两端连接所需的长度余量剪切导线，削去两端导线绝缘层，标好同一根导线的记号，然后将所有导线按图4-23所示方法与钢丝引线缠绕，由一个人将导线理成平行束往线管内送，另一个人在另一端慢慢抽拉钢丝引线，如图4-24所示。

图4-23 导线与引线的缠绕

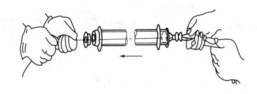

图4-24 导线穿入管内的方法

穿管导线的绝缘强度应不低于500V，导线最小截面积规定为：铜芯线$1mm^2$，铝芯线$2.5mm^2$。线管内导线不准有接头，也不准穿入绝缘破损后经过包缠恢复绝缘的导线。管内导线一般不得超过10根，同一台电动机包括控制和信号回路的所有导线，允许穿在同一根线管内。

(12) 电磁线、电缆与带线的绑扎

① 当导线根数较少时，例如2～3根导线，可将导线前端的绝缘层削去，然后将线芯直接插入带线的盘圈内并折回压实，绑扎牢固，使绑扎处形成一个平滑的锥形过渡部位。

② 当导线根数较多或导线截面积较大时，可将导线前端的绝缘层削去，然后将线芯错开排列在带线上，用绑线缠绕扎牢，使绑扎接头处形成一个平滑的锥形过渡部位，便于穿线。

③ 电缆应加金属网套进行固定。

4.1.4 使用绝缘子与夹板配线

室内配线方式分为：绝缘子（瓷瓶）配线、瓷夹板配线、槽板配线、塑料护套线配线和电线管配线。

(1) 瓷瓶配线

① 瓷瓶种类 图 4-25 所示为瓷瓶外形。常用瓷瓶有鼓形瓷瓶、蝶形瓷瓶、针式瓷瓶和悬式瓷瓶。

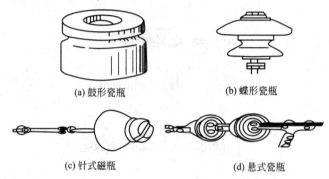

(a) 鼓形瓷瓶   (b) 蝶形瓷瓶

(c) 针式磁瓶   (d) 悬式瓷瓶

图 4-25 瓷瓶的外形

② 瓷瓶配线的前期工作

a. 定位：定位工作应在土建未抹灰前进行。首先根据施工图确定电气设备的安装地点，然后确定导经敷设位置，穿墙和楼板位置，起始、转角和终端位置，最后确定中间瓷瓶位置。

b. 划线：划线可用边缘刻有尺寸的木板条。划线可沿房屋线脚、墙角等处进行，用铅笔或木工用粉袋划出安装线路。

c. 凿眼：按划线定位进行凿眼。

d. 安装木榫或塑料胀栓，如图 4-26 所示。

圆头木螺钉   垫圈   塑料胀栓

图 4-26 塑料胀栓

e. 在土建砌墙时预埋瓷管和钢管，使线路穿墙而过。

③ 瓷瓶的固定

a. 在木结构墙上固定瓷瓶　在广大农村木结构房屋上只能固定鼓形瓷瓶，可用木螺钉直接拧入，如图 4-27（a）所示。

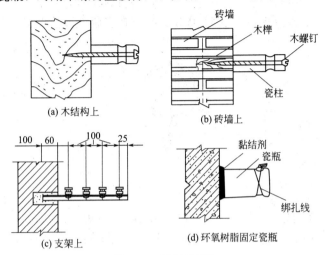

(a) 木结构上

(b) 砖墙上

(c) 支架上

(d) 环氧树脂固定瓷瓶

图 4-27　瓷瓶的固定

b. 在砖墙上固定瓷瓶时，需利用预埋的木榫和木螺钉来固定鼓形瓷瓶，如图 4-27（b）所示，或用预埋的支架和螺栓来固定鼓形瓷瓶、蝶形瓷瓶和针式瓷瓶等，如图 4-27（c）所示。

c. 在混凝土墙上固定瓷瓶时，可用塑料膨胀螺栓来固定鼓形瓷瓶，或用预埋的支架和螺栓来固定鼓形瓷瓶、蝶形瓷瓶或针式瓷瓶，也可用环氧树脂黏结剂来固定瓷瓶，如图 4-27（c）所示。环氧树脂黏结剂的配比见表 4-3。

表 4-3　环氧树脂黏结剂配比表

黏结剂名称	黏结剂配比（质量比）			
环氧树脂滑石粉黏结剂	6101 环氧树脂	苯二甲酸二丁酯	二乙烯三胺	滑石粉
	100	20	6～8	100
环氧树脂石棉粉黏结剂	6101 环氧树脂	苯二甲酸二丁酯	二乙烯三胺	石棉粉
	100	20	6～8	10
环氧树脂水泥黏结剂	6101 环氧树脂	苯二甲酸二丁酯	固化剂二胺	水泥
	100	30	13～15	200
	100	40	13～15	300
	100	50	13～15	400

④ 导线的敷设和绑扎　在瓷瓶上敷设导线，应从来电端开始，将一端的导线绑扎在瓷瓶的颈部，然后将导线的另一端收紧绑扎固定，最后把中间导线也绑扎固定。导线在瓷瓶上绑扎固定的方法如图 4-28 所示。

单圈　公圈

图 4-28　终端导线的绑扎

a.终端导线的绑扎　导线的终端可用回头线绑扎，如图 4-28 所示。绑扎线优先选用纱包铁芯线，绑扎线的线径和绑扎圈数见表 4-4。

表 4-4　绑扎线的线径和绑扎圈数

导线截面积 /mm²	绑线直径/mm			绑线圈数	
	纱包铁芯线	铜芯线	铝芯线	公圈数	单圈数
1.5～10	0.8	1.0	2.0	10	5
10～35	0.89	1.4	2.0	12	5
50～70	1.2	2.0	2.6	16	5
95～120	1.24	2.6	3.0	20	5

b.直线段导线的绑扎　鼓形和蝶形瓷瓶直线导线一般采用单绑法或双绑法两种，如图 4-29 所示。

c.瓷瓶配线注意事项　在建筑物的侧面配线时，要将导线绑扎在瓷瓶的上方，如图 4-30 所示。

导线布置在同一平面内，如果有曲折时，瓷瓶要装设在导线曲折角的内侧，如图 4-31 所示。

导线布置在不同的平面上曲折时，在凸角的两面上要求装设两个瓷瓶，如图 4-32 所示。

导线分支时，要在分支点处设置瓷瓶来支持导线，导线互相交

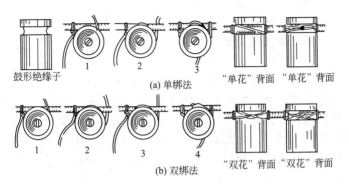

图 4-29 直线段导线的绑扎

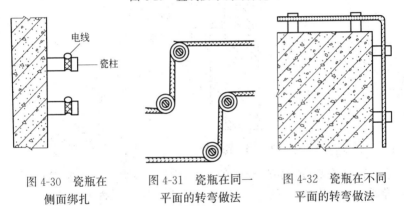

图 4-30 瓷瓶在
侧面绑扎

图 4-31 瓷瓶在同一
平面的转弯做法

图 4-32 瓷瓶在不同
平面的转弯做法

叉时，须套瓷管保护，如图 4-33 所示。

平行的两根导线，要放在两瓷瓶的同一侧或在两瓷瓶的外侧，不能放在内侧，如图 4-34 所示。

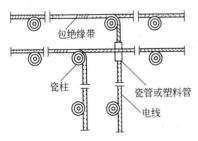

图 4-33 瓷瓶的分支做法

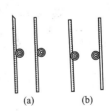

图 4-34 瓷瓶上的绑扎

瓷瓶沿墙壁垂直敷设时，导线弧度不大于 5mm。

(2) 瓷夹配线及注意事项

① 瓷夹配线

a. 瓷夹固定：在木结构上，可用木螺钉直接固定瓷夹；在砖结构上固定瓷夹，利用预埋的木榫或塑料胀栓固定；最简单的办法是用环氧树脂粘接固定（如图 4-35 所示）。环氧树脂配比见表 4-3。用环氧树脂粘接时，底部必须要清洁，涂料要均匀，不能太厚，粘接时用手边压边转，使粘接面有良好的接触，粘接后保持 1～2 天即可。

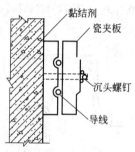

图 4-35　瓷夹板的黏结剂固定法

b. 导线敷设：先将导线的一端固定在瓷夹内，拧紧螺钉压牢导线，然后用抹布或螺丝刀把导线捋直，如图 4-36 所示。

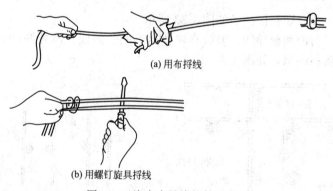

图 4-36　瓷夹内导线的敷设方法

② 瓷夹配线的注意事项

a.瓷夹板配线的导线一般在 $1 \sim 6mm^2$ 之间。

b.导线在转弯时，应在转弯处装两副瓷夹，如图 4-37（a）所示；要把电线弯成圆角，避免损伤导线。

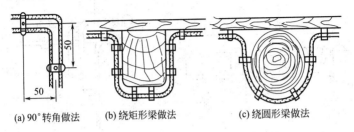

(a) 90°转角做法　　(b) 绕矩形梁做法　　　(c) 绕圆形梁做法

图 4-37　瓷夹配线

c.导线绕过梁柱头时，要适当加垫瓷夹，来保证导线与建筑物表面有一定的距离，做法如图 4-37(b)、(c) 所示。

d.两条电路的四根导线相互交叉时，应在交叉处分装四副瓷夹，压在下面的两根导线上需套一根塑料管或瓷管，管的两端导线都要用瓷夹夹住，如图 4-38(a) 所示。

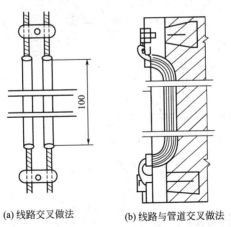

(a) 线路交叉做法　　　(b) 线路与管道交叉做法

图 4-38　交叉做法

e.线路跨越水管、热力管时，应在跨越的导线上套防热管保护，做法如图 4-38（b）所示。

f.线路最好沿房屋的线脚、横梁、墙角等处敷设，不得将电线接头压在瓷夹内,做法如图 4-39 所示。

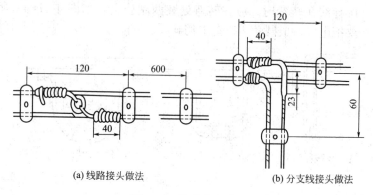

(a) 线路接头做法

(b) 分支线接头做法

图 4-39 线路分支接头

g. 水平敷设线路距地面高度一般应在 2.5m 以上;距开关、插座、灯具和接线盒以及电线转角的两边 5cm 处均应安置瓷夹;开关、插座一般与地面距离不应低于 1.3m;电线穿越楼板时,在楼板离地面 1.3m 处的部分电线应套管保护。做法如图 4-40 所示。

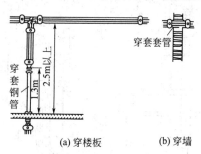

(a) 穿楼板

(b) 穿墙

图 4-40 电线穿墙和穿楼板

4.2 导线连接工艺

4.2.1 剥削导线绝缘层

(1) 剥削导线 剥削线芯绝缘层常用的工具有电工刀、克丝钳和剥皮钳。一般 $4mm^2$ 以下的导线原则上使用剥皮钳，使用电工刀时，不允许用刀在导线周围转圈剥削绝缘层，以免破坏线芯。剥削线芯绝缘层的方法如图 4-41 所示。

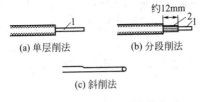

(a) 单层削法　　(b) 分段削法

(c) 斜削法

图 4-41　剥削线芯绝缘的方法

1—导体；2—橡皮

① 单层削法：不允许采用电工刀转圈剥削绝缘层，应使用剥皮钳，如图 4-41(a) 所示。

② 分段削法：一般适用于多层绝缘导线剥削，如编制橡皮绝缘导线，用电工刀先削去外层编织层，并留有 12mm 的绝缘层，线芯长度随接线方法和要求的机械强度而定，如图 4-41(b) 所示。

③ 用钢丝钳剥离绝缘层的方法。首先用左手拇指和食指捏住线头，再按连接所需长度，用钳头刀口轻切绝缘层。注意：只要切破绝缘层即可，千万不可用力过大，使切痕过深，因软线每股芯线较细，极易被切断，哪怕隔着未被切破的绝缘层，往往也会被切断。再迅速移动钢丝钳握位，从柄部移至头部。在移位过程中切不可松动已切破绝缘层的钳头。同时，左手食指应围绕一圈导线，并握拳捏住导线。然后两手反向同时用力，左手抽、右手勒，即可使端部绝缘层脱离芯线，如图 4-42 所示。

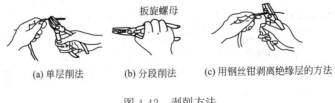

(a) 单层削法　　　　(b) 分段削法　　　(c) 用钢丝钳剥离绝缘层的方法

图 4-42　剥削方法

(2) 塑料绝缘硬线

① 端头绝缘层的剥离。通常采用电工刀进行剥离，但 $4mm^2$

及以下的硬线绝缘层,则可用剥线钳或钢丝钳进行剥离。

用电工刀剥离的方法如图 4-43 所示。

用电工刀以 45°倾斜切入绝缘层,当切近线芯时就应停止用力,接着应使刀子倾斜角度为 15°左右,沿着线芯表面向前头端部推出,然后把残存的绝缘层剥离线芯,用刀口插入背部以 45°角削断。

② 中间绝缘层的剥离。中间绝缘层只能用电工刀剥离,方法如图 4-44 所示。

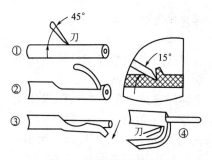

图 4-43 塑料绝缘硬线
端头绝缘层的剥离

图 4-44 塑料绝缘硬线
中间绝缘层的剥离

在连接所需的线段上,依照上述端头绝缘层的剥离方法,推刀至连接所需长度为止,把已剥离部分绝缘层切断,用刀尖把余下的绝缘层挑开,并把刀身伸入已挑开的缝中,接着用刀口切断一端,再切断另一端。

(3) 剥线钳剥线 剥线钳为内线电工、电机修理、仪器仪表电工常用的工具之一,它适宜于塑料橡胶绝缘电磁线、电缆芯线的剥皮,使用方法如图 4-45 所示:将带绝缘皮的线头置于钳头的刀口中,用手将钳柄一捏,然后再一松绝缘皮便与芯线脱开。

① 根据缆线的粗细型号,选择相应的剥线刀口。

② 将准备好的电缆放在剥线工具的刀刃中间,选择好要剥线的长度。

③ 握住剥线工具手柄,将电缆夹住,缓缓用力使电缆外表皮慢慢剥落。

④ 松开工具手柄,取出电缆线,这时电缆金属整齐露出外面,

其余绝缘塑料完全脱落。

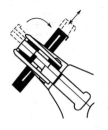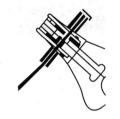

图 4-45 剥线钳的使用方法

(4) **塑料护套线** 这种导线只能进行端头连接,不允许进行中间连接。它有两层绝缘结构,外层统包着两根（双芯）或三根（三芯）同规格绝缘硬线,称护套层。在剥离芯线绝缘层前应先剥离护套层。

① 护套层的剥离方法。通常都采用电工刀进行剥离,方法如图 4-46 所示。

用电工刀尖从所需长度界线上开始,从两芯线凹缝中划破护套层,剥开已划破的护套层,然后向切口根部扳翻,并切断。

注意:在剥离过程中,务必防止损伤芯线绝缘层,操作时,应始终沿着两芯线凹缝划去,切勿偏离,以免切着芯线绝缘层。

② 芯线绝缘层的剥离方法。与塑料绝缘硬线端头绝缘层剥离方法完全相同,但切口相距护套层至少 10mm,如图 4-47 所示。所以,实际连接所需长度应以绝缘层切口为准,护套层切口长度应加上这段错开长度。注意:实际错开长度应按连接处具体情况而定。如导线进木台后 10mm 处即可剥离护套层,而芯线绝缘层却需通过木台并穿入灯开关（或灯座、插座）后才可剥离。这样,两者错开长度往往需要 40mm 以上。

(5) **软电缆**（又称橡胶护套线,习惯称橡皮软线）

① 外护套层的剥离方法。用电工刀从端头任意两芯线缝隙中割破部分护套层,把割破已可分成两片的护套层连同芯线（分成两组）同时进行反向分拉来撕破护套层,当撕拉难以破开护套层时,再用电工刀补割,直到所需长度为止,扳翻已被分割的护套层,在根部分别切断。

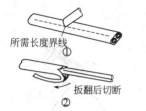

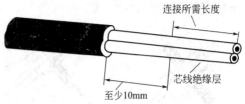

图 4-46 塑料护套线
护套层的剥离

图 4-47 塑料护套线芯
线绝缘层的剥离

② 麻线扣结方法。软电缆或是作为电动机的电源引线使用，或是作为田间临时电源馈线等使用，因而受外界的拉力较大，故在护套层内除有芯线外，尚有 2～5 根加强麻线。这些麻线不应在护套层切口根部剪去，应扣结加固，余端也应固定在插头或电器内的防拉压板中，以使这些麻线能承受外界拉力，保证导线端头不遭破坏。

把全部芯线捆扎住后扣结，位置应尽量靠在护套层切口根部。余端压入防拉压板后扣结。

③ 绝缘层的剥离方法。每根芯线绝缘层可按剥离塑料绝缘软线的方法剥离，但护套层与绝缘层之间也应错开，要求和注意事项与塑料护套线相同。

4.2.2 导线的连接工艺及要求

导线的连接分导线与导线、导线与设备元件、导线与电缆、电缆与电缆、电缆与设备元件的连接。导线的连接与导线的材质、截面积大小、敷设方式、电压等级、连接部位、结构形式、导线型号等条件有关。

(1) 导线连接的总体要求及标准规范

① 导线的连接必须符合电气装置安装工程施工及验收规范的要求。当无特殊要求或规定时，导线的芯线应采用焊接、压板压接或套管连接；低压系统、电流较小时，可采用绞接、缠绕连接。

② 熔焊连接的焊缝不应有凹陷、夹渣、断股、裂纹及根部未焊合的缺陷，焊缝的外形尺寸应符合焊接工艺要求，焊接后应清除残余焊剂和焊渣。

③ 锡钎焊连接的焊缝应饱满，表面光滑；焊剂应无腐蚀性，

焊后应清除残余焊剂。

④ 压板或其他专用夹具，应与导线线芯规格相匹配；紧固件应拧紧到位，防松装置齐全。

⑤ 套管连接器件和压模等应与导线线芯相匹配；压接深度、压口数量、压接长度应符合表 4-5（对应于图 4-48）的要求。

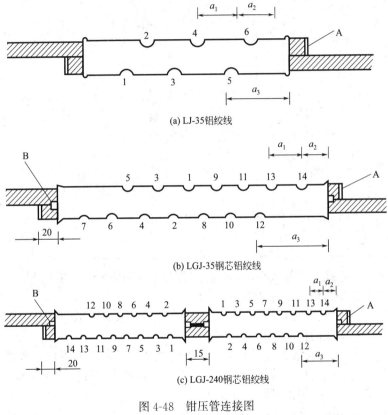

(a) LJ-35铝绞线

(b) LGJ-35钢芯铝绞线

(c) LGJ-240钢芯铝绞线

图 4-48　钳压管连接图

A—绑线；B—垫片

注：1、2、3…表示压接操作顺序。

⑥ 剖切导线绝缘层时，不得损伤线芯；线芯连接后，绝缘带应包缠均匀紧密，其绝缘强度不应低于导线原绝缘强度。在接线端子的根部与导线绝缘层间的空隙处，应用绝缘带包缠严密。

表 4-5　钳压压口数及压后尺寸

导线型号		压口数	压后尺寸 D/mm	钳压部位尺寸/mm		
				a_1	a_2	a_3
铝绞线	LJ-16	6	10.5	28	20	34
	LJ-25	6	12.5	32	20	36
	LJ-35	6	14.0	36	25	43
	LJ-50	8	16.5	40	25	45
	LJ-70	8	19.5	44	28	50
	LJ-95	10	23.0	48	32	56
	LJ-120	10	26.0	52	33	59
	LJ-150	10	30.0	56	34	62
	LJ-185	10	33.5	60	35	65
钢芯铝绞线	LGJ-16/3	12	12.5	28	14	28
	LGJ-25/4	14	14.5	32	15	31
	LGJ-35/6	14	17.5	34	42.5	93.5
	LGJ-50/8	16	20.5	38	48.5	105.5
	LGJ-70/10	16	25.0	46	54.5	123.5
	LGJ-95/20	20	29.0	54	61.5	142.5
	LGJ-120/20	24	33.0	62	67.5	160.5
	LGJ-150/20	24	36.0	64	70	166
	LGJ-185/25	26	39.0	66	74.5	173.5
	LGJ-240/30	2×14	43.0	62	68.5	161.5

凡包扎绝缘的接头，相与相、相与零线间应错开一定距离，以免发生相与相、相与零线间的短路。

⑦ 在配线的分支线连接处和架空线的分支线连接处，干线不应受到支线的横向拉力。

⑧ 架空线路中，不同材质、不同规格、不同绞制方向的导线严禁在档内连接，其他部位及低压配电线路中不同材质的导线不得直接连接，必须由过渡元件完成。

⑨ 10kV 及以下架空线路的导线当采用缠绕法连接时，连接部位的线股应缠绕良好紧密，不应有断股、松股等缺陷。

⑩ 采用接续管连接的导线，连接后的握着力与原导线的保证计算拉断力比，接续管不小于 95%，螺栓式耐张线夹不小于 90%，缠绕法不小于 80%。

⑪ 任何形式的连接方法，导线连接后的电阻不得大于与所接

线长度相同长度导线的电阻。

⑫ 导线与设备、元件、器具的连接应符合下列要求：

a. 截面积 $10mm^2$ 及以下的单股铜芯线、单股铝芯线可直接与设备、元件、器具的端子连接，其中铜芯线应先搪锡再连接。

b. 截面积为 $2.5mm^2$ 及以下的多股铜芯线的线芯应先拧紧且搪锡或压接端子后再与设备、元件、器具的端子连接。

c. 多股铝芯线和截面积大于 $2.5mm^2$ 的多股铜芯线的终端，除设备自带插接式端子外，应焊接或压接端子后，再与设备、元件、器具的端子连接。

⑬ 铜质导线采用绞接或缠绕接法时，必须先经搪锡或镀锡处理后再连接，连接后再进行蘸锡处理。其中单股与单股、单股与软铜线的连接可先进行除去氧化膜的处理，连接后再蘸锡。

⑭ 以任何形式连接后，都应把毛刺或不妥处修理合适并符合要求。

(2) 导线的连接方法及工艺

① 铜质导线的锡处理

a. 打磨氧化膜　单股可用砂纸直接去除氧化膜；多股可先散开并用钳子叼住端头拉直后再用砂纸除去氧化膜；软导线可先将导线拧紧，拧紧时应戴干净手套或用钳子以免污染线芯，然后再用砂纸除去氧化膜。打磨的长度应与接头或终端的长度相对应，一般应稍长一点。

b. 打磨后应立即用干净白布擦去铜屑并在打磨处涂上锡钎焊的钎焊剂，钎焊剂应选用中性无腐蚀性的。

c. 搪锡或镀锡、蘸锡

•用电烙铁蘸上锡在涂钎焊剂处来回摩擦即可上锡，上锡后用干净棉丝将污物、油迹擦掉。

•将锡置于锡锅内并加热熔化，然后将打磨好且有钎焊剂的线芯插入锡锅，稍后即可拔出并用干净棉丝除去污物、油迹使之放出光泽。

d. 连接好后，稍用砂纸打磨，涂钎焊剂后再次插入锡锅蘸锡，并除去污物、油迹。

e. 作业时应注意锡溅、防烫和防火。

② 导线的绞接和缠绕连接

a.单芯导线一字形接头　将被连接的两导线的绝缘皮削掉，其长度一般为 100～150mm，截面积小的取 100mm，截面积大的取 150mm。

b.将两导线线芯 2/3 长度处按顺时针方向绞在一起并用钳子紧紧叼住，绞合圈数为 2～3 圈。

c.一手握钳，另一手将一线芯按顺时针方向紧密缠绕在另一线芯上，缠绕的方向应与另一线芯垂直，圈数为 6～10 圈，截面积小的取 6 圈，大的取 10 圈，然后把多余部分剪掉，并用钳子将其端头与另一线芯掐住挤紧，不得留有毛刺。

d.用同样方法把另一线芯缠绕好，圈数相同，将接头修整平直，然后用绝缘带将其按后圈压前圈半个带宽的原则正反各包扎一次，包扎的始末应压住原绝缘皮一个带宽，如图 4-49（a）所示。

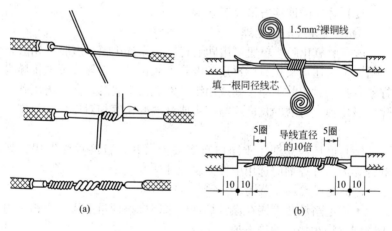

图 4-49　单芯导线的一字形连接

e.图 4-49（b）所示是用绑线缠绕连接的单芯一字接头，要求基本同上。

③ 单股导线 T 形接头　如图 4-50 所示。

a.将总线分支点的绝缘皮削掉 50mm，露出线芯，将支线端部的绝缘皮削掉 100～150mm，选取同单芯导线一字形接头。

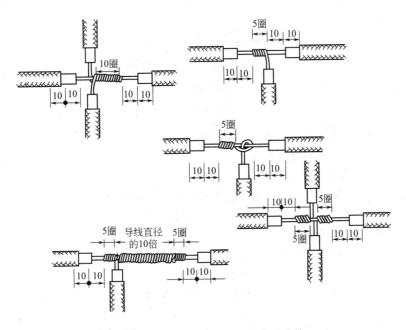

图4-50 单芯导线的T形、十字形连接

b. 将支线线芯在总线上线芯的一端打一个结，并用钳子叼住结处，另一只手将支线线芯按顺时针方向紧紧缠在总线线芯处，一般为6~10圈，选取同单芯导线一字形接头，然后把多余部分剪掉，把端头用钳子掐紧，修整后不得留有毛刺。

c. 包扎同单芯导线一字形接头。单芯导线的十字连接及较大截面积的缠绕连接也可参见图4-50。

④ 单股导线倒人字接头（跪头） 如图4-51所示。

a. 将被连接的几根导线的绝缘皮削掉，其中一根为150mm，其他同单芯导线一字形接头。

b. 将剥削后的几根导线从线芯处对齐，然后用最长的一根线芯将其余几根紧紧缠在一起，圈数为6~10圈，选取同单芯导线一字形接头，多余部分剪断掐紧。

c. 被缠绕的几根从距最后一圈5mm处剪断，也可翻起几根并与缠绕圈掐紧。

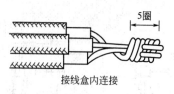

图 4-51 单芯导线的倒人字连接

d. 包扎同单芯导线一字形接头。

(3) 导线的缠绕连接

① 多股导线的一字形接头

a. 绝缘导线应先将绝缘层削掉，然后把两根导线的端头散开成伞状，散开长度按截面积定，一般为 200～400mm，同时用钳子叼住撑直每股导线。

b. 两端头交叉在一起后两边合拢并用钳子敲打，使其紧紧贴在一起且根根理顺，不得交叉。

c. 在交叉中点用同质独股裸线紧密缠绕 50mm，其头部和尾部分别与两边合拢的线芯紧密结合，并从结合处挑起合拢线芯的一根或两根线芯将其压住，然后用这根挑起的线芯紧密地缠绕合拢的线芯，缠绕圈与合拢线芯的中心轴线垂直，当这根挑起的线芯即将缠完时，其尾部与合拢线芯紧密结合，并从结合处再挑起一根或两根线芯将其压住，然后用这根挑起的线芯去缠绕，重复上述动作以达到连接长度。

d. 最后用一根线芯缠绕线芯的尾部约 50mm，然后与合拢的线芯中的一根紧紧地绞在一起 30～40mm，即小辫收尾，并将多余部分剪掉，然后用钳子将其敲打与导线并在一起。

e. 修整接头，将其理直包扎绝缘。

f. 上述方法叫做自缠法，如图 4-52 所示，也可从交叉中心另用同质单股线芯缠绕，最后用小辫收尾。

② 多股导线的 T 形接头

a. 绝缘导线应先将绝缘层削掉 200～400mm 并撑直，再将分支点的绝缘层削掉 200～250mm。

b. 将导线线芯分成两部分，并从原导线有绝缘部位分成 T 形，然后将其与分支点挨在一起。

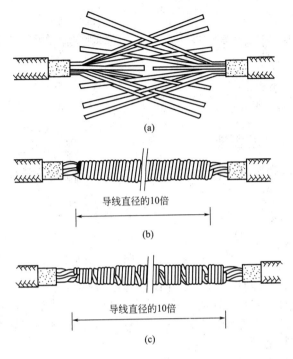

图 4-52 多股导线的一字形缠绕连接

c.从中点开始向两边分别用上述自缠法将其与总线缠绕，小辫收尾。或者用同质单股线芯（线径应大于或等于多股线中每股的线径）绑线缠绕，先把绑线团成圈状，将端头伸直与挨在一起的线芯一端对齐，并将其合拢到中点部位或另一端，这时从这里拐一直角与合拢线芯垂直后紧紧缠绕，并将自身也一同缠绕在里面，线圈与之垂直，一直绕到末端，最后与自身的端头小辫收尾，这种方法叫做绑线法，如图 4-53 所示。

d.修整接头，并理直后包绝缘。

e.多股导线也可像单股线一样先打一个结，然后用自缠法或绑线法连接。

③ 多股导线的倒人字接头连接

a.绝缘导线的削剥同前，并将其散开撑直。

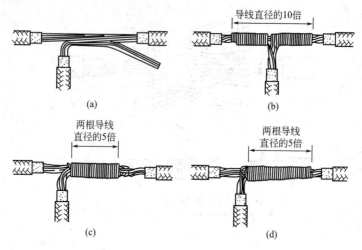

图 4-53　多股导线的 T 形缠绕连接

b. 将每根撑直后的线芯并在一起理顺不得交叉，然后将几根导线撑直且与并在一起的线芯合拢在一起，并将其用一手掐紧。

c. 用自缠法将其缠绕、最后小辫收尾；或用绑线法缠绕绑扎，最后小辫收尾。

d. 修整并包绝缘，如图 4-54 所示。

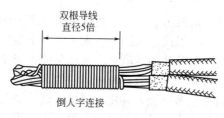

图 4-54　多芯导线的倒人字缠绕连接

（4）导线的压板连接（并沟线夹连接）

① 多股导线的一字形压板连接

a. 选择与导线截面积、材质相同的线夹，同时检查其外观有无裂纹、砂眼和不妥，检查其螺栓、平垫圈、弹簧垫圈、螺母，并试拧一次。

b. 用钢丝刷除去线芯和线夹沟槽内的氧化物和污垢，并用汽油擦干净，然后涂上中性凡士林膏，同时用 $\phi1\sim2mm$ 镀锌铁线将线芯端头绑扎 10mm，并清除毛刺。

c.将线端正反方向分别放入线夹的沟槽内，上下夹板夹好后用螺栓先稍紧一点，然后调整端头露出夹板的长度，一般为 20～30mm，并按截面积选择。

d.用扳手将螺母拧紧，以弹性垫圈拧平为准，拧紧时几个螺栓应分别逐步拧紧，先拧两端的，后拧中间的，最后再分别拧半圈，如图 4-55 所示。

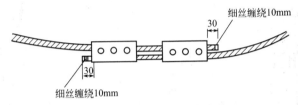

图 4-55　多芯导线的一字形压板连接

② 多股导线的 T 形压板连接

a.选择、检查、除污、擦净、绑扎端头同前。

b.将导线直接置入线夹沟槽或在总线上打一个结后再置入沟槽，露出夹板长度同前。

c.拧紧螺母方法同前，如图 4-56 所示。

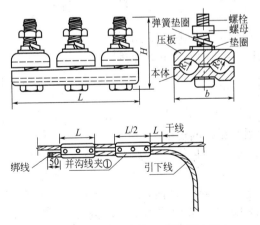

图 4-56　多芯导线的 T 形压板连接

③ 多股导线的倒人字压板连接

a. 选择、检查、除污、擦净、绑扎同前。

b. 将导线同相朝下置入线夹沟槽内，露出夹板长度同前。

c. 拧紧螺母同前，如图 4-57 所示。

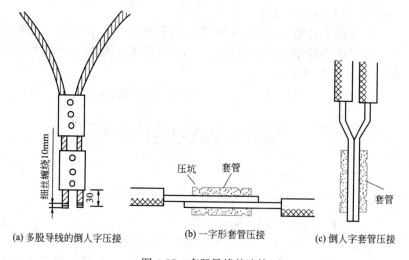

(a) 多股导线的倒人字压接   (b) 一字形套管压接   (c) 倒人字套管压接

图 4-57　多股导线的连接

（5）导线的套管压接

① 多股导线的一字形套管压接

a. 穿入套管，利用压接钳子压接。

b. 压接后的形状如图 4-57 所示。

② 多股导线的倒人字套管压接

a. 穿入套管，利用压接钳子压接。所不同的是线端同向穿入套管。

b. 压接的形状基本同图 4-57 所示。

（6）铜线和铝线的连接

① 单股铜线和单股铝线连接时，铜线应先镀锡，然后用铝线在铜线上或在线径较大的导线上缠绕，一般为 6～10 圈，最后将铜线翻起与铝线缠绕圈掐紧。这种方向只能用在 T 形和倒人字的接法中。

② 多股铜线和多股铝线连接时，铜线应先镀锡，然后按其截面积大小选择铜铝并沟线夹，按上述方法连接。同样，只能用在 T

形和倒人字的接法中。

(7) 铜软线与硬单股导线的连接（铜软线指截面积 2.5mm² 及以下的，硬单股导线指截面积 10mm² 及以下的单股导线）

① 将铜软线的绝缘层削掉，削切长度一般按器具的电流选择，可选用 50～100mm，然后将其镀锡，如果与铜质硬单股导线连接，也应一同镀锡，其镀锡长度为 20～30mm。

② 将铜软线紧紧地缠绕在硬单股导线上，缠绕前准备一节与软铜线截面积相近的铜质单股导线且先镀锡，并将其与硬单股导线并在一起被铜软线缠绕，当缠到 20～30mm 时将铜软线与这节铜质单导线小辫绞紧收尾。

③ 如果是倒人字接头，还应把硬单股导线的末端翻起并与软铜线缠绕圈掐紧。

此种方法仅适用于 T 形或倒人字的且电流小于 10A 以下的接头上。

双芯绝缘导线的连接应使接头错开并包扎绝缘布，如图 4-58 所示。

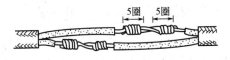

图 4-58　双芯绝缘导线的连接

(8) 导线与硬母线的连接（如图 4-59 所示）

① 截面积 10mm² 及以下的单股导线（铜线应先镀锡）可按导线的截面积选择螺钉（平垫圈、弹簧垫圈、螺母、螺杆全镀锌或铜），并按螺杆的直径弯成顺时针的小圆圈，同时按螺杆的直径在母线上打孔，然后用选定的螺钉固定，打孔时应避免铅/铜屑落到电气元件或设备上，导线与螺钉的对应关系是 2.5mm²/4mm，4mm²/6mm，6mm²/10mm，10mm²/12mm，分子指导导线截面积，分母指螺钉直径。

② 截面积 2.5mm² 及以下的多股软铜线镀锡后可按①的方法与母线连接。上述若为铜母线开孔处也应镀锡。

③ 截面积大于 10mm² 以上的多股导线（铜线应先镀锡）可按

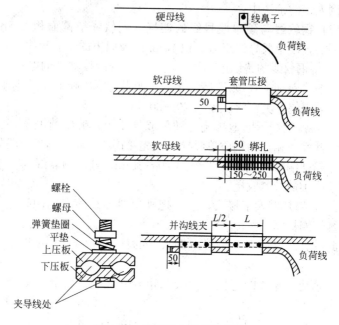

图 4-59　负荷线与母线的连接

截面积大小、母线材质选择线鼻子与母线或设备连接。线鼻子分铜质、铝质和铜铝过渡三种，分别适用于铜与铜质、铝与铝质、铜与铝或铝与铜质导线与母线或设备连接，使用时将处理好的线芯插入鼻子的连接管内再用压钳去压，方法与套管压接相同，一般压两个坑即可，详见《电气工程安装及调试手册》一书。

　　④ 导线与硬母线的连接不应使导线受到拉力。

　　(9) 压线帽的使用方法　对于 4mm^2 及以下的单股导线、2.5mm^2 及以下的铜软线进行倒人字形接头（跪头）时可使用压线帽。铜导线使用压线帽时也应在镀锡后进行。使用时先将导线剥去绝缘，长度不超过压线帽的深度，根数与截面积按表 4-6 选择，如连接根数不够则填充同径同质线芯，然后用专用的压线钳挤压线帽即可完成，可不必包扎绝缘，如图 4-60 所示。

　　现将上述导线的连接方法适用范围列于表 4-7 中，供读者使用时参考。

表 4-6 YMT 压线帽使用规范

压线管内接线线芯组合编号	压线管内导线规格/mm² BV(铜芯) 导线根数				色别	配用压线帽型号	线芯进入压接管削线长度 L/mm	压线管内加压所需充实线芯总根数	组合方案实际工作线芯根数	利用管内工作线芯回折根数作填充线
	1.0	1.5	2.5	4.0						
2000	2	—	—	—	黄	YMT-1	13	4	2	2
3000	3	—	—	—				4	3	1
4000	4	—	—	—	黄	YMT-1	13	4	4	—
1200	1	2	—	—				4	3	—
6000	6	—	—	—	白	YMT-2	15	6	6	
0400	—	4	—	—				4	4	
3200	3	2	—	—				5	5	
1020	1	—	2	—				3	3	
2110	2	1	1	—				4	4	
0200	—	2	—	—	红	YMT-3	18	4	2	2
0030	—	—	3	—				4	3	1
0040	—	—	4	—				4	4	
0230	—	2	3	—				5	5	
0420	—	4	2	—				5	6	
1021	1	—	2	1				4	4	
0202	—	2	—	2				4	4	
8010	8	—	1	—				9	9	
L20(铝芯)	—	—	2	—	绿	YML-1	18	4	2	2
L30	—	—	3	—				4	3	1
L40	—	—	4	—				4	4	
L32	—	—	3	2	蓝	YML-2	18	5	5	
L04	—	—	—	4				4	4	

注：铝芯线可参考此表。

4.2.3 导线与设备元件的连接方法

(1) **单股导线** 单股导线可与设备、元件的端子直接连接，但铜线必须镀锡。端子为螺钉时，导线应弯成顺时针方向的直径与螺钉相应的圆环，直接用螺钉加垫片、弹簧垫圈拧紧。端子为针孔接线柱时，可将导线直接插入针孔并拧紧螺钉，端子针孔较大且单股线不能充填满时，可插入同样多节裸线，以便拧紧。端子为瓦形垫

表4-7　各种导线连接方法适用范围及用途一览表

连接方法 范围及用途	单股硬导线绞接			多股硬导线缠绕			压板（非沟线夹）			套管压接		铜线与铝线		软铜线与单股导线螺钉压接	线鼻子压接	压线帽压接
	一字形	丁形	人字形	一字形	丁形	人字形	一字形	丁形	人字形	一字形	人字形	单股	多股			
高压架空				≤10kV						√						
高压分支					≤10kV	√	√									
高压过引				≤10kV		√				√						
高压接引			√		≤10kV	√										
避雷线接引						√			√		√					
低压架空	×						√		√	√	√	×	×			
低压分支		√				√	√	√	√				√			
低压过引	√						√	√	√		√	√				
低压进户			√			√	√			√						

续表

范围及用途＼连接方法	单股硬导线绞接 一字形	单股硬导线绞接 T形	单股硬导线绞接 人字形	多股硬导线缠绕 一字形	多股硬导线缠绕 T形	多股硬导线缠绕 人字形	压板（并沟线夹）一字形	压板（并沟线夹）T形	压板（并沟线夹）人字形	套管压接 一字形	套管压接 人字形	铜线与铝线 单股	铜线与铝线 多股	软铜线与单股导线	螺钉压接	线鼻子压接	压线帽压接
低压接引		√			√		√		√								
低压接线盒			√			√							√				√
导线与母线												√			√	√	
照明支路	√			√										√<10A			
重复接地接引					√			√									
与设备/元件			√										√		√	√	
与设备/元件引出线			√		√									√<10A			
低压盘后分支		√	√											√<10A			√
低压盘后接引		√			√									√<10A			√

注：适用划"√"，禁止划"×"；无标注严禁使用。

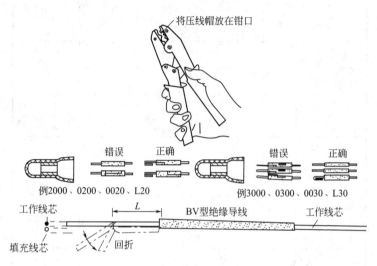

图 4-60　压线帽的使用方法

片螺钉端子时，可将导线直接插入瓦形垫下，同时瓦形垫另一侧插入同样一节裸线并拧紧螺钉，接两根导线时，可一侧一根。瓦形垫片螺钉端子不得将导线弯成 U 形卡入。上述螺钉拧紧时要适度，一般使弹簧垫圈压平即可，以防螺钉溢扣。上述接法如图 4-61 所示。

(2) 多股导线　多股导线与设备端子连接时，必须压接相应规格的线鼻子。铝导线使用的铜铝过渡线鼻子、铜导线使用的铜线鼻子以及设备的铜端子接触面应镀锡处理，固定线鼻子的螺栓应垫垫圈，弹簧垫圈齐全且为镀锌件，螺母拧至弹簧垫圈压平即可，以防溢扣。

维修作业时，如一时找不到合适的线鼻子，可按图 4-62 所示的方法手工制作一个线鼻子，待找到成品线鼻子后再更换。

① 剥掉绝缘层，一般为 200mm。

② 将导线撑直，铜线用砂纸打出金属光泽。

③ 用其中一根导线在其根部绝缘剥切处紧紧缠绕 10mm。

④ 将导线从缠绕处均匀分为两部分。

⑤ 用一比设备端子直径稍大一个规格的螺杆置于分开的根门

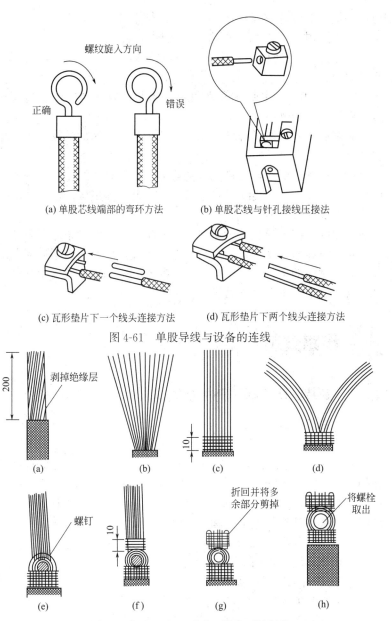

(a) 单股芯线端部的弯环方法　　　　(b) 单股芯线与针孔接线压接法

(c) 瓦形垫片下一个线头连接方法　　(d) 瓦形垫片下两个线头连接方法

图 4-61　单股导线与设备的连线

图 4-62　50mm² 以下手工线鼻子的制作

路，并把两部分弯成螺杆直径的半圆、把上部开口紧紧闭合。

⑥ 用其中一根导线将闭合口处紧紧缠绕 10mm。

⑦ 把和缠绕处相邻的导线——折回并与缠绕圈掐紧，将多余部分剪掉。

⑧ 套上相应的平垫圈和螺母将其压紧，或在台虎钳上将其压紧，铜线上焊剂蘸锡。

做好后试套入端子螺栓，用较大的垫片（将做成的线鼻子全压住即可）螺母将其拧紧即可。

(3) 多股软铜线与设备元件的连接 必须焊接线鼻子，一般锡钎焊即可。$2.5mm^2$ 及以下的软铜线可镀锡后直接与设备元件的端子连接。

导线的连接、导线与设备元件的连接最根本的一条原则就是必须紧密可靠并能承受一定的拉力，在一个检修周期内，不得因载流或在允许过流的条件下发热、松动、断裂、生锈腐蚀或发生其他不妥，这是每个初学者必须做到的。

4.3 线路安装

4.3.1 安装照明灯具、开关及插座

(1) 白炽灯照明线路

① 灯具

a.灯泡 灯泡由灯丝、玻璃壳和灯头三部分组成，灯头有螺口和插口两种。白炽灯按工作电压分有 6V、12V、24V、36V、110V 和 220V 等六种，其中 36V 以下的灯泡为安全灯泡。在安装灯泡时，必须注意灯泡电压和线路电压一致。

b.灯座 如图 4-63 所示。

c.开关 如图 4-64 所示。

② 白炽灯照明线路原理图

a.单联开关控制白炽灯 接线原理图如图 4-65 所示。

b.双联开关控制白炽灯 接线原理图如图 4-66 所示。

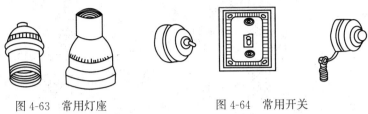

图 4-63 常用灯座   图 4-64 常用开关

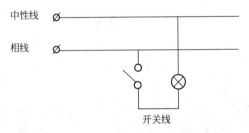

图 4-65 单联开关控制白炽灯接线原理图

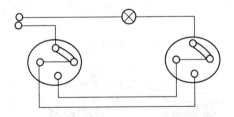

图 4-66 双联开关控制白炽灯接线原理图

(2) 照明线路的安装

① 圆木的安装步骤如图 4-67 所示。

先在准备安装挂线盒的地方打孔，预埋木榫或膨胀螺栓。在圆木底面用电工刀刻两条槽；在圆木中间钻 3 个小孔。将两根导线嵌入圆木槽内，并将两根电源线端头分别从两个小孔中穿出，用木螺钉通过第三个小孔将圆木固定在木榫上。

在楼板上安装：首先在空心楼板上选好弓板位置，然后按图示方法制作弓板，最后将圆木安装在弓板上，如图 4-68 所示。

② 挂线盒的安装如图 4-69 所示。

将电源线由吊盒的引线孔穿出。确定好吊线盒在圆木上的位置

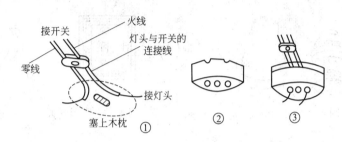

图 4-67 普通式安装

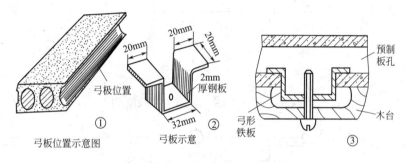

图 4-68 在楼板上安装

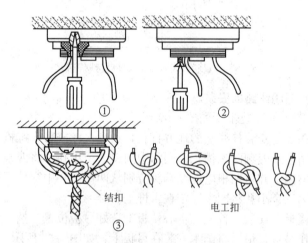

图 4-69 挂线盒的安装图

后，用螺钉将其紧固在圆木上。一般这方便木螺钉旋入，可先用钢锥钻一个小孔。拧紧螺钉，将电源线接在吊线盒的接线柱上。按灯具的安装高度要求，取一段铜芯软线作挂线盒与灯头之间的连接线，上端接挂线盒内的接线柱，下端接灯头接线柱。为了不使接头处承受灯具重力，吊灯电源线在进入挂线盒盖后，在离接线端头50mm处打一个结（电工扣）。

③ 灯头的安装

a. 吊灯头的安装如图4-70所示：把螺口灯头的胶木盖子卸下，将软吊灯线下端穿过灯头盖孔，在离导线下端约30mm处打一电工扣。把去除绝缘层的两根导线下端芯线分别压接在两个灯头接线端子上，旋上灯头盖。注意一点，火线应接在跟中心铜片相连的接线柱上，零线应接在与螺口相连的接线柱上。

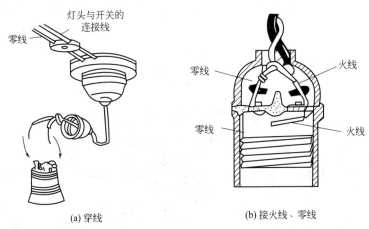

(a) 穿线　　　　　　　　(b) 接火线、零线

图4-70　吊灯头的安装图

b. 平灯头的安装如图4-71所示：平灯座在圆木上的安装与挂线盒在圆木上的安装方法大体相同，只是由穿出的电源线直接与平灯座两接线柱相接，而且现在多采用圆木与灯座一体结构的灯座。

④ 吸顶式灯具的安装

a. 较轻灯具的安装如图4-72所示。首先用膨胀螺栓或塑料胀管将过渡板固定在顶棚预定位置。在底盘元件安装完毕后，再将电源线由引线孔穿出，然后托着底盘穿过渡板上的安装螺栓，上好螺母。安装过程中因不便观察而不易对准位置时，可用十字螺丝刀穿

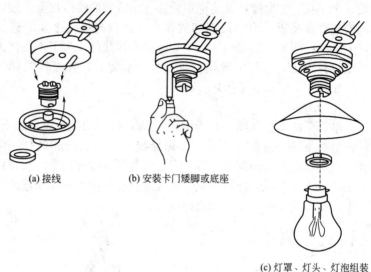

(a) 接线 (b) 安装卡门矮脚或底座

(c) 灯罩、灯头、灯泡组装

图 4-71 平灯头的安装图

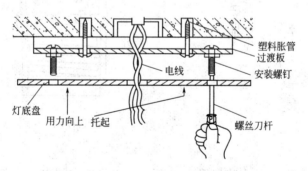

图 4-72 较轻灯具的安装图

过底盘安装孔，顶在螺栓端部，使底盘轻轻靠近，沿螺丝刀杆顺利对准螺栓并安装到位。

 b. 较重灯具的安装如图 4-73 所示：用直径为 6mm、长约 8cm 的钢筋做成图 4-73(a) 所示的形状，再做一个图 4-73(a) 所示形状的钩子，钩子的下段铰 6mm 螺纹，将钩子勾住图 4-73(a) 所示钢筋后再送入空心楼板内。做一块和吸顶灯座大小相似的木板，在中

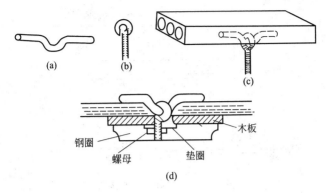

图 4-73　较重灯具的安装图

间打个孔，套在钩子的下段上并用螺母固定。在木板上另打一个孔，以穿电线用，然后用木螺钉将吸顶灯底座板固定在木板上，接着将灯座装在钢圈内木板上，经通电试验合格后，最后将玻璃罩装入钢圈内，用螺栓固定。

c. 嵌入式安装如图 4-74 所示：制作吊顶时，应根据灯具的嵌入尺寸预留孔洞，安装灯具时，将其嵌入在吊顶上。

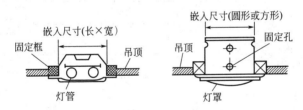

图 4-74　嵌入式安装图

(3) 日光灯的安装

① 日光灯一般接法　普通日光灯接线如图 4-75 所示。安装时开关 S 应控制日光灯火线，并且应接在镇流器一端，零线直接接日光灯另一端，日光灯启辉器并接在灯管两端即可。

安装时，镇流器、启辉器必须与电源电压、灯管功率相配套。

双日光灯线路一般用于厂矿和户外广告要求照明度较高的场所，在接线时应尽可能减少外部接头，如图 4-76 所示。

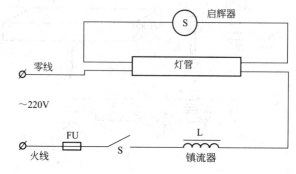

图 4-75   日光灯一般的接法

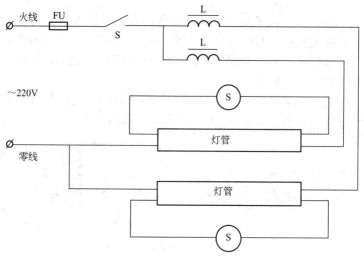

图 4-76   双日光灯的接法

② 日光灯的安装步骤与方法

a. 组装接线如图 4-77 所示。启辉器座上的两个接线端分别与两个灯座中的一个接线端连接，余下的接线端，其中一个与电源的中性线相连，另一个与镇流器的一个出线头连接。镇流器的另一个出线头与开关的一个接线端连接，而开关的另一个接线端则与电源中的一根相线相连。与镇流器连接的导线既可通过瓷接线柱连接，也可直接连接。接线完毕，要对照电路图仔细检查，以免错接或漏接。

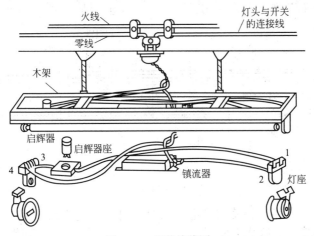

图 4-77 组装接线图

b. 安装灯管如图 4-78 所示。安装灯管时，对插入式灯座，先将灯管一端灯脚插入带弹簧的一个灯座，稍用力使弹簧灯座活动部分向外退出一小段距离，另一端趁势插入不带弹簧的灯座。对开启式灯座，先将灯管两端灯脚同时卡入灯座的开缝中，再用手握住灯管两端头旋转约 1/4 圈，灯管的两个引脚即被弹簧片卡紧使电路接通。

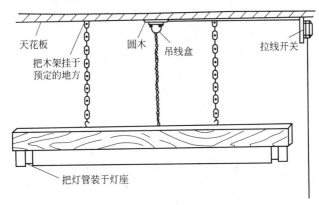

图 4-78 安装灯管图

c. 安装启辉器如图 4-79 所示。开关、熔断器等按白炽灯安装方法进行接线。在检查无误后，即可通电试用。

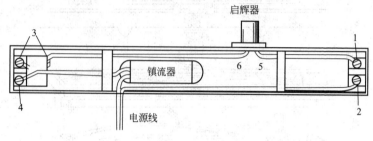

图 4-79　安装启辉器图

1～6—接线端子

d. 近几年发展使用了电子式日光灯，安装方法是用塑料胀栓直接固定在顶篷之上即可。

(4) 其他灯具的安装

① 水银灯的安装（如图 4-80 所示）　高压水银荧光灯应配用瓷质灯座；镇流器的规格必须与荧光灯泡功率一致。灯泡应垂直安装，功率偏大的高压水银灯由于温度高，应装置散热设备。对自镇流水银灯，没有外接镇流器，直接拧到相同规格的瓷灯口上即可。

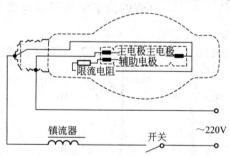

图 4-80　高压水银荧光灯的安装图

② 钠灯的安装（如图 4-81 所示）　高压钠灯必须配用镇流器，电源电压的变化不宜大于±5%。高压钠灯功率较大，灯泡发热厉害，因此电源线应有足够平方数。

③ 碘钨灯的安装（如图 4-82 所示）　碘钨灯必须水平安装，水平线偏角应小于 4°。灯管必须装在专用的有隔热装置的金属灯

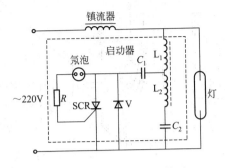

图 4-81 高压钠灯的安装图

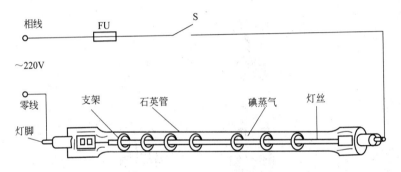

图 4-82 碘钨灯的安装图

架上，同时，不可在灯管周围放置易燃物品。在室外安装，要有防雨措施。功率在 1kW 以上的碘钨灯，不可安装一般电灯开关，而应安装漏电保护器。

(5) 插座与插头的安装

① 三孔插座的暗装　将导线剥去 15mm 左右绝缘层后分别接入插座接线柱中，将插座用平头螺钉固定在开关暗盒上，压入装饰钮，如图 4-83 所示。

② 二脚插头的安装　将两根导线端部的绝缘层剥去，在导线端部附近打一个电工扣；拆开端头盖，将剥好的多股线芯拧成一股，固定在接线端子上。注意不要露铜丝毛刷，以免短路。盖好插头盖，拧上螺钉即可，如图 4-84 所示。

③ 三脚插头的安装　三脚插头的安装与两脚插头的安装类似，

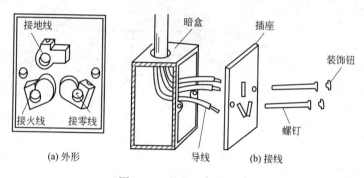

(a) 外形

(b) 接线

图 8-83　三孔插座的暗装

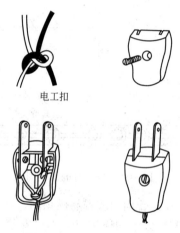

电工扣

图 4-84　二脚插头的安装

不同的是导线一般选用三芯护套软线，其中一根带有黄绿双色绝缘层的芯线接地线，其余两根一根接零线，一根接火线，如图 4-85所示。

4.3.2　照明电路故障的检修

照明电路的常见故障主要有断路、短路和漏电三种。

(1) 断路　产生断路的原因主要是熔丝熔断、线头松脱、断线、开关没有接通，铜铝接头腐蚀等。

(2) 短路　造成短路的原因大致有以下几种：

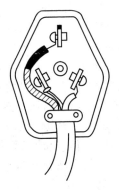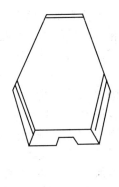

图 4-85　三脚插头安装

① 用电器具接线不好，以致接头碰在一起。

② 灯座或开关进水，螺口灯头内部松动或灯座顶芯歪斜造成内部短路。

③ 导线绝缘外皮损坏或老化损坏，并在零线和相线的绝缘处碰线。

(3) 漏电　相线绝缘损坏而接地，用电设备内部绝缘损坏使外壳带电等原因，均会造成漏电。漏电不但造成电力浪费，还可能造成人身触电伤亡事故。

漏电保护装置一般采用漏电开关。当漏电电流超过整定电流值时，漏电保护器动作，切断电路。若发现漏电保护器动作，则应查出漏电接地点并进行绝缘处理后再通电。

照明线路的漏电接地点多发生在穿墙部位和靠近墙壁或天花板等部位。查找漏电接地点时，应注意查找这些部位。

漏电查找方法：

① 首先判断是否确实漏电。要用摇表，看其绝缘电阻值的大小，或在被检查建筑物的总开关上串接一块万用表，接通全部电灯开关，取下所有灯泡，进行仔细观察。若电流表指针摇动，则说明漏电。指针偏转的多少，表明漏电电流的大小，若偏转多则说明漏电大。确定漏电后可按下一步继续进行检查。

② 判断是火线与零线之间的漏电，还是相线与大地间的漏电，或者是两者兼而有之。以接入万用表检查为例，切断零线，观察电

流的变化：电流表指示不变，是相线与大地之间漏电；电流表指示为零，是相线与零线之间的漏电；电流表指示变小但不为零，则表明相线与零线、相线与大地之间均有漏电。

③ 确定漏电范围。取下分路熔断器或拉下开关刀闸，电流若不变化，则表明是总线漏电；电流表指示为零，则表明是分路漏电；电流表指示变小但不为零，则表明总线与分路均有漏电。

④ 找出漏电点。按前面介绍的方法确定漏电的线段后，依次拉断该线路灯具的开关，当拉断某一开关时，电流指针回零或变小，若回零则是这一分支线漏电，若变小则除该分支漏电外还有其他漏电处；若所有灯具开关都拉断后，电流表指针仍不变，则说明是该段干线漏电。

依照上述方法依次把故障范围缩小到一个较短线段或小范围之后，便可进一步检查该段线路的接头，以及电线穿墙处等有否漏电情况。当找到漏电点后，包缠好进行绝缘处理。

4.3.3　安装进户装置和配电装置

（1）室内断路器的安装　断路器又称为低压空气开关，简称"空开"，它是一种既有开关作用，又能进行自动保护的低压电器。它操作方便，既可以手动合闸、拉闸，也可以在流过电路的电流超过额定电流之后自动跳闸。这不仅仅是指短路电流，对于用电器过多，电流过大，一样会跳闸。

在家庭电路中，断路器的作用相当于刀开关、漏电保护器等电器部分或全部的功能总和，所以被广泛应用于家庭配电线路中作为电源总开关或分支线路保护开关。当住宅线路或家用电器发生短路或过载时，它能自动跳闸，切断电源，从而有效地保护这些设备免受损坏或防止事故扩大。

断路器的保护功能有短路保护和过载保护，这些保护功能由断路器内部的各种脱扣器来实现。

① 短路保护功能　断路器的短路保护功能是由电磁脱扣器完成的，电磁脱扣器是由电磁线圈、铁芯和衔铁组成的电磁动作机械。线圈中通过正常工作电流时，电磁吸引力比较小，衔铁不会动作；当电路中发生严重过载或短路故障时，电流急剧增大，电磁吸

引力增大，吸引衔铁动作，带动脱扣机构动作，使主触点断开。

电磁脱扣器是瞬时动作，只要电路中短路电流达到预先设定值，开关立刻就会做出反应，自动跳闸。

② 过载保护功能 断路器的保护功能是由热脱扣器来完成的。热脱扣器由双金属片与热元件组成，双金属片是把铜片和铁片锻合在一起。由于铜和铁的热膨胀系数不同，发热时铜片膨胀量比铁片大，双金属片向铁片一侧弯曲变形带动动作机构使主触点断开。加热双金属片的热量来自串联在电路中的发热元件，这是一个电阻值较高的导体。

当线路发生一般性过载时，电流虽不能使电磁脱扣器动作，但能使热元件产生一定热量，促使双金属片受热弯曲，推动杠杆使搭钩与锁扣脱开，将主触点分断，切断电源。

热脱扣器是延时动作，因为双金属片的弯曲需要加热一定时间，因此电路中要过载一段时间，热脱扣器才动作。一般来说，电路中允许出现短时间过载，这时并不必须切断电源，热脱扣器的延时性恰好满足了这种短时的工作状态的要求。只有过载超过一定时间，才认为是出现故障，热脱扣器才会动作。

(2) 小型断路器的选用与安装 家庭用断路器可分为二极（2P）和一级（1P）两种类型。一般用二极（2P）断路器作电源保护，用单极（1P）断路器作分支回路保护。

单极（1P）断路器用于切断 220V 火线，双极（2P）断路器用于 220V 火线与零线同时切断。

目前家庭使用 DZ 系列的断路器，常见的有以下型号/规格：C16、C25、C32、C40、C60、C80、C10、C120 等规格，其中 C表示脱扣电流，即额定启跳电流，如 C32 表示启跳电流为 32A。

断路器的额定启跳电流如果选择偏小，则易频繁跳闸，引起不必要的停电；如果选择过大，则达不到预期的保护效果。因此家装断路器，正确选择额定容量电流大小很重要。那么，一般家庭如何选择或验算总负荷电流的总值呢？

① 电风扇、电熨斗、电热毯、电热水器、电暖器、电饭锅、电炒锅等电气设备，属于电阻性负载，可用额定功率直接除以电压进行计算，即

$$I = \frac{P}{U} = \frac{总功率}{220\text{V}}$$

② 吸尘器、空调、荧光灯、洗衣机等电气设备，属于感性负载，具体计算时还要考虑功率因数问题，为便于估算，根据其额定功率计算出来的结果再翻一倍即可。例如，额定功能 20W 的日光灯的分支电流

$$I = \frac{P}{U} \times 2 = \frac{20}{220} \times 2 = 0.18\text{A}$$

电路总负荷电流等于各分支电流之和。知道了分支电流和总电流，就可以选择分支断路器及总断路器、总熔断器，电能表以及各支路电线的规格，或者验算已设计好的这些电气部件的规格是否符合安全要求。

在设计、选择断路器时，要考虑到以后用电负荷增加的可能性，为以后需求留有余量。为了确保安全可靠，作为总闸的断路器的额定工作电流一般应大于 2 倍所需的最大负荷电流。

例如家用空调功率计算：

1P=735W，一般可视为 750W。

1.5P=1.5×750W，一般可视为 1125W。

2P=2×750W，一般可视为 1500W。

2.5P=2.5×750W=1875W，一般可视为 1900W。

以此类推，可计算出家用空调的功率。

(3) 总断路器与分断路器的选择 现代家居用电一般是按照明回路、电源插座回路、空调回路等进行分开布线的，其好处是当其中一个回路（如插座回路）出现故障时，其他回路仍可以正常供电，如图 4-86 所示。插座回路须安装漏电保护装置，防止家用电器漏电造成人身电击事故。

① 住户配电箱作为总闸的断路器一般选择双极 32～63A 小型断路器。

② 照明回路一般选择 10～16A 小型断路器。

③ 插座回路一般选择 16～20A 小型断路器。

④ 空调回路一般选择 16～25A 小型断路器。

以上选择仅供参考，每户的实际用电器功率不一样，具体选择要以设计为准。

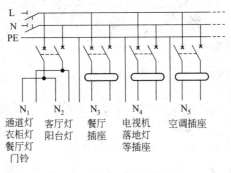

图 4-86　家庭配电回路示例

也可采用双极或 1P＋N（相线＋中性线）小型断路器，当线路出现短路或漏电故障时，立即切断电源的相线和中性线，确保人身安全及用电设备的安全。

家庭选配断路器的基本原则是"照明小、插座中、空调大"。应根据用户的要求和装修个性的差异性，结合实际情况进行灵活的配电方案选择。

(4) 断路器的安装　断路器一般应垂直安装在配电箱中，其操作手柄及传动杠杆的开、合位置应正确，如图 4-87 所示。

单极组合式断路器的底部有一个燕尾槽，安装时把靠上边的槽勾入导轨边，再用力压断路器的下边，下边有一个活动的卡扣，就会牢牢卡在导轨上，卡住后断路器可以沿导轨横向移动调整位置。拆卸断路器时，找一活动的卡扣另一端的拉环，用螺丝刀撬动拉环，把卡扣拉出向斜上方扳动，断路器就可以取下来。

断路器安装前检测：

① 用万用表电阻挡测量各触点间的接触电阻。万用表置于 R×100 挡或 R×1k 挡，两表笔不分正、负，分别接低压断路器进、出线相对应的两个接线端，测量主触点的通断是否良好。当接通按钮被按下时，其对应的两个接线端之间的阻值应为零，当切断按钮被按下时，各触点间的接触之间阻值应为无穷大，表明低压断路器各触点间通断情况良好，否则说明该低压断路器已损坏。

图 4-87　断路器安装实物图

有些型号的低压断路器除主触点外还有辅助触点，可用同样方法对辅助触点进行检测。

② 用兆欧表测量两极触点间的绝缘电阻。用 500V 兆欧表测量不同极的任意两个接线端间的绝缘电阻（接通状态和切断状态分别测量），均应为无穷大。如果被测低压断路器是金属外壳或外壳上有金属部分，还应测量每个接线端与外壳之间的绝缘电阻，也均应为无穷大，否则说明该低压断路器绝缘性能太差，不能使用。

(5) 家用漏电保护器（断路器）　顾名思义，家用漏电断路器具有漏电保护功能，即当发生人身触电或设备漏电时，能迅速切断电源，保障人身安全，防止触电事故，同时，还可用来防止由于设备绝缘损坏，产生接地故障电流而引起的电气火灾危险。

为了用电安全，在配电箱中应安装漏电断路器，可以安装一个总漏电断路器，也可以在每一个带保护线的三线支路上安装漏电断路器，一般插座支路都装漏电断路器。家庭常用的是单相组合式漏电断路器，如图 4-88 所示。

漏电断路器实质上是加装了检测漏电元件的塑壳式断路器，主要由塑料外壳、操作机构、触点系统、灭弧室、脱扣器、零序电流互感器及试验装置等组成。

图 4-88　漏电断路器

漏电断路器有电磁式电流动作型、晶体管（集成电路）式电流动作型两种。电磁式电流动作型漏电断路器是直接动作型，晶体管或集成电路式电流动作型漏电断路器是间接动作，即在零序电流互感器和漏电脱扣器之间增加一个电子放大电路，使零序电流互感器的体积大大缩小，也缩小了漏电保护断路器的体积。

电磁式电流动作型漏电断路器的工作原理如图 4-89 所示。

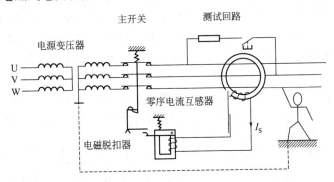

图 4-89　电磁式电流动作型漏电断路器原理

漏电断路器上除了开关扳把外，还有一个按钮为试验按钮，用来试验断路器的漏电动作是否正常，断路器安好后，通电合闸，按一下试验按钮断路器应自动跳闸。当断路器漏电动作跳闸时，应及时排除故障后，再重新合闸。

注意：不要认为家庭安装了漏电断路器，用电就平安无事了。漏电断路器必须定期检查，否则，即使安装了漏电断路器也不能确保用电安全。

(6) 漏电断路器的选择

① 漏电动作电流及动作时间的选择　额定漏电动作指在制造厂规定的条件下，保证漏电断路器必须动作的漏定电流值。漏电断路器的额定漏电动作电流主要有 5mA、10mA、20mA、30mA、50mA、75mA、100mA、300mA 等几种。家用漏电断路器漏电动作电流一般选用 30mA 及以下额定动作电流，特别潮湿区域，如浴室、卫生间等最好选用额定动作电流为 10mA 的漏电断路器。

额定漏电动作时间是指在制造厂规定的条件下，对应额定漏电动作电流的最大漏电分断时间。单相漏电断路器的额定漏电动作时间，主要有小于或等于 0.1s、小于 0.15s、小于 0.2s 等几种。小于或等于 0.1s 的为快速型漏电断路器，防止人身触电的家庭用单相漏电断路器，应选用此类漏电断路器。

② 额定电流的选择　目前市场上适合家庭生活用电的单相漏电断路器，从保护功能来说，大致有漏电保护专用，漏电保护和过电流保护兼用，漏电、过电流、短路保护兼用等三种产品。漏电断路器的额定电流主要有 6A、10A、16A、20A、40A、63A、100A、160A、200A 等多种规格。对带过电流保护的漏电断路器，同一等级额定电流下会有几种过电流脱扣器额定电流值。例如，DZL18-20/2 型漏电断路器，它具有漏电保护与过流保护功能，其额定电流为 20A，但其过电流脱扣器额定电流有 10A、16A、20A 三种，因此过电流脱扣器额定电流的选择，应尽量接近家庭用电的实际电流。

③ 额定电压、频率、极数的选择　漏电断路器的额定电压有交流 220V 和交流 380V 两种，家庭生活用电一般为单相电，故应选用额定电压为交流 220V/50GHz 的产品。漏电断路器有 2 极、3 极、4 极三种，家庭生活用电应选 2 极的漏电断路器。

(7) 漏电断路器的安装　漏电断路器的安装方法与前面介绍的

断路器的安装方法基本相同，下面介绍安装漏电断路器应注意的几个问题。

① 漏电断路器在安装之前要确定各项使用参数，也就是检查漏电断路器的铭牌上所标注的数据是否确实达到了使用者的要求。

② 安装具有短路保护的漏电断路器，必须保证有足够的飞弧距离。

③ 安装组合式漏电断路器时应使用铜质导线连接控制回路。

④ 要严格区分中性线（N）和接地保护线（PE），中性线和接地保护线不能混用。N线要通过漏电断路器，PE线不通过漏电断路器，如图4-90(a) 所示。如果供电系统中只有N线，可以从漏电断路器上口接线端分成N线和PE线，如图4-90(b) 所示。

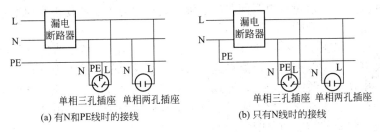

(a) 有N和PE线时的接线　　　　　　(b) 只有N线时的接线

图 4-90　单相2极式漏电断路器的接线

注意：漏电断路器后面的零线不能接地，也不能接设备外壳，否则会合不上闸。

⑤ 漏电断路器在安装完毕后要进行测试，确定漏电断路器在线路短路时有可靠动作。一般来说，漏电断路器安装完毕后至少要进行3次测试并通过后，才能开始正常运行。

(8) 漏电保护器与空气开关的区别

① 空气开关正确的名称应该叫做空气断路器。空气断路器一般为低压的，即额定工作电压为1kV。空气断路器是具有多种保护功能的、能够在额定电压和额定工作电流状况下切断和接通电路的开关装置。它的保护功能的类型及保护方式由用户根据需要选定，例如，短路保护、过电流保护、分励控制、欠压保护等，其中前两种保护为空气断路器的基本配置，后两种为选配功能。所以，空气断路器还能在故障状态（负载短路、负载过电流、低电压等）

下切断电气回路。

② 漏电断路器是一种利用检测被保护电网内所发生的相线对地漏电或触电电流的大小作为发出动作跳闸信号，并完成动作跳闸任务的保护电器。在装设漏电断路器的低压电网中，正常情况下，电网相线对地泄漏电流（对于三相电网中是不平衡泄漏电流）较小，达不到漏电断路器的动作电流值，因此漏电断路器不动作。当被保护电网内发生漏电或人身触电等故障后，通过漏电断路器检测元件的电流达到其漏电或触电动作电流值时，漏电断路器就会发出动作跳闸的指令，使其所控制的主电路开关动作跳闸，切断电源，从而完成漏电或触电保护的任务。它除了空气断路器的基本功能外，还能在负载回路出现漏电（其泄漏电流达到设定值）时迅速分断开关，以避免在负载回路出现漏电时产生对人员的伤害和对电气设备的不利影响。

③ 漏电断路器不能代替空气开关。虽然漏电断路器比空气开关多了一项保护功能，但在运行过程中因漏电的可能性经常存在而会出现经常跳闸的现象，导致负载会经常出现停电，影响电气设备的持续、正常的运行，所以，一般只在施工现场临时用电或工业与民用建筑的插座回路中采用。

简而言之，空气开关仅是开关闭合器的作用，没有漏电自动跳闸的保护功能。漏电断路器具有开关闭合器的作用，也具有漏电自动跳闸的保护功能。漏电断路器保护的主要是人身，一般动作值是毫安级；而空气开关就是纯粹的过电流跳闸，一般动作值是安级。

4.3.4 室内配电箱的安装与配线

为了安全供电，每个家庭都要安装一个配电箱。楼宇住宅家庭通常有两个配电箱：一个是统一安装在楼层总配电间的配电箱，在那里主要安装的是家庭的电能表和配电总开关；另一个则是安装在居室内的配电箱，在这里主要安装的是分别控制房间各条线路的断路器，许多家庭在室内配电箱中还安装有一个总开关。

(1) 配电箱的结构 家庭户内配电箱担负着住宅内的供电与配电任务，并具有过载保护和漏电保护功能。配电箱内安装的电气设备可分为控制电器和保护电器两大类：控制电器是指各种配电开关；保护电器是指在电路某一电器发生故障时，能够自动切断供电电路的电器，从而防止出现严重后果。

家庭常用配电箱有金属外壳和塑料外壳两种，主要由箱体、盖板、上盖和装饰片等组成。对配电箱的制造材料要求较高，上盖应选用耐候阻燃 PS 塑料，盖板应选用透明 PMMA，内盒一般选用 1.00mm 厚的冷轧板并表面喷塑。

(2) 配电箱内部分配 家庭户内配电箱一般嵌装在墙体内，外面仅可见其面板。户内配电箱一般由电源总闸单元、漏电保护器单元和回路控制单元这 3 个功能单元构成。

① 电源总闸单元：一般位于配电箱的最左边，采用电源总闸（隔离开关）作为控制元件，控制着入户总电源。拉下电源总闸，即可同时切断入户的交流 220V 电源的相线和零线。

② 漏电保护器单元：一般设置在电源总闸的右边，采用漏电断路器（漏电保护器）作为控制与保护元件。漏电断路器的开关扳手平时朝上处于"合"位置；在漏电断路器面板上有一试验按钮，供平时检验漏电断路器用。当户内线路或电器发生漏电，或万一有人触电时，漏电断路器会迅速动作切断电源（这时可见开关扳手已朝下处于"分"位置）。

③ 回路控制单元：一般设置在配电箱的右边，采用断路器作为控制元件，将电源分若干路向户内供电。对于小户型住宅（如一室一厅），可分为照明回路、插座回路和空调回路。各个回路单独设置各自的断路器和熔断器。对于中等户型、大户型住宅（如两室一厅一厨一卫，三室一厅一厨一卫等），在小户型住宅回路的基础上可以考虑增设一些控制回路，如客厅回路、主卧室回路、次卧室回路、厨房回路、空调1回路、空调2回路等，一般可设置 8 个以上的回路，居室数量越多，设置的回路就越多，其目的是达到用电安全、方便。图 4-91 所示为建筑面积在 90m² 左右的普通两居室配电箱控制回路设计的实例。

户内配电箱在电气上，电源总闸、漏电断路器、回路控制 3 个功能单元是顺序连接的，即交流 220V 电源首先接入电源总闸，通过电源总闸后进入漏电断路器，通过漏电断路器后分几个回路输出。

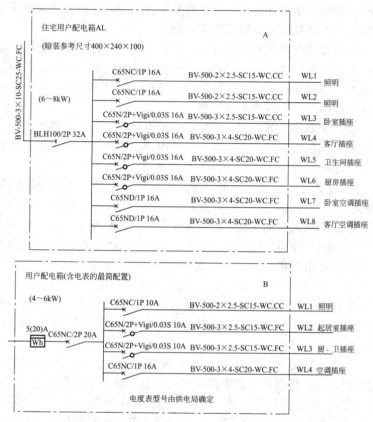

图 4-91 两居室配电箱控制回路设计实例

(3) 配电箱的安装 配电箱是单元住户用于控制住宅中的各个支路的，将住宅中的用电分配成不同的支路，主要目的是便于用电管理、便于日常使用、便于电力维护。

家庭户内配电箱的安装可分为明装、暗装和半露式（部分嵌入墙体，等同于暗装）三种。明装通常采用悬挂式，可以用金属膨胀螺栓等将箱体固定在墙上；暗装为嵌入式，应随土建施工预埋，也可在土建施工时预留孔然后采用预埋。现代家居装修一般采用暗装配电箱。

对于楼宇住宅新房，房产开发商一般在进门处靠近天花板的适当位置留有户内配电箱的安装位置，许多开发商已经将户内配电箱预埋安装，装修时，应尽量用原来的位置。

配电箱多位于门厅、玄关、餐厅和客厅，有时也会被装在走廊里。如果需要改变安装位置，则在墙上选定的位置上开一个孔洞，孔洞应比配电箱的长和宽各大 20mm 左右，预留的深度为配电箱厚度加上洞内壁抹灰的厚度。在预埋配电箱时，箱体与墙之间填以混凝土即可把箱体固定住，如图 4-92 所示。

图 4-92　配电箱安装示意

总之，户内配电箱应安装在干燥、通风部位，且无妨碍物，方便使用，绝不能将配电箱安装在箱体内，以防火灾。同时，配电箱不宜安装过高，一般安装标高为 1.8m，以便操作。

① 家庭配电箱安装组成

a. 家庭配电箱分金属外壳和塑料外壳两种，有明装式和暗装式两类，其箱体必须完好无缺。

b. 家庭配电箱的箱体内接线汇流排应分别设立零线、保护接地线、相线，且要完好无损，具有良好绝缘。

c. 空气开关的安装座架应光洁无阻并有足够的空间，如图 4-93 所示。

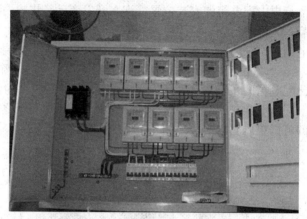

图 4-93　家庭配电箱安装示意图

② 家庭配电箱安装要点

a.家庭配电箱应安装在干燥、通风部位，且无妨碍物，方便使用。

b.家庭配电箱不宜安装过高，一般安装标高为 1.8m，以便操作。

c.进配电箱的电管必须用锁紧螺母固定。

d.若家庭配电箱需开孔，孔的边缘须平滑、光洁，如图 4-94 所示。

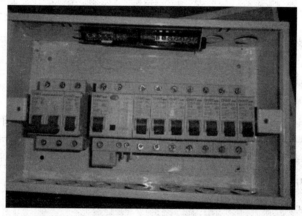

图 4-94　家庭配电箱的开孔

e. 配电箱埋入墙体时应垂直、水平，边缘留 5～6mm 的缝隙。

f. 配电箱内的接线应规则、整齐，端子螺钉必须紧固，如图 4-95 所示。

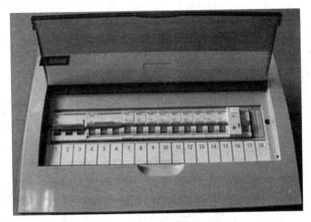

图 4-95 配电箱内的接线

g. 各回路进线必须有足够长度，不得有接头。

h. 安装后标明各回路使用名称。

i. 家庭配电箱安装完成后须清理配电箱内的残留物。

③ 家庭配电箱接线图 家庭配电箱接线图在进行安装的时候也是必不可少的，图 4-96 所示为几幅很详细的接线图。

④ 配电箱安装注意事项

a. 配电箱规格型号必须符合国家现行统一标准的规定；材质为铁质时，应有一定的机械强度，周边平整无损伤，涂膜无脱落，厚度不小于 1.0mm；进出线孔应为标准的机制孔，大小相适配，通常将进线孔靠箱左边，出线孔安排在中间，管间距在 10～20mm 之间，并根据不同的材质加设锁扣或护圈等，工作零线汇流排与箱体绝缘，汇流排材质为铜质；箱底边距地面不小于 1.5m。

b. 箱内断路器和漏电断路器安装牢固；质量应合格，开关动作灵活可，漏电装置动作电流不大于 30mA，动作时间不大于 0.1s；其规格型号和回路数量应符合设计要求。

c. 箱内的导线截面积应符合设计要求，材质合格。

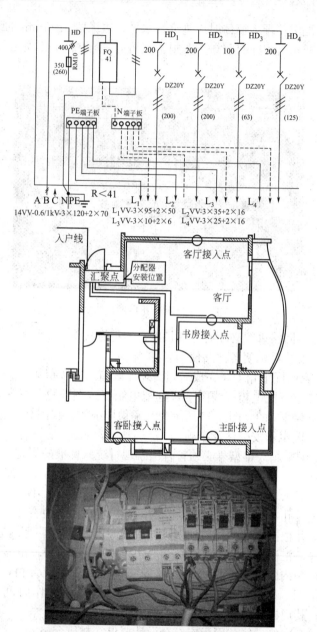

图 4-96 家庭配电箱接线图

d.箱内进户线应留有一定余量。走线规矩、整齐，无绞接现象，相线、工作零线、保护地线的颜色应严格区分。

e.工作零线、保护地线应经汇流排配出，户内配电箱电源总断路器（总开关）的出线截面积不应小于进线截面积，必要时应设相线汇流排。$10mm^2$ 及以下单股铜芯线可直接与设备器具的端子连接，小于或等于 $2.5mm^2$ 多股铜芯线应先拧紧搪锡或压接端子后与设备、器具连接，大于 $2.5mm^2$ 多股铜芯线除设备自带插接式端子外，应接续端子后与设备器具的端子连接，但不得采用开口端子，多股铜芯线与插接式端子连接前端部拧紧搪锡；对可同时断开相线、零线的断路器的进出导线应左边端子孔接零线，右边端子孔接相线连接。箱体应有可靠的接地措施。

f.导线与端子连接紧密，不伤芯，不断股，插接式端子线芯不应过长，应为插接端子深度的 $1/2$，同一端子上导线连接不多于 2 根，且截面积相同，防松垫圈等零件齐全。

g.配电箱的金属外壳应可靠接地，接地螺栓必须加弹簧垫圈进行防松处理。

h.配电箱箱内回路编号齐全，标识正确。

i.若设计与国家有关规范相违背时，应及时与设计师沟通，经修改后再进行安装。

第5章
电动机的拆装与维修

5.1 电动机的结构与工作原理

5.1.1 三相异步电动机的结构

三相异步电动机由两个基本组成部分：静止部分即定子，旋转部分即转子。在定子和转子之间有一很小的间隙，称为气隙。图5-1所

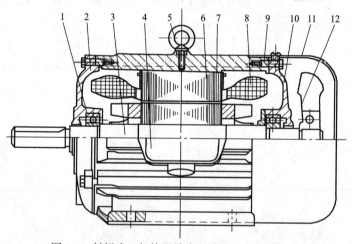

图5-1 封闭式三相笼型异步电动机的内部结构图
1—轴承；2—前端盖；3—转轴；4—接线盒；5—吊环；6—定子铁芯；
7—转子；8—定子绕组；9—机座；10—后端盖；11—风罩；12—风扇

示为三相异步电动机的内部结构图。

(1) **定子**　三相异步电动机的定子由机座、定子铁芯和定子绕组等组成。

① 机座　机座的主要作用是固定和支撑定子铁芯，所以要求有足够的机械强度和刚度，还要满足通风散热的需要，如图 5-2 所示。

图 5-2　机座

② 定子铁芯　定子铁芯的作用是作为电动机中磁路的一部分和放置定子绕组。为了减少磁场在铁芯中引起的涡流损耗和磁滞损耗，铁芯一般采用导磁性良好的硅钢片叠装压紧而成，硅钢片两面涂有绝缘漆，硅钢片厚度一般在 0.35～0.5mm 之间，如图 5-3 所示。

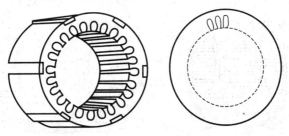

图 5-3　定子铁芯及冲片示意图

③ 定子绕组　定子绕组是定子的电路部分，其主要作用是接三相电源，产生旋转磁场。三相异步电动机定子绕组由三个独立的绕组组成，三个绕组的首端分别用 U_1、V_1、W_1 表示，其对应的末端分别用 U_2、V_2、W_2 表示，6 个端点都从机座上的接线盒中引出。

(2) **转子**　三相异步电动机的转子主要由转子铁芯、转子绕组和转轴组成。

① 转子铁芯　转子铁芯也是作为主磁路的一部分，通常由 0.5mm 厚的硅钢片叠装而成，如图 5-4 所示。转子铁芯外圆周上有许多均匀分布的槽，槽内安放转子绕组。转子铁芯为圆柱形，固定在转轴或转子支架上。

图 5-4 转子铁芯

② 转子绕组 转子绕组的作用是产生感应电流以形成电磁转矩，它分为笼型和绕线型两种结构。

a. 笼型转子 在转子的外圆上有若干均匀分布的平行斜槽，每个转子槽内插入一根导条，在伸出铁芯的两端，分别用两个短路环将导条的两端连接起来，若去掉铁芯，整个绕组的外形就像一个笼子，故称笼型转子。笼型转子的导条的材料可用铜或铝。如图 5-5。

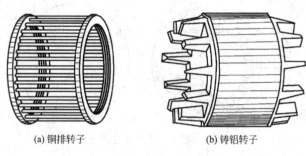

(a) 铜排转子　　　　　　　　　(b) 铸铝转子

图 5-5 笼型转子绕组

b. 绕线型转子 它和定子绕组一样，也是一个对称三相绕组，这个三相对称绕组接成星形，然后把三个出线端分别接到转子轴上的三个集电环上，再通过电刷把电流引出来，使转子绕组与外电路接通。绕线型转子的特点是可以通过集电环和电刷在转子绕组回路中接入变阻器，用以改善电动机的启动性能，或者调节电动机的转速。绕线型转子与外加变阻器的连接见图 5-6。

(3) 气隙 三相异步电动机的气隙很小，中小型电动机一般为 0.2～21mm。气隙的大小与异步电动机的性能有很大的关系，为了降低空载电流、提高功率因数和增强定子与转子之间的相互感应

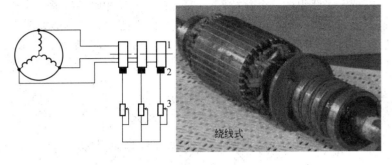

图 5-6 绕线型转子与外加变阻器的连接

1—集电环；2—电刷；3—变阻器

作用，三相异步电动机的气隙应尽量小，然而气隙也不能过小，不然会造成装配困难和运行不安全。

5.1.2 三相异步电动机的工作原理

三相异步电动机是利用定子绕组中三相交流电所产生的旋转磁场与转子绕组内的感应电流相互作用而工作的。

三相交流电的旋转磁场就是一种极性和大小不变，且以一定转速旋转的磁场。由理论分析和实践证明，在对称的三相绕组中通入对称的三相交流电流时会产生旋转磁场。图 5-7 所示为三相异步电动机最简单的定子绕组，每相绕组只用一匝线圈来表示。三个线圈在空间位置上相隔 120°，作星形连接。

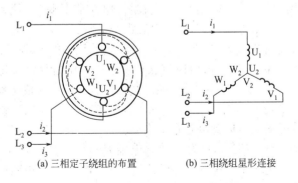

(a) 三相定子绕组的布置   (b) 三相绕组星形连接

图 5-7 三相定子绕组

把定子绕组的三个首端 U_1、V_1、W_1 同三相电源接通，这样，定子绕组中便有对称的三相电流 i_1、i_2、i_3 流过，其波形如图 5-8 所示。规定电流的参考方向由首端 U_1、V_1、W_1 流进，从末端 U_2、V_2、W_2 流出。

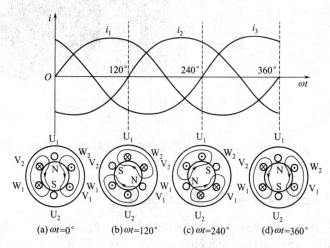

图 5-8　两极旋转磁场的产生

为了分析对称三相交流电流产生的合成磁场，可以通过研究几个特定的瞬间来分析整个过程。

当 $\omega t = 0°$ 时，$i_1 = 0$，第一相绕组（即 U_1、U_2 绕组）此时无电流；i_2 为负值，第二相绕组（即 V_1、V_2 绕组）中的实际电流方向与规定的参考方向相反，也就是说电流从末端 V_2 流入，从首端 V_1 流出；i_3 为正值，第三相绕组（即 W_1、W_2 绕组）中的实际电流方向与规定的参考方向一致，也就是说电流从首端 W_1 流入，从末端 W_2 流出，如图 5-8（a）所示。运用右手螺旋定则，可确定这一瞬间的合成磁场。从磁力线图来看，这一合成磁场和一对磁极产生的磁场一样，相当于一个 N 极在上、S 极在下的两极磁场，合成磁场的方向此刻是自上而下。

当 $\omega t = 120°$ 时，i_1 为正值，电流从 U_1 流进，从 U_2 流出；$i_2 = 0$，i_3 为负值，电流从 W_2 流进，从 W_1 流出。用同样的方法可画出此时的合成磁场，如图 5-8（b）所示。可以看出，合成磁场的方向按顺时针方向旋转了120°。

当$\omega t = 240°$时，i_1为负值；i_2为正值；$i_3 = 0$。此时的合成磁场又顺时针方向旋转了120°，如图5-8(c)所示。

当$\omega t = 360°$时，$i_1 = 0$；i_2为负值；i_3为正值。其合成磁场又顺时针方向旋转了120°，如图5-8(d)所示。此时电流流向与$\omega t = 0°$时一样，合成磁场与$\omega t = 0°$相比，共转了360°。

由此可见，随着定子绕组中三相电流的不断变化，它所产生的合成磁场也不断地向一个方向旋转，当正弦交流电变化一周时，合成磁场在空间也正好旋转一周。

上述电动机的定子每相只有一个线圈，所得到的是两极旋转磁场，相当于一对N、S磁极在旋转。如果想得到四极旋转磁场，可以把线圈的数目增加1倍，也就是每相有两个线圈串联组成，这两个线圈在空间相隔180°，这样定子各线圈在空间相隔60°。当这6个线圈通入三相交流电时，就可以产生具有两对磁极的旋转磁场。

具有p对磁极时，旋转磁场的转速为：

$$n_1 = \frac{60f_1}{p}$$

式中　n_1——旋转磁场的转速（又称同步转速），r/min；

　　　f_1——定子电流频率，即电源频率，Hz；

　　　p——旋转磁场的磁极对数。

国产三相异步电动机的定子电流频率都为工频50Hz，同步转速n_1与磁极对数p的关系见表5-1。

表5-1　同步转速与磁极对数的关系

磁极对数 p	1	2	3	4	5
同步转 n_1/(r/min)	3000	1500	1000	750	600

5.1.3　三相异步电动机的铭牌标注

三相异步电动机的铭牌标注如图5-9所示。在接线盒上方，散热片之间有一块长方形的铭牌，电动机的一些数据一般都在电动机铭牌上标出，在修理时可以从铭牌上参考一些数据。

型号：Y-200L6-6	防护等级：IP54DF35
功率：10kW	电压：380V　电流：19.7A
频率：50Hz	接法：△　工作制：M
重量：72kg	绝缘等级：E
噪声限值：72dB	出厂编号：1568324

图 5-9　电动机的铭牌

5.1.4　铭牌上主要内容的意义

（1）型号　型号 Y-200L6-6：Y 表示异步电动机，200 表示机座的中心高度，L 表示长机座（M 表示中机座、S 表示短机座），前边的 6 表示铁芯，后边的 6 表示 6 极。电动机产品名称代号见表 5-2。

表 5-2　电动机产品名称代号

产 品 名 称	新代号	汉字意义	老代号
异步电动机	Y	异	J，JO，JS，JK
绕线式异步电动机	YR	异绕	JR，JRO
防爆型异步电动机	YB	异爆	JK
高启动转矩异步电动机	YQ	异启	JQ，JGQ
高转差率滑差异步电动机	YH	异滑	JH，JHO
多速异步电动机	YD	异多	JD，JDO

在电动机机座标准中，电动机中心高和电动机外径有一定对应关系，而电动机中心高或电动机外径是根据电动机定子铁芯的外径来确定的。当电动机的类型、品种及额定数据选定后，电动机定子铁芯外径也就大致定下来了，于是电动机外形、安装、冷却、防护等结构均可选择确定了。

中、小型三相异步电动机的机座号与定子铁芯外径及中心高度的关系见表 5-3 和表 5-4。

（2）额定功率　额定功率是指在满载运行时三相电动机轴上所输出的额定机械功率，用 P_N 表示，以千瓦（kW）或瓦（W）为单位。额定功率是电动机工作的标准，当负载小于等于 10kW 时电动机才能正常工作，大于 10kW 时电动机比较容易损坏。

表 5-3 小型异步三相电动机

机座号	1	2	3	4	5	6	7	8	9
定子铁芯外径/mm	120	145	167	210	245	280	327	368	423
中心高度/mm	90	100	112	132	160	180	225	250	280

表 5-4 中型异步三相电动机

机座号	11	12	13	14	15
定子铁芯外径/mm	560	650	740	850	990
中心高度/mm	375	450	500	560	620

(3) **额定电压** 额定电压是指接到电动机绕组上的线电压，用 U_N 表示。三相电动机要求所接的电源电压值的变动一般不应超过额定电压的 ±5%。电压高于额定电压时，电动机在满载的情况下会引起转速下降，电流增加使绕组过热电动机容易烧毁；电压低于额定电压时，电动机最大转矩也会显著降低，电动机难以启动，即使启动后电动机也可能带不动负载，容易烧坏。额定电压 380V 说明该电动机为三相交流电 380V 供电。

(4) **额定电流** 额定电流是指三相电动机在额定电源电压下，输出额定功率时，流入定子绕组的线电流，用 I_N 表示，以安（A）为单位。若超过额定电流过载运行，三相电动机就会过热乃至烧毁。

三相异步电动机的额定功率与其他额定数据之间有如下关系式

$$P_N = \sqrt{3} U_N I_N \cos\varphi_N \, \eta_N$$

式中 $\cos\varphi_N$——额定功率因数；

η_N——额定效率。

另外，三相电动机功率与电流的估算可用"1kW 电流为 2A"的估算方法。例：功率为 10kW，电流为 20A（实际上略小于 20A）。

由于定子绕组的连接方式的不同，额定电压不同，电动机的额定电流也不同。例：一台额定功率为 10kW 时，其绕组作三角形连接时，额定电压为 220V，额定电流为 70A；其绕组作星形连接时额定电压为 380V，额定电流为 72A。也就是说铭牌上标明：接法——三角形/星形；额定电压——220/380V；额定电流——70/72A。

(5) **额定频率** 额定频率是指电动机所接的交流电源每秒内周

期变化的次数，用 f 表示。我国规定标准电源频率为 50Hz。频率降低时转速降低、定子电流增大。

(6) **额定转速** 额定转速表示三相电动机在额定工作情况下运行时每分钟的转速，用 n_N 表示，一般是略小于对应的同步转速 n_1。如 $n_1 = 1500r/min$，则 $n_N = 1440r/min$。异步电动机的额定转速略低于同步电动机。

(7) **接法** 接法是指电动机在额定电压下定子绕组的连接方法。三相电动机定子绕组的连接方法有星形（Y）和三角形（△）两种。定子绕组的连接只能按规定方法连接，不能任意改变接法，否则会损坏三相电动机。一般在 3kW 以下的电动机为星形（Y）接法；在 4kW 以上的电动机为三角形（△）接法。

(8) **防护等级** 防护等级（表 5-5）表示三相电动机外壳的防护等级，其中 IP 是防护等级标志符号，其后面的两位数字分别表示电动机防固体和防水能力。数字越大，防护能力越强，如 IP44 中第一位数字"4"表示电动机能防止直径或厚度大于 1mm 的固体进入电动机内壳，第二位数字"4"表示能承受任何方向的溅水。

表 5-5　防护等级

IP 后面第二位数	防　护　等　级	
	简　述	含　义
0	无防护电动机	无专门防护
1	防滴电动机	垂直滴水应无有害影响
2	15°防滴电动机	当电动机从正常位置向任何方向倾斜 15°以内任何角度时,垂直滴水没有有害影响
3	防淋水电动机	与垂直线成 60°角范围以内的淋水应无有害影响
4	防溅水电动机	承受任何方向的溅水应无有害影响
5	防喷水电动机	承受任何方向的溅水应无有害影响
6	防海浪电动机	承受猛烈的海浪冲击或强烈喷水时,电动机的进水量应达不到有害的程度
7	防水电动机	当电动机没入规定压力的水中规定时间后,电动机的进水量应达不到有害的程度
8	潜水电动机	电动机在制造厂规定条件下能长期潜水。电动机一般为潜水型,但对某些类型电动机也可允许水进入,但应达不到有害的程度

续表

IP后面第一位数	防 护 等 级	
	简 述	含 义
0	无防护电动机	无专门防护的电动机
1	防护大于 12mm 固体的电动机	能防止大面积的人体(如手)偶然或意外地触及或接近壳内带电或转动部件(但不能防止故意接触);能防止直径大于 50mm 的固体异物进入壳内
2	防护大于 20mm 固体的电动机	能防止手指或长度不超过 80mm 的类似物体触及或接近壳内带电或转动部件;能防止直径大于 12mm 的固体异物进入壳内
3	防护大于 2.5mm 固体的电动机	能防止直径大于 2.5mm 的工件或导线触及或接近壳内带电或转动部件;能防止直径大于 2.5mm 的固体异物进入壳内
4	防护大于 1mm 固体的电动机	能防止直径或厚度大于 1mm 的导线或片条触及或接近壳内带电或转动部件;能防止直径大于 1mm 的固体异物进入壳内
5	防尘电动机	能防止触及或接近壳内带电或转动部件,进尘量不足以影响电动机的正常运行

(9) **绝缘等级** 绝缘等级是根据电动机的绕组所用的绝缘材料,按照它的允许耐热程度规定的等级。绝缘材料按其耐热程度可分为:A、E、B、F、H 等级。其中 A 级允许的耐热温度最低 60℃,极限温度是 105℃。H 等级允许的耐热温度最高为 125℃,极限温度是 150℃,见表 5-6。电动机的工作温度主要受到绝缘材料的限制。若工作温度超出绝缘材料所允许的温度,绝缘材料就会迅速老化使其使用寿命大大缩短。修理电动机时所选用的绝缘材料应符合铭牌规定的绝缘等级。根据统计我国各地的绝对最高温度一般在 35~40℃之间,因此在标准中规定＋40℃作为冷却介质的最高标准。温度的测量主要包括以下三种:

① 冷却介质温度测量。所谓冷却介质是指能够直接或间接地把定子和转子绕组、铁芯以及轴承的热量带走的物质,如空气、水和油类等。靠周围空气来冷却的电动机,冷却空气的温度(一般指环境温度)可用放置在冷却空气中的几只膨胀式温度计(不少于2只)测量。温度计球部所处的位置,离电动机 1~2m,并不受外

来辐射热及气流的影响。温度计宜选用分度为 0.2℃或 0.5℃、量程为 0～50℃的。

② 绕组温度的测量。电阻法是测定绕组温升公认的标准方法。1000kW 以下的交流电动机几乎都只用电阻法来测量。电阻法是利用电动机的绕组在发热时电阻的变化来测量绕组的温度的，具体方法是利用绕组的直流电阻，在温度升高后电阻值相应增大的关系来确定绕组的温度，其测得的是绕组温度的平均值。冷态时的电阻（电动机运行前测得的电阻）和热态时的电阻（运行后测得的电阻）必须在电动机同一出线端测得。绕组冷态时的温度在一般情况下，可以认为与电动机周围环境温度相等，这样就可以计算出绕组在热态的温度了。

③ 铁芯温度的测量。定子铁芯的温度可用几只温度计沿电动机轴向贴附在铁芯轭部测量，以测得最高温度。对于封闭式电动机，温度计允许插在机座吊环孔内。铁芯温度也可用放在齿底部的铜-康铜热电偶或电阻温度计测量。

表 5-6　三相异步电动机的最高允许温升　　单位：℃

电动机部位		绝缘等级 测试方法	A 级		E 级		B 级		F 级		H 级	
			温度计法	电阻法	温度计法	电阻法	温度计法	电阻法	温度计法	电阻法	温度计法	电阻法
定子绕组			55	60	65	75	70	80	85	100	102	125
转子绕组	绕线式		55	60	65	75	70	80	85	100	102	125
	笼式											
定子铁芯			60		75		80		100		125	
滑环			60		70		80		90		100	
滑动轴承			40		40		40		40		40	
滚动轴承			55		55		55		35		55	

对于正常运行的电动机，理论上在额定负荷下其温升应与环境温度的高低无关，但实际上还是会受环境温度等因素影响的。

① 当气温下降时，正常电动机的温升会稍许减少。这是因为

绕组电阻下降，铜耗减少。温度每降 1℃，绕组电阻约降 0.4%。

② 对自冷电动机，环境温度每增 10℃，则温升增加 1.5～3℃。这是因为绕组铜损随气温上升而增加，所以气温变化对大型电动机和封闭电动机影响较大。

③ 空气湿度每高 10%，因导热改善，温升可降 0.07～0.38℃，平均为 0.19℃。

④ 海拔以 1000m 为标准，每升 100m，温升增加温升极限值的 1%。

电动机其他部位的温度限度：

① 滚动轴承温度应不超过 95℃，滑动轴承的温度应不超过 80℃。因温度太高会使油质发生变化和破坏油膜。

② 机壳温度实践中往往以不烫手为准。

③ 笼型转子表面杂散损耗很大，温度较高，一般以不危及邻近绝缘为限，可预先刷上不可逆变色漆来估计。

(10) **工作定额** 工作定额指电动机的工作方式，即在规定的工作条件下持续时间或工作周期。电动机运行情况根据发热条件分为三种基本方式：连续运行（S1）、短时运行（S2）、断续运行（S3）。

连续运行（S1）——按铭牌上规定的功率长期运行，但不允许多次断续重复使用，如水泵、通风机和机床设备上的电动机使用方式都是连续运行。

短时运行（S2）——每次只允许在规定的时间内按额定功率运行（标准的负载持续时间为 10min、30min、60min 和 90min），而且再次启动之前应有符合规定的停机冷却时间，待电动机完全冷却后才能正常工作。

断续运行（S3）——电动机以间歇方式运行，标准负载持续率分为 4 种：15%、25%、40%、60%。周期为 10min（例如 25% 为 2.5min 工作，7.5min 停车）。如吊车和起重机等设备上用的电动机就是断续运行方式。

(11) **噪声限值** 噪声指标是 Y 系列电动机的一项新增加的考核项目。电动机噪声限值分为：N 级（普通级）、R 级（一级）、S 级（优等级）和 E 级（低噪声级）等 4 个级别。R 级噪声限值比 N

级低 5dB（分贝），S 级噪声限值比 N 级低 10dB，E 级噪声限值比
N 级低 15dB，表 5-7 中列出了 N 级的噪声限值。

表 5-7　Y 系列三相异步电动机 N 级噪声限值

转速/(r/min)	960 及以下	>960～1320	>1320～1900	>1900～2360	>2360～3150	3150～3750
功率/kW	声音功率级别/dB(A)					
1.1 及以下	76	78	80	82	84	88
1.1～2.2	79	80	83	86	88	91
2.2～5.5	82	84	87	90	92	95
5.5～11	85	88	91	94	96	99
11～22	88	91	95	98	100	102
22～37	91	94	97	100	103	104
37～55	93	96	99	102	105	106
55～110	96	100	103	105	107	108

（12）标准编号　标准编号表示电动机所执行的技术标准。其
中"GB"为国家标准，"JB"为机械部标准，后面的数字是标准文
件的编号。各种型号的电动机均按有关标准进行生产。

（13）出厂编号及日期　这是指电动机出厂时的编号及生产日
期。据此可以直接向厂家索要该电动机的有关资料，以供使用和维
修时作参考。

5.2　装配与检修

5.2.1　异步电动机的整体检查与试运行

（1）小修与大修　除了加强电动机的日常维护外，每年还必须
进行几次小修和一次大修。

① 电动机小修的项目

a. 清除电动机外壳上的灰尘污物以利于散热；

b. 检查接线盒压线螺钉是否松动或烧伤；

c. 拆下轴承盖检查润滑油，缺了补充，脏了更新；

d. 清扫启动设备，检查触点和接线头，特别是铜铝接头处是否烧伤、电蚀，三相触点是否动作一致，接触良好。

② 电动机大修的项目

a. 将电动机拆开后，先用皮老虎将灰尘吹走，再用干布擦净油污，擦完后再吹一遍。

b. 刮去轴承旧油，将轴承浸入柴油洗刷干净再用干净布擦干，同时洗净轴承盖。检查过的轴承如可以继续使用，则应加新润滑油。对 3000r/min 的电动机，加油至 2/3 为宜；对 1500r/min 的电动机，加油至 2/3 为宜；对 1500r/min 以上的电动机，一般加钙钠基脂高速黄油；对 1000r/min 以下的低速电动机，通常加钙基脂黄油。

c. 检查电动机绕组绝缘是否老化，老化后颜色变成棕色，发现老化要及时处理。

d. 用摇表检查电动机相间及各相对铁芯的绝缘，对低压电动机，用 500V 摇表检查，绝缘电阻小于 $0.5M\Omega$ 时，要烘干后再用。

(2) 电动机的完好标准

① 运行正常

a. 电流在容许范围以内，出力能达到铭牌要求；

b. 定子、转子温升和轴承温度在容许范围以内；

c. 滑环、整流子运行时的火花在正常范围内；

d. 电动机的振动及轴向窜动不大于规定值。

② 构造无损，质量符合要求　电动机内无明显积灰和油污；线圈、铁芯、槽楔无老化、松动、变色等现象。

③ 主体完整清洁，零附件齐全好用

a. 外壳上应有符合规定的铭牌；

b. 启动、保护和测量装置齐全，选型适当，灵活好用；

c. 电缆头不漏油，敷设合乎要求；

d. 外观整洁，轴承漏油，零附件和接地装置齐全。

④ 技术资料齐全准确，应具有：

a. 设备履历卡片；

b. 检修和试验记录。

5.2.2　异步电动机的拆卸

(1) 电动机的拆卸　电动机的结构比较简单，多种电动机的外形如图 5-10 所示。电动机的拆卸步骤为：

图 5-10　电动机的外形图

① 拆卸皮带轮。拆卸皮带轮的方法有两种，一是用两爪或三爪扒子拆卸，二是用锤子和铁棒直接敲击皮带轮拆卸，如图 5-11 所示。

图 5-11　拆卸皮带轮

② 拆卸风叶罩。用改锥或扳手卸下风叶罩的螺钉，取下风叶罩，如图 5-12 所示。

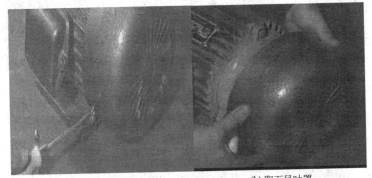

(a) 取下螺钉   (b) 取下风叶罩

图 5-12 拆卸风叶罩

③ 拆卸风扇。用扳手取下风扇螺钉，拆下风扇，如图 5-13 所示。

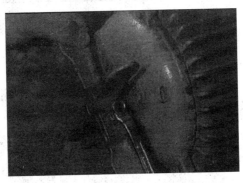

图 5-13 拆卸风扇

④ 拆卸后端盖。取下后端盖的固定螺钉（当前后端盖都有轴承端盖固定螺钉时，应将轴承端盖固定螺钉同时取下），用锤子敲击电动机轴，取下后端盖（也可以将电动机立起，蹾开电动机转子，取下端盖）。如图 5-14 所示。

⑤ 取出转子。当拆掉后端盖后，可以将转子慢慢抽出来（体积较大时，可以用吊制法取出转子），为了防止抽取转子时损坏绕组，应当在转子与绕组之间加垫绝缘纸，如图 5-15 所示。

图 5-14　拆卸后端盖

图 5-15　取出转子

（2）电动机的安装　电动机所有零部件如图 5-16 所示，电动机安装的步骤为：

图 5-16　电动机零部件图

① 安装轴承。将轴承装入转子轴上，给轴承和端盖涂抹润滑油，如图 5-17 所示。

② 安装端盖。将转子立起，装入端盖，用锤子在不同部位敲击端盖，直至轴承进入槽内为止，如图 5-18 所示。

③ 安装轴承端盖螺钉。安装轴承端盖螺钉并紧固，如图 5-19 所示。

图 5-17　安装轴承及涂抹润滑油

图 5-18　安装端盖

图 5-19　装好轴承端盖

④ 装入转子。装好轴承端盖后，将转子插入定子中，并装好端盖螺钉，如图 5-20 所示。在装入转子的过程中，应注意转子不能碰触绕组，以免造成绕组损坏。

图 5-20　装入转子紧固端盖螺钉

⑤ 装入前端盖。

a. 首先用三根硬导线将端部折成 90°弯，插入轴承端盖三个孔中，如图 5-21(a) 所示。

b. 将三根导线插入端盖轴承孔，如图 5-21(b) 所示。

c. 将端盖套入转子轴，如图 5-21(c) 所示。

d. 向外拽三根硬导线，并取出其中一根导线，装入轴承端盖螺钉，如图 5-21(d) 所示。

e. 用锤子敲击前端盖，装入端盖螺钉，如图 5-21(e) 所示。

f. 取出另外两根硬导线，装入轴承端盖螺钉，并装入端盖固定螺钉，将螺钉全部紧固，如图 5-21(f) 所示。

⑥ 安装扇叶及扇罩　首先安装好扇叶，紧固螺钉，并将扇罩装入机身，如图 5-22 所示。

⑦ 用兆欧表检测电动机绝缘电阻。将电动机组装完成后，用万用表检测绕组间的绝缘及绕组与外壳的绝缘，判断是否有短路或漏电现象，如图 5-23 所示。

⑧ 电动机的接线。将电动机绕组接线接入接线柱，并用扳手紧固螺钉，如图 5-24 所示。

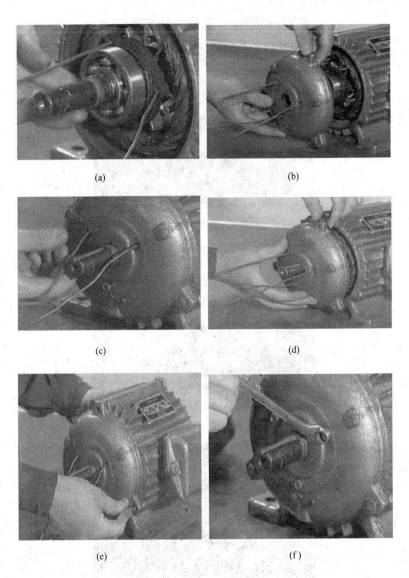

(a)　　　　　　　　　(b)

(c)　　　　　　　　　(d)

(e)　　　　　　　　　(f)

图 5-21　前端盖的安装过程

⑨ 通电试转。接好电源线，接通空气断路器（或普通刀开关），使电动机接通电源，电动机应该正常运转（此时可以应用转

图 5-22　安装扇叶和扇罩

图 5-23　用兆欧表检测电动机绝缘

图 5-24　绕组接线接入接线柱

速表测量电动机的转速，电动机应当在额定转速内旋转），如图 5-25 所示。

图 5-25 接通电源试转

5.2.3 异步电动机的故障及处理

电动机在长期运转过程中，免不了要出现一些故障。当电动机出现故障后，不要盲目地将电动机拆开检查，要根据故障现象分析故障原因，做到小故障及时准确排除。下面介绍几种常见故障现象、发生原因及处理方法。

(1) 电动机的单相运行　三相异步电动机的三相绕组正常运行时，每相绕组两端与电源线相连接，形成各自的回路，每相绕组两端电压、电流基本相等，每相绕组做的功占整个电动机额定功率的1/3。由于某种原因使其中一相绕组断路时，就会造成电动机单相运行故障。

三相电动机的单相运行是电动机运行中危害性较大的一种故障。单相运行时间一长，绕组就会烧毁。当卸开电动机端盖时，可看到定子绕组端部 1/3 或 2/3 绕组烧焦，而其余的绕组完好不变色，证明故障多是因单相运行造成的。

△形接法的电动机单机运行时烧坏一相绕组，如图 5-26(a) 所示，a 处断开造成单相运行。从图上可以看出 a 处不断时，三相绕组的每相绕组承受 380V 电压，每相绕组有基本相等的电流通过，每相绕组做着 1/3 的功。a 处断开以后就变了，B 相承受电压 380V，A、C 两相承受电压 380V 而每相分别承受电压约 190V，原来有三路电流流过，现在变成两路电流流过，一路是从串联的

A、C相绕组流过，另一路从B相绕组流过，B相绕组的阻抗较A、C串联两相绕组的阻抗小，流过B相绕组的电流比过流A、C两相绕组的电流大得多，原来三相绕组输出的功率，发生故障后只靠B相输出，因此B相绕组必然先烧坏，烧坏绕组端部如图5-26(b)所示。Y形接法的电动机单相运行，如图5-27(a)所示，从图上可以看出a处断开后，B相绕组两端没有电压，也没有电流流过，A、C两处承受380V电压，电流从A、C两绕组流过，原来靠三相绕组输出的功率，故障后只靠A、C两相绕组输出，工作时间一长，A、C两相绕组必然烧坏，Y形接线的绕组单相运行时烧坏两相绕组，烧坏的端部如图5-27(b)所示。

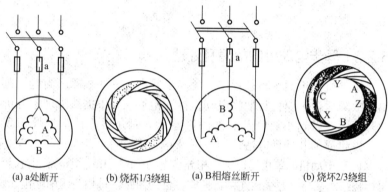

(a) a处断开　　(b) 烧坏1/3绕组　　(a) B相熔丝断开　　(b) 烧坏2/3绕组

图5-26　△形接法绕组单相运行　　图5-27　Y形接法绕组单相运行

　　如果单相运行发生在电动机开始运转之前，合闸后电动机发出强烈的振动和嗡嗡的噪声，皮带轮随电动机一起呈顺逆方向振动，有时空载时电动机能旋转，就是不能带动负载工作，这很容易被发现，而正在带动负载运转的电动机发生单相运行的故障则容易被忽视，因为在这种情况下，电动机能带动负载继续转动，如不及时发现排除故障，就会造成图5-26(b)、图5-27(b)所示烧坏1/3或2/3绕组的现象。

　　电动机出现单相运行的故障后为什么不烧断熔丝呢？因为电动机单相运行时，没断开的两相绕组或一相绕组中的电流增加得并不很多，一般是原正常运行时电流的两倍左右，而作为短路保护的熔丝的额定电流值是电动机额定电流值的2～3倍，所以继续通电的两相熔丝不会烧断。因此电动机发生单相运行时，一般不能指望靠熔丝熔断来切断电源保护电动机。

造成单相运行的原因比较多，如电动机内部定子绕组有一处断线；接线板上的线头松动或脱落，导线断裂，变压器发生故障造成电源有一相没电；以及刀闸开关上有一相熔丝熔断等等。

针对上面列举的原因，为了防止一相熔丝熔断而造成单相运行，可以从几方面进行预防。①经常检查各端接线，看接头是否发热，检查接线板上螺钉是否松动，电源线是否有砸伤的地方，熔丝规格是否一样，熔丝是否有划伤、压伤或接触不良。在电动机运行时注意监视，发现电动机声响与正常运行时显著不同，电动机的振动也比较激烈，就要停电检查，当电动机停止转动后，再通电启动，只有振动声不能转动，证明是单相运行的故障，要检查原因排除故障。②熔丝的额定电流再取得高一些，可以取到大于电动机额定电流值的 2.5～3 倍，以减少一相熔丝烧断的现象。③安装热继电器来保护电动机，防止单相运行的故障发生。

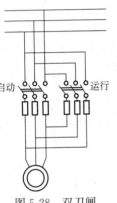

图 5-28　双刀闸
双保险接线图

下面介绍一种防止发生单相运行故障的简单保护装置，如图 5-28 所示，用两个刀闸开关，启动开关的熔丝按电动机额定电流的 1.5～2.5 倍选择，运行开关的熔丝按电动机额定电流选择。电动机启动时，合启动开关；转速稳定后，合运行开关，接着拉开启动开关。这样，在发生单相运行后，电流增大，运行开关的熔丝就会被烧断，使电动机停止运行。应该注意：拉开启动开关后，开关刀片是带电的，所以应该选用 TSW 型刀闸开关（刀片在半圆形胶木罩内）防止触电。

(2) 绕组的断路故障　对电动机断路可用兆欧表、万用表（放在低电阻挡）或校验灯等来校验。对于△形接法的电动机，检查时，需每相分别测试，如图 5-29（a）所示。对于 Y 形接法的电动机，检查时必须先把三相绕组的接头拆开，再每相分别测试，如图 5-29（b）所示。

(a) △形接法电动机的校验　　　(b) Y形接法电动机的校验

图 5-29　用兆欧表或校验灯检查绕组断路

电动机出现断路，要拆开电动机检查，如果只有一把线的端部被烧断几根，如图 5-30 所示，是因该处受潮后绝缘强度降低或因碰破导线绝缘层造成短路故障引起的，再检查整个绕组，整个绕组绝缘良好，没发生过热现象，可把这几根断头接起来继续使用，如果因电动机过热造成整个绕组变色，但也有一处烧断，就不能连接起来再用，要更换新绕组。下面介绍线把端部一处烧断的多根线头接在一起的连接方法。首先将线把端部烧断的所有线头用划线板慢慢地撬起来，将这把线的两个头抽出来，如图 5-31 所示，数数烧断处有 6 根线头，再加这把线的两个头，共有 8 个线头，这说明这把线经烧断后已经变成匝数不等的 4 组线圈（每两个头为一个线圈）。然后借助万用表分别找出每组线圈的两个头，在不改变原线把电流方向的条件下，将这 4 组线圈再串接起来，这要细心测量，测出一组线圈后，将这组线圈的两个头标上数字，每个线圈左边的头，用单数表示，右侧的头用双数表示，线把左边长头用 1 表示，线把右边的长头用 8 表示，测量与头 1 相通右边的头用 2 表示，任意将一个线圈左边的头命为 3，其右边的头命为 4，将一个线圈左边的命为 5，其右边的头定为 6，每个头用数字标好，剩下与 8 相通的最后一组线圈，左边头命为 7。4 组线圈共有 8 个头，1 和 2 是一组线圈，3 和 4 是一组线圈，5 和 6 是一组线圈，7 和 8 是一组线圈，实际中可将这 8 个线头分别穿上白布条标上数字，不能写错，在接线前要再测量一次，确定无误后才能接线，接线时如图 5-32 所示，线头不够长时在一边的每个头上接上一段导线，套上套管，接线方法按 2 和 3，4 和 5，6 和 7 的顺序接线，详细接线方法如下：第 1 步将 2 头和 3 头接好套上套管，用万能表测 1 头和 4 头这两个线头，表指摆向零欧为接对了，表针不动证明接错了，查找原因直到接对为止，如

图 5-33 所示；第二步将 4 头和 5 头相连接，接好后，用万用表测量 1
头和 6 头，表针向零欧方向摆动为接对，表针不动为接错，如图 5-34
（a）所示；第三步是 6 头和 7 头相连接，接好后万用表测 1 头和 8 头，
表针向零欧方向摆动为这把线接对，如图 5-34(b) 所示；最后将 1 头
和 8 头分别接在原位置上，接线完毕，上绝缘漆捆好接头，烤干即可。

此处多根
线烧断

图 5-30　端部一把线烧断多根

撬开断头找出该
把线两根线头

图 5-31　将断头撬起来

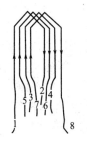

图 5-32　将断头撬起来标上数字

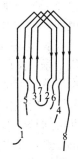

图 5-33　2 头和 3 头相连接

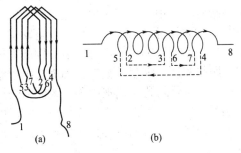

(a)　　　　　　　　(b)

图 5-34　4 和 5、6 和 7 头相连接

接线时注意，左边的线头必须跟右边的线头相连接，如果左边的线头与左边的线头或右边的线头与右边的线头相连接，会造成流进流出该线把的电流方向相反，不能使用，如果一组线圈的头尾连接在一起，接成一个短路线圈，通电试车将烧坏这个短路线圈，造成整把线因过热烧坏，所以查找线头，为线头命名和接线时要细心操作，做到一次接好。

(3) 绕组的短路故障　短路故障是由于电动机定子绕组局部损坏而造成的，短路故障可分为定子绕组接地（对机壳）短路、定子绕组相间短路及匝间短路三种。

① 对地短路　某相绕组发生对地短路后，该相绕组对机座的绝缘电阻数值为零，当电动机机座既没有接触潮湿的地面，也没有接地线时，不影响电动机的正常运行，当有人触及电动机外壳或与电动机外壳连接的金属部件时，人就会触电，这种故障是危险的。当电动机机座上接有地线时，一旦发生某相定子绕组对地短路，人虽不能触电但与该相有关的熔丝烧断，电动机不能工作，所以说电动机绕组发现对地短路不排除故障不能使用。

电动机定子绕组的对地短路多发生在定子铁芯槽口处，由于电动机运转中发热、振动或者受潮等，绕组的绝缘劣化，当经受不住绕组与机座之间的电压时，绝缘材料被击穿，发生短路，另外也可能由于电动机的转子在转动时与定子铁芯相摩擦（称作扫膛），造成摩擦部位过热，使槽内绝缘炭化而造成短路。一台新组装的电动机在试车发现短路可能是定子绕组绝缘在安装中被破坏，如果拆开电动机，抽出转子，用仪表测绕组与外壳电阻，原来绕组接地，拆开电动机后又不接地了，说明短路是由端盖或转子内风扇与绕组短路造成的，进行局部整形可排除故障；如拆开电动机后短路依然存在，则应把接线板上的铜片拆掉，用万用表分别测每相绕组对地绝缘电阻，测出短路故障所在那相绕组，仔细查找出短路的部位，如果线把已严重损坏，绝缘炭化，线把中导线大面积烧坏就应更换绕组，如果只有小范围的绝缘线损坏或造成短路故障，可用绝缘纸把损坏部位垫起来，使绕组与铁芯不再直接接触，最后再灌上一些绝缘漆烤干即可。

② 相间短路　这种故障多发生在绕组的端部，相间短路发生

后，两相绕组之间的绝缘电阻等于零，若在电动机运行中发生相间短路，可能造成两相熔丝同时熔断，也可能把短路端导线烧断。

相间短路的发生原因，除了对地短路中讲到过的原因外，另外的原因是定子绕组端部的相间绝缘纸没有垫好，拆开电动机观察相间绝缘（绕组两端部极相与极相之间垫有绝缘纸或绝缘布，这就叫做相间绝缘）是否垫好，这层绝缘纸两边的线把的边分别属于不同两相绕组，它们之间的电压比较高，可达到380V，如果相间绝缘没有垫好或用的绝缘材料不好（有的用牛皮纸），电动机运行一段时间后，因绕组受潮或碰破等原因就容易击穿绝缘，造成相间短路。

经检查整个绕组没有变色，绝缘漆没有老化，只有一个部位发生相间短路，烧断的线头又不多，可按前面所述接起来，中间垫好相间绝缘纸，多浇些绝缘漆烤干后仍可使用。但如果绕组均已老化，又有多处相间短路，就得重新更换绕组。

③ 匝间短路　匝间短路是同把线内几根导线绝缘层破坏相连接在一起，形成短路故障。

匝间短路的故障多发生在下线时不注意，碰破两导线绝缘层，使相邻导线失去绝缘作用而短路。在绕组两端部造成匝间短路故障的原因多发生在安装电动机时碰坏导线绝缘层，使相邻导线短路。长时间工作在潮湿环境中的电动机因导线绝缘强度降低，电动机工作中过热等也会造成匝间短路。

出现匝间短路故障后，电动机运转时没劲，发出振动和噪声，匝间短路的一相电流增加，电动机内部冒烟，烧一相熔丝，发现这种故障应断电停机拆开检修。

(4) 电动机机械部分的故障

① 定子铁芯与转子相摩擦　电动机定子与转子之间的间隙很小，为了保证各处气隙均匀，定子与转子不致相摩擦，在电动机的加工过程中，要保证机座止口（即机座两端的加工面）与定子铁芯的圆盖止口（端盖与机座接触的加工面），以及轴承内置轴转颈、转子外圆之间的同心度。在电动机运输或修理过程中如有止口损坏，轴承磨损，转轴弯曲，定子铁芯松动，端盖上的固定螺钉短缺，都可能发生转子与铁芯相摩擦（简称扫膛）的故障。

检查转子是否扫膛的方法：用螺丝刀刀头顶住电动机机座，把木柄贴在耳朵上，能清楚地听到是否扫膛，不扫膛的声音是"嗡嗡"的响声，没有异常杂音；如转子扫膛则发出"嚓嚓"的杂音，相擦部位发热严重，有时能闻到绝缘漆被烧焦的气味，这种故障与绕组短路的区别主要在于声音的不同，扫膛时没有短路发生的那种电磁噪声，只是机械的摩擦声，有时还有这种情况，当电动机没有通电时，用手转动电动机转子，运转自如丝毫没有相擦的声音，当电动机通电转动时就发出扫膛故障，这种故障是由于轴承磨损严重。

扫膛故障会使电动机温度显著升高，首先烧坏摩擦处绕组，更严重的扫膛会造成定子铁芯局部变形。

发生扫膛时，检查电动机接触件各处止口是否损坏，端盖上的固定爪是否缺少，发现缺少应补焊上，检查固定端螺钉的力量是否均衡，螺钉拧得不均，应转圈拧紧。

② 轴承的故障　电动机运转时，发出"咯噔咯噔"的声音，多是轴承损坏，轴承损坏发生扫膛故障这是比较好判断的，若确是轴承损坏可拆下轴承更换。有时电动机不扫膛分析轴承没有坏，但转动时后轴承发热严重并能听到轴承内发出"嘘嘘"的声音，这种现象多是轴承内润滑油干涸、轴承内有杂物等原因造成的，这就要把电动机拆开清洗轴承内杂物，更换新润滑油。

有时轴承过热是因为电动机与生产机械连接不合适造成的，比如联轴器安装得不正，传动皮带太紧等，这就要细心调试生产机械与电动机的连接部位，生产机械要调成与电动机同心，传动皮带太紧要调松皮带。

还有的新电动机或刚刚修复的电动机，轴承没有毛病，也没与生产机械连接，试车时转动不轻快，轴承附近明显发热，产生这种故障的原因是电动机轴承盖安装得不合适，要检查固定轴承的三个螺钉松紧是否拧得合适，排除故障。

③ 轴的故障　电动机的轴弯曲，工作时会造成扫膛，运行时会出现振动激烈、皮带轮摆头等现象。

电动机轴弯曲故障多是安装或拆卸皮带轮、联轴器、轴承时猛烈敲击而造成的，确定是这种故障后，要把转子交到修理部门进行修复。

有的电动机的轴颈（即套轴承的部分）磨损后，轴承内套在轴上活动，如果两轴肩（即与轴承的内侧面紧靠轴上的台阶）之间距离又不合适，电动机转子就会沿轴的方向来回窜动，窜动量小于几毫米时，不会对电动机正常工作有多大影响，但如果窜动频繁、激烈，轴承内套与轴的间隙就会磨大，造成扫膛的故障。解决这种故障的方法：在轴颈上用冲子尖均匀地打一些凹点，由于每一个凹点的四周有一些凸起，再安上轴承时，轴承就不活动了，不过有的电动机的轴颈经过几次冲凹点，还是安不牢轴承，这就得用焊条作添加材料在轴颈上添焊，用车床加工后安牢轴承，可以彻底排除此故障。

（5）**过载**　过载的原因很多，常见的原因如下。

① **端电压太低**　指的是电动机在启动或满负载运行时，在电动机引线端测得的电压值，而不是线路空载电压。电动机负载一定时，若电压降低，电流必定增加，使电动机温度升高。严重的情况是电压过低（例如300V以下），电动机因时间长过热会烧坏绕组。造成电压低的原因，有的是高压电源本身较低，可请供电部门调节变压器分接开关；有的是接到电动机上的架空线距离远，导线截面积小，负载重（带电动机太多），致使线路压降太大，这种情况应适当增加线路导线的截面积。

② **接法不符合要求**　原规定Y形接法，修理错接成△形接法，原来的两相绕组承受电压380V，错接后一组绕组承受了380V电压，空载电流就会大于额定电流，很快会烧坏电动机绕组。

原规定△形接法的电动机，错接成Y形接法。原来一相绕组承受电压380V，错接后一组绕组承受了电压380V、两相绕组承受电压380V，每相绕组只承受190V电压，功率下降，在此低于额定电压很多的情况仍带原负载工作，输入电流就要超过允许的额定电流值，电动机也将过热造成绕组烧坏。

③ **机械方面的原因**　机械故障种类很多，故障复杂，常见的有轴承损坏；套筒轴承断油咬死；高扬程水泵用了低扬程。使压水量增加，负荷加重，均使电动机过载。同样，离心风泵在没有风压的情况下使用，也会使电动机过载。某些机械的功率与速度成平方或立方的关系，如风扇转速增加一倍，功率必须增加三倍才行，因此，不适当地使用配套机械，也会造成电动机过载。

④ 选型不当，启动时间长　有许多机械有很大的飞轮惯性，如冲剪机、离心甩水机、球磨机等。启动时阻力矩大，启动时间长，极易烧坏电动机。这些机构应选用启动电流小、启动转矩大的双笼式或深槽式电动机，电动机配套不能只考虑满载电流，还要考虑启动时的情况。启动时间长是造成过载故障的原因之一，热态下不准连续启动，如需经常启动，电动机发热解决不了，应改用适当型号的电动机，例如绕线转子异步电动机，起重冶金用异步电动机。

(6) 三相异步电动机常见故障一览表　三相异步电动机常见故障及处理办法见表 5-8。

表 5-8　三相异步电动机常见故障及处理办法

故　障	产　生　原　因	处　理　办　法
电动机不能启动或带负载运行时转速低于额定值	①熔丝烧断；开关有一相在分开状态，或电源电压过低 ②定子绕组中或外部电路中有一相断线 ③绕线式异步电动机转子绕组及其外部电路（滑环、电刷、线路及变阻器等）有断路、接触不良或焊接点脱焊等现象 ④笼式电动机转子断条或脱焊，电动机能空载启动，但不能加负载启动运转 ⑤将△形接线接成 Y 形接线，电动机能空载启动，但不能满载启动 ⑥电动机的负载过大或传动机构被卡住 ⑦过流继电器整定值调得太小	①检查电源电压和开关、熔丝的工作情况，排除故障 ②检查定子绕组有无断线，再检查电源电压 ③用兆欧表检查转子绕组及其外部电路中有无断路；检查各连接点是否接触紧密可靠，电刷的压力及与滑环的接触面是否良好 ④将电动机接到电压较低（为额定电压的 15%～30%）的三相交流电源上，同时测量定子的电流。如果转子绕组有断裂或脱焊，随着转子位置不同，定子电流也会产生变化 ⑤按正确接法改正接线 ⑥选择较大容量的电动机或减少负载；如传动机构被卡住，应排除故障 ⑦适当提高整定值
电动机三相电流不平衡	①三相电源电压不平衡 ②定子绕组中有部分线圈短路 ③重换定子绕组后，部分线圈匝数有错误 ④重换定子绕组后，部分线圈之间有接线错误	①用电压表测量电源电压 ②用电流表测量三相电流或拆开电动机用手检查过热线圈 ③用双臂电桥测量各相绕组的直流电阻，如阻值相差过大，说明线圈有接线错误，应按正确方法改接 ④按正确的接线法改正接线错误

续表

故　障	产　生　原　因	处　理　办　法
电动机温升过高或冒烟	①电动机过载 ②电源电压过高或过低 ③定子铁芯部分硅钢片之间绝缘不良或有毛刺 ④转子运转时和定子相擦，致使定子局部过热 ⑤电动机的通风不好 ⑥环境温度过高 ⑦定子绕组有短路或接地故障 ⑧重换线圈的电动机，由于接线错误或绕制线圈时有匝数错误 ⑨单相运转 ⑩电动机受潮或浸漆后未烘干 ⑪接点接触不良或脱焊	①降低负载或更换容量较大的电动机 ②调整电源电压 ③拆开电动机检修定子铁芯 ④检查转子铁芯是否变形，轴是否弯曲，端盖的止口是否松，轴承是否磨损 ⑤检查风扇是否脱落，旋转方向是否正确，通风孔道是否堵塞 ⑥换绝缘等级较高的B级、F级电动机或采取降温措施 ⑦用电桥测量各相线圈或各元件的直流电阻，用兆欧表测量线圈对机壳的绝缘电阻，局部或全部更换线圈 ⑧按正确图纸检查和改正 ⑨检查电源和绕组，排除故障 ⑩彻底烘干 ⑪仔细检查各焊点，将脱焊点重焊
电刷冒火，滑环过热或烧坏	①电刷的牌号或尺寸不符合要求 ②电刷压力不足或过大 ③电刷与滑环接触面不够 ④滑环表面不平、不圆或不清洁 ⑤电刷在刷握内轧住	①按电机制造厂的规定更换电刷 ②调整电刷压力 ③仔细研磨电刷 ④修理滑环 ⑤磨小电刷
电动机有不正常的振动和响声	①电动机的地基不平，电动机安装得不符合要求 ②滑动轴承的电动机轴颈与轴承的间隙过小或过大 ③滚动轴承在轴上装配不良或轴承损坏 ④电动机转子或轴上所附有的皮带轮、飞轮、齿轮等不平衡 ⑤转子铁芯变形或轴弯曲 ⑥电动机单相运转，有嗡嗡声 ⑦转子风叶碰壳 ⑧轴承严重缺油	①检查地基及电动机安装情况，并加以纠正 ②检查滑动轴承的情况 ③检查轴承的装配情况或更换轴承 ④做静平衡或动平衡试验 ⑤将转子在车床上用千分表找正 ⑥检查熔丝及开关接触点，排除故障 ⑦校正风叶，旋紧螺钉 ⑧清洗轴承加新油，注意润滑脂的量不宜超过轴承室容积的70%

续表

故　障	产　生　原　因	处　理　办　法
轴承过热	①轴承损坏 ②轴承与轴配合过松或过紧 ③轴承与端盖配合过松或过紧 ④滑动轴承油环磨损或转动缓慢 ⑤润滑油过多、过少或油太脏,混有铁屑沙尘 ⑥皮带过紧或联轴器装得不好 ⑦电动机两侧端盖或轴承盖未装平	①更换轴承 ②过松时在转轴上镶套,过紧时重新加工到标准尺寸 ③过松时在端盖上镶套,过紧时重新加工到标准尺寸 ④查明磨损处,修好或更换油环。油质太稠时,应换较稀的润滑油 ⑤加油或换油,润滑脂的容量不宜超过轴承室容积的70% ⑥调整皮带张力,校正联轴器传动装置 ⑦将端盖或轴承盖止口装平,旋紧螺钉

　　当电动机发生故障时，应仔细观察所发生的现象，并迅速断开电源，然后根据故障情况分析原因，并找出处理办法。

第6章
变压器的维修

6.1 变压器的作用、种类和工作原理

6.1.1 变压器的用途和种类

（1）**变压器的用途**　变压器是一种能将某一种电压、电流、相数的交流电能转变成另一种电压、电流、相数的交流电能的电器。

在生产和生活中，经常会用到各种高低不同的电压，如工厂中常用的三相异步电动机，它的额定电压是 380V 或 220V；照明电路中需用 220V 的电压；机床照明、行灯等只需要 36V、24V 甚至更低的电压；在高压输电系统中需用 110kV、220kV 以上的电压输电。如果用很多电压不同的发电机来供给这些负载，不但不经济、不方便，事实上也不可能办到。为了输配电和用电的需要，就要使用变压器把同一交流电压变换成频率相同的不同等级的电压，以满足不同的使用要求。

变压器不仅用于改变电压，还可以用来改变电流（如变流器、大电流发生器等）、改变相位（如改变线圈的连接方法来改变变压器的极性或组别）、变换阻抗（电子线路中的输入、输出变压器）等等。

总之，变压器的作用很广，它是输配电系统、用电、电工测量、电子技术等方面不可缺少的电气设备。

(2) **变压器的种类**　变压器的种类很多，按相数可分为单相、三相和多相变压器（如 ZSJK、ZSGK、六相整流变压器），按结构形式可分为芯式和壳式，按用途可分为如下几类：

① 电力变压器——这是一种在输配电系统中使用的变压器，它的容量可由十到几十万千伏安，电压由几百到几十万伏。

② 特殊电源变压器——如电焊变压器。

③ 量测变压器——如各种电流互感器和电压互感器。

④ 各种控制变压器。

6.1.2　变压器的工作原理

变压器的基本工作原理是电磁感应原理。图 6-1 所示为一个最简单的单相变压器，其基本结构是在闭合的铁芯上绕有两个匝数不等的绕组（又称线圈），在绕组之间、铁芯和绕组之间均相互绝缘，铁芯由硅钢片叠成。

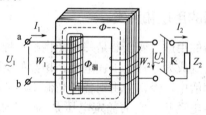

图 6-1　单相变压器的工作原理

现将匝数 W_1 的绕组与电源相连，称该绕组为原绕组或初级绕组；匝数为 W_2 的绕组通过开关 K 与负载相连，称为副绕组或次级绕组。把交流电压 U_1 加到原绕组 W_1 上后，交流电流 I_1 流入该绕组产生励磁作用，在铁芯中产生的交变磁通 Φ 不仅穿过原绕组，同时也穿过副绕组，它分别在两个绕组中引起感应电动势。这时如果开关 K 合上，W_2 与外电路的负载相连通，便有电流 I_2 流出，负载端电压即为 U_2，于是输出电能。

根据电磁感应定律可得出：

原绕组感应电动势

$$E_1 = 4.44 f W_1 \Phi_M$$

副绕组感应电动势

$$E_2 = 4.44 f W_2 \Phi_M$$

式中　Φ_M——交变主磁通的最大值。

原绕组的感应电动势 E_1 就是自感电动势。如略去原绕组的阻抗压降不计，则电源电压与自感电动势的数值相等，即 $U_1 = E_1$，但方向相反。

副绕线的感应电动势 E_2 是由于原绕组中电流的变化而产生的，称为互感电动势，这种现象称为互感。

由于 E_2 的存在，副绕组成为了一个频率仍为 f 的新的交变电源。在空载（图 6-1 中的开关 K 被打开的情况）下，副绕组的端电压 $U_2 = E_2$。两绕组的电压比为：

$$\frac{U_1}{U_2} \approx \frac{E_1}{E_2} = \frac{W_1}{W_2} = K_U$$

式中，$W_1 > W_2$ 时，$K_U > 1$，此时 $U_1 > U_2$，即变压器的出线电压低，这种变压器叫降压变压器。当 $W_1 < W_2$ 时，$K_U < 1$，此时，$U_1 < U_2$，即变压器的出线电压比进线电压高，这种变压器叫升压变压器。

将图 6-1 中的开关 K 合上，此时在电压 U_2 作用下次级流过电流 I_2，这样通过实验又得出

$$\frac{I_1}{I_2} = \frac{W_2}{W_1} = \frac{1}{K_U} = K_I$$

式中　K_I——变压器的变流比。

以上这些式子是变压器计算的关系式。总之，一台变压器如果工作电压设计得越高，绕组匝数就绕得越多，通过绕组内的电流却越小，导线截面积可选用得越小。反之，工作电压设计得越低，绕组匝数就越少，通过绕组的电流则越大，导线截面积就要选得越大。

通常可以根据变压器截面的粗细来判断出哪个是高压绕组（导线截面细），哪个是低压绕组（导线截面粗）。

6.2　电力变压器的主要结构及铭牌

6.2.1　电力变压器的结构

输配电系统中使用的变压器称为电力变压器，主要由铁芯、绕

组、油箱（外壳）、变压器油、套管以及其他附件所构成，如图 6-2 所示。

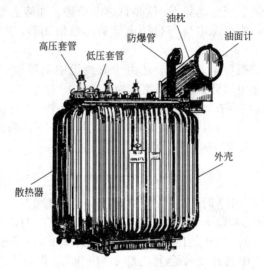

图 6-2　电力变压器外形

（1）变压器的铁芯　电力变压器的铁芯不仅构成变压器的磁路作导磁用，而且又作为变压器的机械骨架。铁芯由芯柱和铁轭两部分组成，芯柱用来套装绕组，而铁轭则连接芯柱形成闭合磁路。

按铁芯结构，变压器可分为芯式和壳式两类。芯式变压器中铁芯的芯柱被绕组所包围（如图 6-3 所示）；壳式变压器中铁芯包围着绕组顶面和底面以及侧面（如图 6-4 所示）。

芯式结构用铁量少，构造简单，绕组安装及绝缘容易，电力变压器多采用此种结构。壳式结构机械强度高，用铜（铝）量（即电磁线用量）少，散热容易，但制造复杂，用铁量（即硅钢片用量）大，常用于小型变压器和低压大电流变压器（如电焊机、电炉变压器）中。

为了减少铁芯中的磁滞损耗和涡流损耗，提高变压器的效率，铁芯材料多采用高硅钢片，如 0.35mm 的热轧硅钢片或冷轧硅钢片。为加强片间绝缘，避免片间短路，每张叠片两个面四个边都涂覆 0.01mm 左右厚的绝缘漆膜。

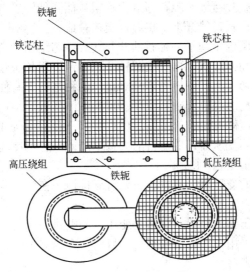

图 6-3 单相芯式变压器

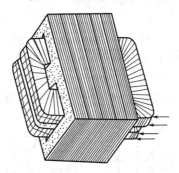

(a) 变压器外形

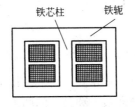

(b) 结构

图 6-4 单相壳式变压器

为减少叠片接缝间隙，即减少磁阻从而降低励磁电流，铁芯装配采用叠接形式，错开上下接缝，交错叠成。

后来，国内出现了一种新的渐开线式铁芯结构，它是先将每张硅钢片卷成渐开线状，再叠成圆柱芯柱。铁轭用长条卷料冷轧硅钢片卷成三角形，上、下轭与芯柱对接。这种结构上有使绕组内圆空间得到充分利用、轭部磁通减少、器身高度降低、结构紧凑、体小量轻、制造检修方便、效率高等优点。如一台容量为 10000kV·A 的渐开线铁芯变压器，要比目前大量生产的同容量冷轧硅钢片铝线变压器的总重量轻 14.7%。

装配好的变压器，其铁芯还要可靠接地（在变压器结构上是首先接至油箱）。

(2) 变压器的绕组　绕组是变压器的电路部分，由电磁线绕制而成，通常采用纸包扁线或圆线。目前，变压器生产中铝线变压器所占比重愈来愈大。

变压器绕组结构有同芯式和交叠式两种，如图 6-5 所示。大多数电力变压器（1800kV·A 以下）都采用同芯式绕组，即它的高低压绕组，套装在同一铁芯芯柱上，为便于绝缘起见，一般低压绕组放在里面（靠近芯柱），高压绕组套在它的外面（离开芯柱），如图 6-5(a) 所示。但容量较大而电流也很大的变压器，由于低压绕组引出线工艺上的困难，也有将低压绕组放在外面的。

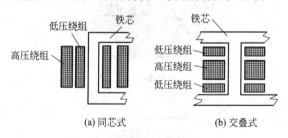

(a) 同芯式　　　　(b) 交叠式

图 6-5　变压器绕组的结构形式

交叠式绕组的线圈做成饼式，高低压绕组彼此交叠放置，为便于绝缘，通常靠铁轭处即最上和最下的两组绕组都是低压绕组。交叠式绕组的主要优点是漏抗小、机械强度好、引线方便，主要用于低压大电流的电焊变压器、电炉变压器和壳式变压器中，如大于

400kV·A 的电炉变压器绕组就是采用这样的布置。

同芯式绕组的结构简单，制造方便，按绕组绕制方式的不同又分为圆筒式、螺旋式、分段式和连续式四种，不同的结构具有不同的电气、机械及热特性。

图 6-6 所示为圆筒式绕组，其中图 6-6(a) 的线匝沿高度（轴向）绕制，如螺旋状，其制造工艺简单，但机械强度且承受短路能力都较差，所以多用在电压低于 500V，容量为 10～750kV·A 的变压器中。图 6-6(b) 所示为多层圆筒绕组，可用在容量为 10～560kV·A、电压为 10kV 以下的变压器中。

(a) 扁线绕的双层筒形线圈 (b) 圆线绕的多层筒形线圈

图 6-6 变压器绕组

绕组引出的出头标志，规定采用表 6-1 所示的符号。

表 6-1 绕组引出的出头标志

绕组	单相变压器		三相变压器		
	起头	末头	起头	末头	中性点
高压绕组	A	X	A、B、C	X、Y、Z	O
中压绕组	A_m	X_m	A_m、B_m、C_m	X_m、Y_m、Z_m	O_m
低压绕组	a	x	a、b、c	x、y、z	O

(3) 油箱及变压器油 变压器油在变压器中不但起绝缘作用，而且还有散热、灭弧作用。变压器油按凝固点不同可分为 10 号油、25 号油和 45 号油（代号分别为 DB-10、DB-25、DB-45）等，10号油表示在零下 10℃ 开始凝固，45 号油表示在零下 45℃ 开始凝固。各地常用 25 号油。新油呈淡黄色，投入运行后呈淡红色。这些油不能随便混合使用。变压器在运行中对绝缘油要求很高，每隔

六个月要采样分析试验其酸价、闪光点、水分等是否符合标准（见表6-2）。变压器油绝缘耐压强度很高，但混入杂质后将迅速降低，因而必须保持纯净，并应尽量避免与外界空气，尤其是水汽或酸性气体接触。

表6-2 变压器油的试验项目和标准

序号	试验项目	试验标准	
		新油	运行中的油
1	5℃时的外状	透明	—
2	50℃时的黏度	不大于1.8恩格勒	—
3	闪光点	不低于135℃	与新油比较不应低于5℃以上
4	凝固点	用于室外变电所的开关(包括变压器带负载调压接头开关)的绝缘油,其凝固点不应高于下列标准:①气温不低于10℃的地区,-25℃;②气温不低于-20℃的地区,-35℃;③气温低于-20℃的地区,-45℃。凝固点为-25℃的变压器油用在变压器内时,可不受地区气温的限制。在月平均最低气温不低于-10℃的地区,当没有凝固点为-25℃的绝缘油时,允许使用凝固点为-10℃的油	—
5	机械混合物	无	无
6	游离碳	无	无
7	灰分	不大于0.005%	不大于0.01%
8	活性硫	无	无
9	酸价	不大于0.05mg KOH/g油	不大于0.4mg KOH/g油
10	钠试验	不应大于2级	—
11	氧化后酸价	不大于0.35mg KOH/g油	—
12	氧化后沉淀物	不大于0.1%	—
13	绝缘强度试验:①用于6kV以下的电气设备;②用于6～35kV的电气设备;③用于35kV及以上的电气设备	①25kV ②30kV ③40kV	20kV 25kV 35kV

续表

序号	试验项目	试验标准	
		新油	运行中的油
14	酸碱反应	无	无
15	水分	无	无
16	介质损耗角正切值 （有条件时试验）	20℃时不大于1% 70℃时不大于4%	20℃时不大于2% 70℃时不大于70%

油箱（外壳）是装变压器铁芯线圈和变压器油的。为了加强冷却效果，往往在其两侧或四周装有很多散热管，以加大散热面积。

(4) 套管及变压器的其他附件　变压器外壳与铁芯是接地的，为了使带电的高、低压线圈能从中引出，常用套管绝缘并固定导线。采用的套管根据电压等级决定，配电变压器上都采用纯瓷套管；35kV及以上电压采用充油套管或电容套管以加强绝缘。高、低压侧的套管是不一样的，高压套管高而大，低压套管低而小，一般可由套管来区分变压器的高、低压侧。

变压器的附件还包括：

① 油枕：形如水平旋转的圆筒，如图6-2所示，其作用是减小变压器油与空气接触面积。容积一般为总油量的10%～13%，其中保持有一半油、一半气，使油在受热膨胀时得以缓冲。侧面装有借以观察油面高度的玻璃油表。为了防止潮气进入油枕，并能定期采取油样以供试验，在油枕及油箱上分别装有呼吸器、干燥箱和放油阀门、加油阀门、塞头等。

② 安全气道：又称防爆管。800kV·A以上变压器箱盖上设有ϕ80mm圆筒管弯成的安全气道，气道另一端用玻璃密封做成防爆膜，一旦变压器内部线圈短路时，防爆膜首先破碎泄压以防油箱爆炸。

③ 气体继电器：又称瓦斯继电器或浮子继电器。800kV·A以上变压器在油箱盖和油枕连接管中，装有气体继电器。气体继电器有三种保护作用：当变压器内故障所产生的气体达到一定程度时，接通电路报警；当由于严重漏油而油面急剧下降时，迅速切断电路；当变压器内突然发生故障而导致油流向油枕方向冲击时，切断电路。

④ 分接开关：为调整二次电压，常在每相高压线圈末段的相应的位置上留有三个（有的是五个）抽头，并将这些抽头接到一个开关上，这个开关就称作"分接开关"，它的原理接线如图 6-7 所示。利用分接头开关能调整的电压范围是额定电压的±5%以内。调节应在停电后才能进行，否则有发生人身和设备事故的危险。

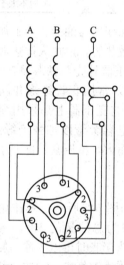

图 6-7 变压器分接开关

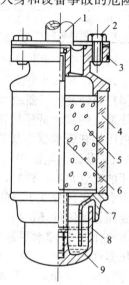

图 6-8 呼吸器的构造
1—连接管；2—螺钉；3—法兰盘；
4—玻璃管；5—硅胶；6—螺杆；
7—底座；8—底罩；9—变压器油

任何一台变压器都应装有分接头开关，因为当外加电压超过变压器绕组额定电压的 10%时，变压器磁通密度将大大增加，使铁芯饱和而发热，增加铁损，因而不能保证安全运行，所以变压器应根据电压系统的变化来调节分接头以保证电压不致过高而烧坏用户的电动机、电器；电压过低则引起电动机过热或其他电器不能正常工作等情况。

⑤ 呼吸器：呼吸器的构造如图 6-8 所示。

呼吸器的构造如图 6-8 所示，在呼吸器内装有变色硅胶，油枕内的绝缘油通过，呼吸器与大气连通，内部干燥剂可以吸收空气中的水分和杂质，以保持变压器内绝缘油的良好绝缘性能。呼吸器内的硅胶在干燥情况下呈浅蓝色，当吸潮达到饱和状态时，渐渐变为淡红色，这时，应将硅胶取出在140℃高温下烘焙8h，即可以恢复原特性。

6.2.2 电力变压器的型号与铭牌

(1) **电力变压器的型号** 电力变压器的型号由两部分组成：拼音符号部分表示其类型和特点；数字部分斜线左方表示额定容量，单位为千伏安，斜线右方表示原边电压，单位为千伏。如 SFPSL-31500/220，表示三相强迫油循环三线圈铝线 31500kV·A、220kV 电力变压器。又如 SL-800/10（旧型号为 SJL-800/10）表示三相油浸自冷式双线圈铝线 800kV·A、10kV·A 电力变压器。型号中所用拼音代表符号含义见表6-3。

表6-3 电力变压器型号中代表符号含义

项目	类别	代表符号	
		新型号	旧型号
相数	单相 三相	D S	D S
线圈外冷 却介质	矿物油 不燃性油 气体 空气 成形固体	不标注 B Q K C	J 未规定 未规定 G 未规定
箱壳外冷 却方式	空气自冷 风冷 水冷 油浸自冷	不标注 F W 	不标注 F S
循环 方式	油自然循环 强迫油循环 强迫油导向循环 导体内冷	不标注 P D N	不标注 P 不标注 N
线圈数	双圈 三圈 自耦(双圈及三圈)	不标注 S O	不标注 S O

续表

项目	类别	代表符号	
		新型号	旧型号
调压 方式	无励磁调压	不标注	不标注
	有载调压	Z	Z
导线材质	铝线	不标注	L

注：为最终实现用铝线生产变压器，新标准中规定铝线变压器型号中不再标注"L"字样。但在由用铜线过渡到用铝线的过程中，事实上，生产厂在铭牌所示型号中仍沿用以"L"代表铝线，以示与铜线区别。

(2) 电力变压器的铭牌 电力变压器的铭牌见图 6-9。下面对铭牌所列各数据的意义作简单介绍：

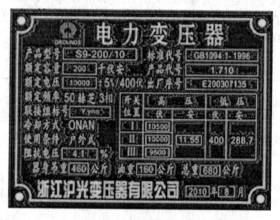

图 6-9 变压器的铭牌

① 型号：S9-200/10 变压器型号含义：S 表示三相变压器；9表示性能水平代号；200/10 表示额定容量，kV·A/额定电压，kV。

此变压器使用在户外，故附有防雷装置。

② 额定容量：表示变压器可能传递的最大功率，用视在功率表示，单位为 kV·A。

三相变压器额定容量＝$\sqrt{3}$×额定电压×额定电流

单相变压器额定容量＝额定电压×额定电流

③ 额定电压：原绕组的额定电压是指加在原绕组上的正常工

作电压值。它是根据变压器的绝缘强度和允许发热条件规定的。副绕组的额定电压是指变压器在空载时，原绕组加上额定电压后副绕组两端的电压值。

在三相变压器中，额定电压是指线电压。单位为 V 或 kV。

④ 额定电流：变压器线圈允许长时间连续通过的工作电流。单位为 A。在三相变压器中系指线电流。

⑤ 阻抗电压（或百分阻抗）：通常以％表示，它表示变压器内部阻抗压降占额定电压的百分数。

6.3 变压器的保护装置

6.3.1 变压器的熔断丝保护

(1) 容量 100kV·A 及以下的三相变压器，熔断器型号的选择

① 室外变压器选用 RW3-10 或 RW4-10 型熔断器。

② 室内变压器选用 RN10-10 型熔断器。

容量 100kV·A 及以下的三相变压器的熔丝或熔管，按照变压器额定电流的 2～3 倍选择，但不能小于 10A。

(2) 容量 100kV·A 以上的三相变压器，熔断器型号的选择

与 100kV·A 及以下的三相变压器相同。熔丝的额定电流，按照变压器额定电流的 1.5～2 倍选择。变压器二次侧熔丝的额定电流可根据变压器的额定电流选择。

6.3.2 变压器的继电保护

额定电压为 10kV、容量 560kV·A 以上或装于变、配电所的容量 20kV·A 以上时，由于使用高压断路器操作，故而应配置相适应的过流和速断保护。

(1) 变压器的瓦斯保护 对于容量较大的变压器，应采用瓦斯保护作为主要保护，一般规定变、配电所中，容量 800kV·A 及以上的车间变电站，其变压器容量为 400kV·A 及以上应安装瓦斯保护。

变压器的气体继电器的构造如图 6-10 所示。

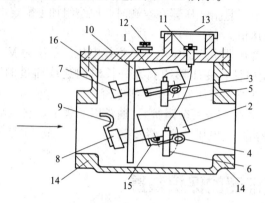

图 6-10　FJ-80 型挡板式气体继电器

1—上油杯；2—下油杯；3，4—磁铁；5，6—干簧接点；

7，8—平衡锯；9—挡板；10—支架；11—接线端头；

12—放气塞；13—接线盒盖板；14—法兰；

15—螺钉；16—橡胶衬垫

（2）**气体继电器的工作原理**　当变压器内部发生微小故障时，故障点局部发热，引起变压器油的膨胀，与此同时，变压器油分解出大量气体聚集在气体继电器上部，迫使变压器油面降低，气体继电器的上油杯与永久磁铁随之下降，逐渐靠近干簧接点，当磁铁距干簧接点达到一定距离，此时吸动干簧接点，接点闭合，接通外部瓦斯信号电路，使轻瓦斯动作，可使信号继电器动作掉牌或接通警报电路。

如果变压器故障比较严重，变压器内要产生大量气体，使得急速的油流从变压器内上升至油枕，油流冲击了气体继电器的挡板，气体继电器的下油杯带动磁铁，使磁铁接近干簧接点，干簧接点被吸合，接通了重瓦斯的掉闸回路，使变压器的断路器掉闸，与此同时，重瓦斯信号继电器动作跳闸，并发出掉闸警报。

6.4　变压器的安装与接线

变压器室内安装时应安装在基础的轨道上，轨距与轮距应配合；室外一般安装在平台上或杆上组装的槽钢架上。轨道、平台、钢架应水平；有滚轮的变压器轮子应转动灵活，安装就位后应用止轮器将变压器固定；装在钢架上的变压器滚轮悬空并用镀锌铁丝将器身与杆绑扎固定；变压器的油枕侧应有 1%～1.5% 的升高坡度。变压器安装过程中的吊装作业应由起重工配合作业，任何时候都不得碰击套管、器身及各个部件，不得发生严重的冲击和振动，要轻起轻放。吊装时钢索必须系在器身供吊装的耳环上。吊装及运输过程中应有防护措施和作业指导书。

6.4.1 杆上变压器台的安装与接线

杆上变压器台有三种形式，一种是双杆变压器台，即将变压器安装在线路方向上单独增设的两根杆的钢架上，再从线路的杆上引入 10kV 电源。如果低压是公用线路，则再把低压用导线送出去与公用线路并接或与其他变台并列；如果是单独用户，则再把低压用硬母线引入到低压配电室内的总柜上或低压母线上去，如图 6-11 所示。

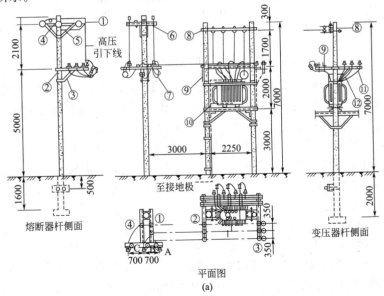

图 6-11

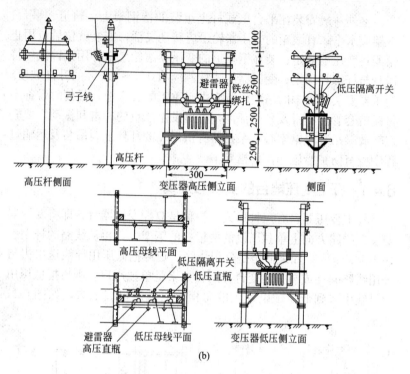

弓子线

避雷器

铁丝绑扎

低压隔离开关

高压杆

高压杆侧面

变压器高压侧立面

侧面

高压母线平面

低压隔离开关
低压直瓶

避雷器
高压直瓶

低压母线平面

变压器低压侧立面

(b)

图 6-11 双杆变压器台示意图

　　另外一种是借助原线路的电杆，在其旁再另立一根电杆，将变压器安装在这两根电杆间的钢架上，其他同上。因为只增加了一根电杆，因此称单杆变压器台，如图 6-12 所示。

　　另外，还有一种变压器台，是指容量在 $100kV \cdot A$ 以下，将其直接安装在线路的单杆上，不需要增加电杆，又常设在线路的终端，为单台设备供电，如深井泵房或农村用电，如图 6-13 所示，称杆上变压器台。

　　(1) 杆上变压器台　安装方便，工艺简单，主要有立杆、组装金具构架及电气元件、吊装变压器、接线、接地等工序。

　　① 变压器支架通常用槽钢制成，用 U 形抱箍与杆连接，变压器安装在平台横担的上面，应使油枕侧偏高，有 $1\% \sim 1.5\%$ 的坡度，支架必须安装牢固，一般钢架应有斜支撑。

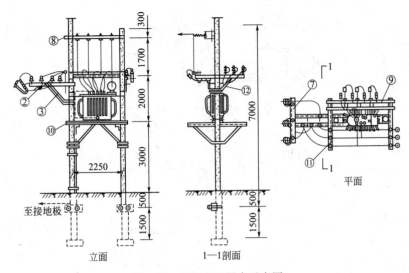

图 6-12 单杆变压器台示意图

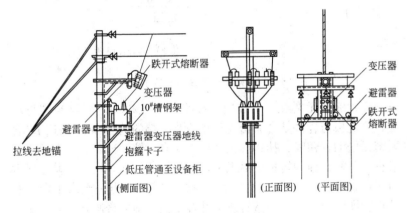

图 6-13 杆上变压器台示意图

② 跌落式熔断器的安装 跌落式熔断器安装在高压侧丁字形的横担上，用针式绝缘子的螺杆固定连接，再把熔断器固定在连板上，如图 6-14 所示，其间隔不小于 500mm，以防弧光短路，熔管轴线与地面的垂线夹角为 15°～30°，排列整齐，高低一致。

跌落式熔断器安装前应检查确定其外观零部件齐全，瓷件良

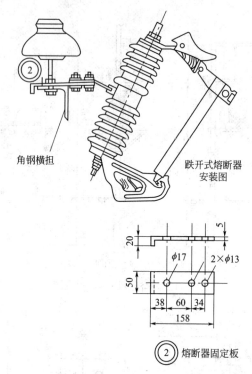

角钢横担

跌开式熔断器
安装图

φ17   2×φ13

② 熔断器固定板

图 6-14   跌落式熔断器安装示意图

好，瓷釉完整无裂纹、无破损，接线螺钉无松动，螺纹与螺母配套，固定板与瓷件结合紧密无裂纹，与上端的鸭嘴和下端挂钩结合紧密无松动；鸭嘴、挂钩等铜铸件不应有裂纹、砂眼，鸭嘴触点接触良好紧密，挂钩转轴灵活无卡，用电桥或数字万用表测其接触电阻应符合要求，如图 6-14 所示，放置时鸭嘴触点一经由下向上触动鸭嘴即断开，一推动熔管或上部合闸挂环即能合闸，且有一定的压缩行程，接触良好，即一捅就开，一推即合；熔管不应有吸潮膨胀或弯曲现象，与铜件的结合紧密；固定熔丝的螺钉其螺纹完好，与元宝螺母配套；装有灭弧罩的跌落式熔断器，其罩应与鸭嘴固定良好，中心轴线应与合闸触点的中心轴线重合；带电部分和固定板的绝缘电阻须用 1000～2500V 的兆欧表测试，其值不应小于 1200MΩ，35kV 的跌落式熔断器须用 2500V 的兆欧表测试，其值不应小于3000MΩ。

③ 避雷器的安装　避雷器通常安装在距变压器高压侧最近的横担上，可用直瓶螺钉或单独固定，如图6-15所示。其间隔不小于350mm，轴线应与地面垂直，排列整齐，高低一致，安装牢固，抱箍处要垫2~3mm厚耐压胶垫。

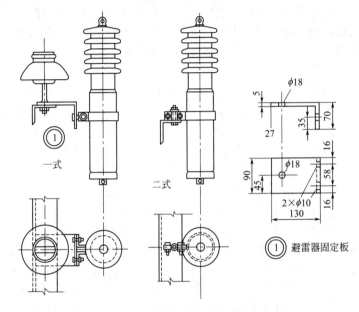

一式

二式

① 避雷器固定板

图6-15　避雷器安装示意图

安装前的检查与跌落式熔断器基本相同，但无可动部分，瓷套管与铁法兰间的结合良好，其顶盖与下部引线处的密封物未出现龟裂或脱落，摇动器身应无任何声响。用2500V兆欧表测试其带电端与固定抱箍的绝缘电阻应不小于2500MΩ。

避雷器和跌落式熔断器必须有产品合格证，没有试验条件的，应到当地供电部门进行试验。避雷器和跌落式熔断器的规格型号必须与设计相符，不得使用额定电压小于线路额定电压的避雷器和跌落式熔断器。

④ 低压隔离开关的安装　有的设计在变压器低压侧装有一组隔离开关，通常装设在距变压器低压侧最近的横担上，有三极的，

也有三个单极的，目的是更换低压熔断器方便，其外观检查和测试基本与低压断路器相同，但要求瓷件良好，安装牢固，操动机构灵活无卡，隔离刀刃合闸后应接触紧密，分闸时有足够的电气间隙（≥200mm），三相联动动作同步，动作灵活可靠。500V 兆欧表测试绝缘电阻应大于 2MΩ。

(2) 变压器的安装　变压器安装必须经供电部门认可的试验单位试验合格，并有试验报告。室外变压器台的安装主要包括变压器的吊装、绝缘电阻的测试和接线等作业内容。

1）变压器的吊装

① 吊装要点：卸车地点的土质必须坚实，用汽车吊吊装时，周围应无障碍物，否则应无载试吊观察吊臂和吊件能否躲过障碍物。变压器整体起吊时，应将钢丝绳系在专供起吊的吊耳上，起吊后钢丝绳不得和钢板的棱角接触，钢丝绳的长度应考虑双杆上的吊高。吊装前应核对高低压套管的方向，避免吊放在支架上之后再调换器身的方向。吊装过程中，高低压套管都不应受到损伤和应力，器身的任何部位不得有与他物碰撞现象。起吊时应缓慢进行，当吊钩将钢丝绳撑紧即将吊起时应停止起吊，检查各个部位受力情况、有无变形、吊车支撑有无位移塌陷，杆上支架和安装人员是否已准备就绪。全部准备好后，即可正式起吊，就位时应减到最慢速度，并按测定好的位置落放在型钢架上，吊钩先稍微松动，但钢丝绳仍撑直；先检查高低压侧是否正确，坡度是否合适，然后用 8# 镀锌铁丝将器身与电杆绑扎并紧固，最后再松钩且将钢丝绳卸掉。

② 吊装方法：有条件时应用汽车吊进行吊装，方法简便且效率高。无吊车时，一般用人字抱杆吊装，现介绍常用的一种方法。

a.吊装机具布置如图 6-16 所示。

抱杆可用杆头 $\phi150$mm 的杉杆或 $\phi159$mm 的钢管，长度 H 由下式决定

$$H = \frac{h + 4h'}{\sin\alpha}$$

式中　h——变压器安装高度，m；

　　　h'——变压器高度，m；

　　　α——人字抱杆与地面的夹角，(°)；一般取 70°。

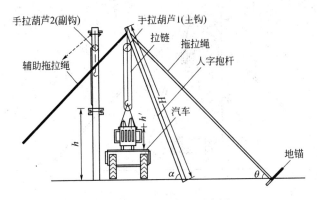

图 6-16 吊具的布置示意图

其中，吊具可用手拉葫芦或绞磨，手拉葫芦的规格应大于变压器重量；绞磨、滑轮、钢丝绳及吊索应能承受变压器的重量并有一定的保安系数。拖拉绳一般可用 $\phi16\sim20\text{mm}$ 钢丝绳，地锚要可靠牢固，不得用电杆或拉线地锚。

b. 吊装工艺　所有受力部位检查无误后即可起吊。当变压器底部起吊高度超过变压器放置构架 $1.5h\sim1.7h$ 时，即停止起吊，然后用电杆上部横担悬挂的手拉葫芦 2（副钩），吊住变压器的吊索，同时拉动其手链使变压器向放置构架方向倾斜位移，然后原吊钩缓慢放松，而手拉葫芦则将变压器缓慢吊起，且原钩放松和副钩起吊收紧应同步，逐渐将变压器的重量移至副钩，当到一定程度时，副钩再缓慢下降，直至副钩将变压器的全部重量吊起时（副钩的吊链与地面垂直时）再将副钩缓慢下降，同时松开原钩，即可将变压器放落在构架上，如图 6-17 所示，必要时应在杆的另一侧设辅助拉线，防止电杆倾斜。按图 6-17 进行吊装时，还可用另一方法，将副钩手拉葫芦取掉，把拖拉绳换成由绞磨控制，当主钩手拉葫芦将变压器起吊到一定高度时，由绞磨慢慢将拖拉绳放松，人字抱杆前斜，即可把变压器降落在构架上。这种方法对人字抱杆、拖拉绳、绞磨、地锚及抱杆的支点要求很高，要正确选择，并有一定的安全系数。

将变压器放稳找正，并用铅丝绑扎好后，才可将副钩拆开，取下。取下时，不得碰击变压器的任何部位。

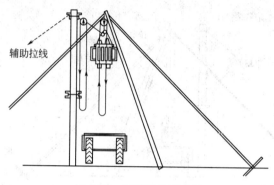

图 6-17　吊装就位示意图

　　下面再介绍一种简便的吊装方法，先把两杆顶部的横担装好，必要时应附上一根 $\phi100mm$ 的圆木或钢管，以防横担压弯，并垂直横担方向在两根杆上作临时拉线或装置拖拉绳，其余杆上金具暂不安装，然后分别在两杆同一高度（应满足变压器安装高度）上挂一只手拉葫芦，挂手拉葫芦时应先在杆上绑扎一横木，一般为 $(100\sim150)^2 mm^2 \times 400mm$ 即可，以防吊装时挤压水泥杆，布置示意图如图 6-18 所示。

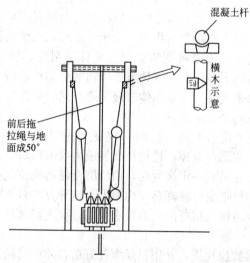

图 6-18　简易吊装变压器布置示意图

将手拉葫芦的吊钩分别与变压器用钢索系好，并同时起吊，一直将变压器提升到略高于安装高度，这时将预先装配合适的型钢架由四人分别从杆的外侧合梯上（不得在变压器下方）抬于杆的安装高度处，并迅速将其用穿钉与杆紧固好，油枕侧应略高一点，并把斜支撑装好。最后将变压器缓慢落放在型钢架上，找正后再用铅丝绑扎牢固，如图6-19所示。

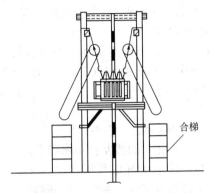

合梯

图6-19 将变压器落在槽钢架上

2）变压器的简单检查与测试 变压器在接线前要进行简单的检查与测试，虽然变压器是经检查和试验的合格品，但要以防万一。

① 外观无损伤，无漏洞，油位正常，附件齐全，无锈蚀。

② 高低压套管无裂纹、无伤痕，螺栓紧固，油垫完好，分接开关正常。

③ 铭牌齐全，数据完整，接线图清晰。高压侧的线电压与线路的线电压相符。

④ 10kV高压线圈用1000V或2500V兆欧表测试绝缘电阻应大于300MΩ，35kV高压线圈用2500V或5000V兆欧表测试绝缘电阻应大于400MΩ；低压220/380V线圈用500V兆欧表测试绝缘电阻应大于2.0MΩ；高压侧与低压侧的绝缘电阻可用500V兆欧表测试，阻值应大于500MΩ以上。

3）变压器的接线

① 接线要求

　　a. 和电器连接必须紧密可靠，螺栓应有平垫及弹垫，其中与变压器和跌落式熔断器、低压隔离开关的连接，必须压接线鼻子过渡连接，与母线的连接应用 T 形线夹，与避雷器的连接可直接压接连接，与高压母线连接时，如采用绑扎法，绑扎长度不应小于 200mm。

　　b. 导线在绝缘子上的绑扎必须按前述要求进行。

　　c. 接线应短而直，必须保证线间及对地的安全距离，跨接弓子线在最大风摆时要保证安全距离。

　　d. 避雷器和接地的连接线通常使用绝缘铜线，避雷器上引线不小于 $16mm^2$，下引线不小于 $25mm^2$，接地线一般为 $25mm^2$。若使用铝线，上引线不小于 $25mm^2$，下引线不小于 $35mm^2$，接地线不小于 $35mm^2$。

　　② 接线工艺　说明接线工艺过程。

　　a. 将导线撑直，绑扎在原线路杆顶横担上的直瓶上和下部丁字横担的直瓶上，与直瓶的绑扎应采用终端式绑扎法，如图 6-20 所示。同时将下端压接线鼻子，与跌落式熔断器的上闸口接线柱连接拧紧，如图 6-21 所示。导线的上端暂时团起来，先固扎在杆上。

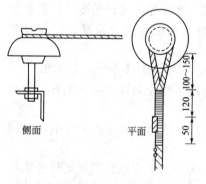

侧面　　　　平面

图 6-20　导线在直瓶上的绑扎

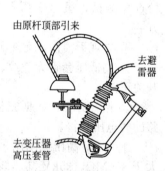

由原杆顶部引来

去避雷器

去变压器高压套管

图 6-21　导线与跌落式熔断器的连接

　　b. 高压软母线的连接

　　• 将导线撑直，一端绑扎在跌落式熔断器丁字横担上的直瓶上，另一端水平通至避雷器处的横担上，并绑扎在直瓶上，与直瓶的绑扎方式如图 6-20 所示。同时丁字横担直瓶上的导线按相序分

别采用弓子线的形式接在跌落式熔断器的下闸口接线柱上。弓子线
要做成铁链自然下垂的引式，其中 U 相和 V 相直接由跌落式熔断
器的下闸口由丁字横担的下方翻至直瓶上，用图 6-20 的方法绑扎，
而 W 相则由跌落式熔断器的下闸口直接上翻至 T 形横担上方的直
瓶上，并按图 6-22 的方法绑扎。

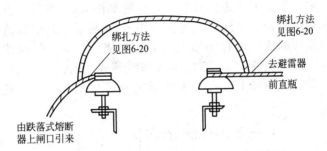

图 6-22 导线在变压器台上的过渡连接示意图

而软母线的另一侧，均应上翻，接至避雷器的上接线柱，方法
如图 6-23 所示。

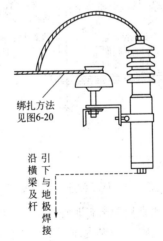

图 6-23 导线与避雷器的连接示意图

• 将导线撑直，按相序分别用 T 形线夹与软母线连接，连接
处应包缠两层铝包带，另一端直接引至高压套管处，压接线鼻子，

按相序与套管的接线柱接好，这段导线必须撑紧。

c. 低压侧的接线　将低压侧三个相线的套管，直接用导线引至隔离开关的下闸口（这里要注意，这是为了接线的方便，操作时必须先验电后操作），导线撑直，必须用线鼻子过渡。

将线路中低压的三根相线及一根零线，经上部的直瓶直接引至隔离开关上方横担的直瓶上，绑扎如图 6-23 所示，直瓶上的导线与隔离开关上闸口的连接如图 6-24 所示，其中跌落式熔断器与导线的连接可直接用上面的元宝螺栓压接，同时按变压器低压侧额定电流的 1.25 倍选择与跌落式熔断器配套的熔片，装在跌落式熔断器上，其中零线直接压接在变压器中性点的套管上。

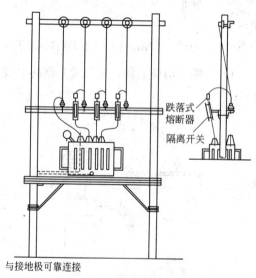

跌落式
熔断器

隔离开关

与接地极可靠连接

图 6-24　低压侧连接示意图

如果变压器低压侧直接引入低压配电室，则应安装硬母线将变压器二次侧引入配电室内。如果变压器专供单台设备用电，则应设管路将低压侧引至设备的控制柜内。

d. 变压器台的接地　变压器台的接地共有三个点，即变压器外壳的保护接地，低压侧中性点的工作接地，再一个是避雷器下端的防雷接地，三个接地点的接地线必须单独设置，接地极则可设一组，但接地电阻应小于4Ω。并将其引至杆处上翻1.20m处，一杆一根，一根接避雷器，另一根接中性点和外壳。

接地引线应采用25mm² 及以上的铜线或4mm×40mm镀锌扁钢，其中，中性点接地应沿器身翻至杆处，外壳接地应沿平台翻至杆处；与接地线可靠连接；避雷器下端可用一根导线串接后引至杆处，与接地线可靠连接，如图6-25所示。装有低压隔离开关时，其接地螺钉也应另外接线与接地体可靠连接。

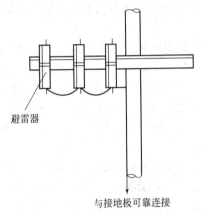

图 6-25 杆上变台避雷器的接地示意图

e.变压器台的安装要求 变压器应安装牢固，水平倾斜不应大于1%，且油枕侧偏高，油位正常；一、二次接线应排列整齐，绑扎牢固；变压器完好，外壳干净，试验合格；可靠接地，接地电阻符合设计要求。

f.全部装好接线完毕后，应检查有无不妥，并把变压器顶盖、套管、分接开关等用棉丝擦拭干净，重新测试绝缘电阻和接地电阻应符合要求。将高压跌落式熔断器的熔管取下，按表6-4选择高压熔丝，并将其安装在熔管内。高压熔丝安装时必须伸直，且有一定的拉力，然后将其挂在跌落式熔断器下边的卡环内。

表 6-4　高压跌落式熔断器的选择

变压器容量/kV	100/125	160/200	250	315/400	500
熔断器规格/A	50/15	50/20	50/30	50/40	50/50

与供电部门取得联系，在线路停电的情况下，先挂好临时接地线，然后将三根高压电源线与线路连接，通常用绑扎或 T 形线夹的方法进行连接，要求同前。接好后再将临时接地线拆掉，并与供电部门联系，请求送电。

合闸试验是分以下几步进行的：

• 将低压隔离开关断开，如未设低压隔离开关，应将低压熔断器的熔丝先拆下。

• 再次测量绝缘电阻，如在当天已测绝缘电阻，且一直有人看护，则可不测。

• 与供电部门取得联系，说明合闸试验的具体时间，必要时应请有关人员参加，合闸前必须征得供电部门的同意。

• 无风天气，则先合两个边相的跌落式熔断器，后合中间相的；如有风，则按顺序先合上风头的跌落式熔断器，后合下风头的。合闸必须用高压拉杆，戴高压手套，穿高压绝缘靴或辅以高压绝缘垫。

• 合闸后，变压器应有轻微的均匀嗡嗡声，可用细木棒或旋具测听，温升应无变化，无漏油、无振动等异常现象。应进行 5 次冲击合闸试验，且第一次合闸持续时间不得少于 10min，每次合闸后变压器应正常。然后用万用表测试低压侧电压，应为 220/380V，且三相平衡。

• 悬挂警告牌，空载运行 72h，无异常后即可带动负载运行。

6.4.2 落地变压器的安装

落地变压器台与杆上变压器台的主要区别是将变压器安装在地面上的混凝土台上，其标高应大于 500mm，上面装有与主筋连接的角钢或槽钢滑道，油枕侧偏高。安装时将变压器的底轮取掉或装上止轮器。其他有关安装、接线、测试、送电合闸、运行等与杆上变压器台相同。

安装好后，应在变压器周围装设防护遮栏，高度不小于 1.70m，与变压器距离应大于或等于 2.0m 并悬挂警告牌"禁止攀登、高压有电"。落地变压器台布置如图 6-26 所示，安装方法基本同前。

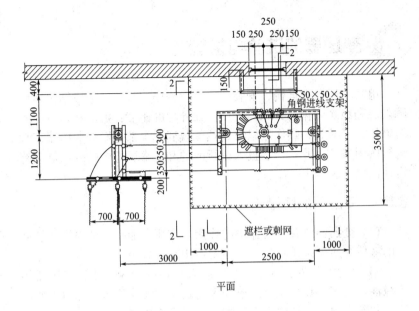

平面

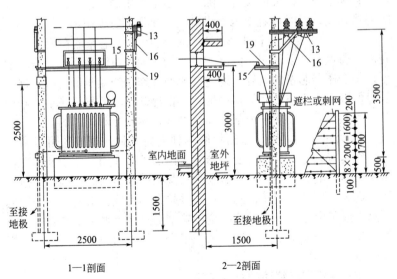

1—1剖面   2—2剖面

图 6-26 室外落地变压器台布置图

注：如无防雨罩时，穿墙板改为户外穿墙套管。

6.5 变压器的试验与检查

电力变压器在运输、安装及运行过程中，可能会造成结构性故障隐患和绝缘老化，其原因复杂，如外力的碰撞、振动和运行中的过电压、机械力、热作用以及自然气候变化等都是影响变压器正常运行的因素。因此，新装投入运行前的和正常运行中的变压器应有定期的试验和检查。

6.5.1 变压器的绝缘油

（1）变压器油在变压器中的作用　变压器油是一种绝缘性能良好的液体介质，是矿物油，其主要作用有三方面：

① 使变压器芯子与外壳及铁芯有良好的绝缘作用，变压器的绝缘油，是充填在变压器芯子和桶皮之间的液体绝缘。充填于变压器内各部空隙间，桶内没有气隙，加强了变压器绕组的层间和匝间的绝缘强度。同时，对变压器绕组绝缘起到了防潮作用。

② 使变压器在运行中加速冷却，变压器的绝缘油在变压器外壳内，通过上、下层间的温差作用，构成油的对流循环。变压器油可以将变压器芯子的温度，通过对流循环作用经变压器的散热器与外界低温介质（空气）间接接触，再把冷却后的低温绝缘油，经循环作用回到变压器芯子内部，如此循环，达到冷却的目的。

③ 灭弧作用，变压器油除能起到上述两种作用外还可以在某种特殊运行状态时，加大变压器外壳内的灭弧作用。由于变压器油是经常运动的，当变压器内有某种故障而引起电弧时，能够加速电弧的熄灭。例如，变压器的分接开关接触不良或绕组的层间与匝间短路引起了电弧的产生，这时变压器油通过运动冲击了电弧，使电弧拉长，并降低了电弧温度，增强了变压器油内的去游离作用，熄灭电弧。

（2）变压器绝缘油的技术性能

① 变压器绝缘油的牌号，是按照绝缘油的凝固点而确定的。常用变压器油的牌号有：10 号油，凝固点为 −10℃，北京地

区室内变压器，常采用这种变压器油；25 号油，凝固点为－25℃，室外变压器常采用 26 号油；45 号油，凝固点为－45℃，在气候寒冷的地区被广泛使用，北京地区的个别山区室外变压器常采用这种变压器油。

② 变压器油的技术性能指标

a. 耐压强度　单位体积的变压器油承受的电压强度，往往采用油杯进行油耐压试验。在油杯内，电极直径为 25mm、厚为 6mm、间隙为 2.5mm 时的击穿电压值即为耐压强度。一般交接试验中的变压器油耐压 25kV，新油耐压 30kV。新标准，对于 10kV 运行中的变压器绝缘油，耐压放宽至 20kV。

b. 凝固点　变压器油达到某一温度时，使变压器油的黏度达到最大，该点的温度即为变压器油的凝固点。

c. 闪点　是指变压器油达到某一温度时，油蒸发出的气体，如果临近火源即可引起燃烧，该时变压器油所达到的温度称为闪点。变压器油的闪点不能低于 135℃。

d. 黏度　是指变压器油在 50℃时的黏度（条件黏度或运动黏度 mm^2/s）。为便于发挥对流散热作用，黏度小一些为好，但是黏度影响变压器油的闪点。

e. 密度　变压器油密度越小，说明油的质量好，油中的杂质及水分容易沉淀。

f. 酸价　变压器油的酸价，是表示每克油所中和氢氧化钠的数量，用 mgKOH/g 油表示。酸价表明变压器油的氧化程度，酸价出现表示变压器油开始氧化，所以变压器油的酸价越低对变压器越有利。

g. 安定度　变压器油的安定度，是抗老化程度的参数，所以安定度越大，说明变压器油质量越好。

h. 灰分　表明变压器油内，含酸、碱硫、游离碳、机械混合物的数量，也可说是变压器的纯度。因此，灰分含量越小越好。

6.5.2　变压器取油样

为了监测变压器的绝缘状况，每年需要取变压器油进行试验，这就要求采取一系列的措施，保证反映变压器油的真实绝缘状态。

(1) 变压器取油样的注意事项

① 取油样使用的瓶子，需经干燥处理。

② 运行中变压器取油样，应在干燥天气时进行。

③ 油量应一次取够，根据试验的需要，耐压试验时，油量不少于 0.5L；做简化试验油量不少于 1L。

(2) 变压器取油样的方法　变压器取油样应注意方法正确，否则将影响试验结果的正确性。

① 取油样时，在变压器下部放油截门处进行。可先放出 2L 变压器油，擦净截门，再用变压器油冲洗若干次。

② 用取出的变压器油，冲洗样瓶两次，才能灌瓶。

③ 灌瓶前，把瓶塞用净油洗干净，将变压器油灌入瓶后，立即将瓶盖盖好，并用石蜡封严瓶口，以防受潮。

④ 取油样时，先检查油标管；变压器是否缺油，变压器缺油不能取油样。

⑤ 启瓶时，要求室温与取油样时的温度不能相差过大，最好在同一温度下进行，否则会影响试验结果。

6.5.3　变压器补油

变压器补油应注意以下各方面：

① 补入的变压器油，要求与运行中变压器内绝缘油的牌号一致，并经试验合格，含混合试验。

② 补油应从变压器油枕上的注油孔处进行，补油要适量。

③ 补油如果是在运行中进行，补油前首先将重瓦斯掉闸改接信号。

④ 不能从下部油门处补油。

⑤ 补油过程中，注意及时排放油中气体，运行 24h 之后，才能将重瓦斯投入掉闸位置。

6.5.4　变压器分接开关的调整与检查

运行中系统电压过高或过低，影响设备的正常运行时，需要将变压器分接开关进行适当的调整，以保持变压器二次侧电压的正常。

10kV 变压器分挡开关有三个位置，调压范围为±5%，当系统的电压变化不超过额定电压的±5%时，可以通过调节变压器分接开关的位置解决电压过高或过低的问题。

无载调压的配电变压器，分接开关有三挡，即Ⅰ挡时，为10500/400V，Ⅱ挡时，为10000/400V；Ⅲ挡时，为9500/400V。

当系统电压过高，超过额定电压时，反映于变压器二次侧母线电压高，需要将变压器分接开关调到Ⅰ挡位置。如果系统电压低，达不到额定电压时，反映变压器二次侧电压低，则需要将变压器分接开关调至Ⅲ挡位置。即所谓的"高往高调，低往低调"。但是，变压器分接开关的调整，要注意相对地稳定，不可频繁调整，否则将影响变压器的运行寿命。

(1) 变压器吊芯检查，对变压器分接开关的检查

① 检查变压器分接开关（无载调压变压器）的接点与变压器线圈的连接，应紧固、正确，各接触点应接触良好，转换接点应在某确定位置上，并与手把指示位置相一致。

② 分接开关的拉杆、分接头的凸轮、小轴销子等部件，应完整无损，转动盘应动作灵活、密封良好。

③ 变压器分接开关传动机械的固定应牢靠，摩擦部分应有足够的润滑油。

(2) 变压器绕组直流电阻的测试要求 对绕组直流电阻的测试要求调节变压器分接开关时，为了保证安全，需要通过测量变压器绕组的直流电阻，具体了解分接开关的接触情况，因此应按照以下要求进行：

① 测量变压器高压绕组的直流电阻应在变压器停电后，并履行安全工作规程的有关规定以后进行。

② 变压器应拆去高压引线，以避免造成测量误差，并且要求在测量前后应对变压器进行人工放电。

③ 测量直流电阻所使用的电桥，误差等级不能小于0.5级，容量大的变压器应使用0.05级 QJ-5 型直流电桥。

④ 测量前应查阅该变压器原始资料，做到预先掌握数据，为了可靠，在调整分接开关的前、后分别测量线圈的直流电阻，每次测量之前，先用万用表的欧姆挡对变压器绕组的直流电阻进行粗

测，同时按照测量数值的范围对电桥进行"预置数"，即将电桥的校臂电阻旋钮事先按照万能表测出的数值调好。注意电桥的正确操作方法不能损坏设备。

⑤ 测量变压器绕组的直流电阻应记录测量时变压器的温度。

测量之后应换算到 20℃ 时的电阻值，一般可按下式计算：

$$R_{20} = \frac{T+20}{T+T_a} R_a$$

式中　R_{20}——折算到 20℃ 时，变压器绕组的直流电阻；

　　　　R_a——温度为 a 时，变压器绕组直流电阻的数值；

　　　　T——系数，铜为 235，铝为 225；

　　　　T_a——测量时变压器绕组的温度。

⑥ 变压器绕组 Y 形接线时，按下式计算每相绕组的直流电阻的大小：

$$R_U = \frac{R_{UW} + R_{UV} - R_{VW}}{2}$$

$$R_V = \frac{R_{UV} + R_{VW} - R_{UW}}{2}$$

$$R_W = \frac{R_{VW} + R_{UW} - R_{UV}}{2}$$

⑦ 按照变压器原始报告中的记录数值与变压器测量后换算到同温度下的数值进行比较，检查有无明显差别。所测三相绕组直流电阻的不平衡误差按下式计算，其误差不能超过 ±2%。

$$\Delta R = \frac{R_D - R_C}{R_C} \times 100\%$$

式中　ΔR——三相绕组直流电阻差值的百分数；

　　　　R_D——电阻值最大一相绕组的电阻值；

　　　　R_C——电阻值最小一相绕组的电阻值。

试验发现有明显差别时，分析原因，或倒回原挡位再次测量。

⑧ 试验合格后，将变压器恢复到具备送电的条件，送电观察分接开关调整之后的母线电压。

6.5.5　变压器的绝缘检查

变压器的绝缘检查主要是指交接试验、预防性试验和运行中的绝缘检查。

变压器的绝缘检查主要包含：绝缘电阻摇测、吸收比、绝缘油耐压试验和交流耐压试验。下面重点介绍运行中对变压器绝缘检查的要求和影响变压器绝缘的因素以及变压器绝缘在不同温度时的换算。

(1) 变压器绝缘检查的要求

① 变压器的清扫、检查应当摇测变压器一、二次绕组的绝缘电阻。

② 变压器油要求每年取油样进行油耐压试验，10kV以上的变压器油还要做油的简化试验。

③ 运行中的变压器每1～3年应进行预防性绝缘试验（又称绝保试验）。

(2) 影响变压器绝缘的因素　电气绝缘试验，是通过测量、试验、分析的方法，检测和发现绝缘的变化趋势，掌握其规律，发现问题，通过对电力变压器的绝缘电阻测量和绝缘耐压等试验，决定变压器能否继续运行。为此，应准确测量，排除对设备绝缘影响的诸因素。

通常影响变压器绝缘的因素有以下几个方面：

① 温度的影响　测量时，由于温度的变化将影响绝缘测量的数值，所以进行试验时，应记录测试时的温度，必要时进行不同温度时的绝缘测量值的换算。变压器绝缘电阻的数值随变压器绕组的温度不同而变化，因此对运行变压器绝缘电阻的分析应换算至同一温度时进行，通常温度越高变压器的绝缘电阻值越低。

② 空气湿度的影响　对于油浸自冷式变压器，由于空气湿度的影响，变压器瓷瓶表面的泄漏电流将会增加，导致变压器绝缘电阻数值的变化，当湿度较大时，绝缘电阻显著降低。

③ 测量方法对变压器绝缘的影响　测量方法的正确与否直接影响变压器的绝缘电阻值，例如，使用兆欧表测量变压器绝缘电阻时，所用的测量线是否符合要求，仪表是否准确等。

④ 电容值较大的设备，例如电缆、容量大的变压器、电机等需要通过吸收比试验来判断绝缘是否受潮，取 R_{60}/R_{15}；温度为10～30℃时，绝缘，良好值为1.3～2，低于该数值说明绝缘受潮，

应进行干燥处理。

(3) 变压器绕组的绝缘电阻在不同温度时的换算　对于新出厂的变压器可按表 6-5 进行换算。

表 6-5　变压器绕组不同温差绝缘电阻换算系数表

温度差 t_2-t_1/℃	5	10	15	20	25	30	35	40	45	55	60
绝缘电阻换算系数	1.23	1.5	1.84	2.25	2.75	3.4	4.15	5.1	6.2	7.5	11.2

注：t_2 为出厂试验时的温度；t_1 为接试验时的温度。

变压器运行中绝缘电阻温度系数，可按下式计算（换算为 120℃）：

$$K=10\times\frac{t-20}{40}$$

式中　K——绝缘电阻换算系数；

　　　t——测定时的温度。

如果要将绝缘电阻换算至任意温度，可按下式计算：

$$R_{t_R}=R_t\times10\times\frac{t_R-t}{40}$$

式中　R_{t_R}——换算到任意温度时的绝缘电阻值，MΩ；

　　　R_t——试验时实测温度时的绝缘电阻值，MΩ；

　　　t——试验时的实测温度；

　　　t_R——换算到的温度。

例如，将变压器绕组绝缘电阻，换算为 20℃时，则上式即为：

$$R_{20}=R_t\times10\times\frac{20-t}{40}$$

6.6　变压器的并列运行

6.6.1　变压器并列运行的条件

① 变压器容量比不超过 3：1。

② 变压器的电压比要求相等，其变比最大允许相差±0.5%。

③ 变压器短路电压百分比（又称阻抗电压）要求相等，允许相差不超过±10%。

④ 变压器的接线组别应相同。

变压器的并列运行，根据运行负荷的情况，应该考虑经济运行，对于能满足上述条件的变压器，在实际需要时，可以并列运行；如不能满足并列条件，则不允许并列运行。

6.6.2 变压器并列运行条件的含义

① 变压器接线组号 是表示三相变压器，一、二次绕组接线方式的代号。

在变压器并列运行的条件中，最重要的一条就是要求并列的变压器接线组号相同，如果接线组号不同的变压器并列后，即使电压的有效值相等，在两台变压器同相的二次侧，可能会出现很大的电压差（电位差），由于变压器二次阻抗很小，将会产生很大的环流而烧毁变压器，因此，接线组号不同的变压器是不允许并列运行的。

② 变压器的变比差值百分比 是指并列运行的变压器实际运行变比的差值与变比误差小的一台变压器的变比之比的百分数，依照规定不应超过±0.5%。如果两台变压器并列运行，变比差值超过规定范围时，两台变压器的一次电压相等的条件下，两台变压器的二次电压不等，同相之间有较大的电位差，并列时将会产生较大环流，会造成较大的功率损耗，甚至会烧毁变压器。

③ 变压器的短路电压百分比（又称为阻抗电压的百分比） 这个技术数据是变压器很重要的技术参数，是通过变压器短路试验得出来的，也就是说，把变压器接于试验电源上，变压器的一次侧通过调压器逐渐升高电压，当调整到变压器一次侧电流等于额定电流时，测量一次侧实际加入的电压值为短路电压，将短路电压与变压器额定电压之比再乘以百分之百，即为短路电压的百分比。因为是在额定电流的条件下测得的数据，所以短路电压被额定电流来除就可得到短路阻抗，因此又称为百分阻抗。

变压器的阻抗电压与变压器的额定电压和额定容量有关，所以不同容量的变压器短路阻抗也各不相同。一般说来，变压器并列运行时，负荷分配与短路电压的数值大小成反比，即短路电压大的变压器分配的负荷电流小，而短路电压小的变压器分配的负荷大，如果并列运行的变压器短路电压百分比之差超过规定时，造成负荷的分配不合理，容量大的变压器带不满负载，而容量小的变压器要过负载运行，这样运行很不经济，达不到变压器并列运行的目的。

④ 运行规程还规定了，两台并列运行的变压器，其容量比不允许超过 3∶1，这也是从变压器经济运行的方面考虑的，因为容量比超过 3∶1，阻抗电压也相差较大，同样也满足不了第三个条件，并列运行还是不合理。

6.6.3 变压器并列运行应注意的事项

变压器并列运行，除应满足并列运行条件外，还应该注意安全操作，往往要考虑下列各方面。

① 新投入运行和检修后的变压器，在并列运行之前，首先要进行核相，并在变压器空载状态时试并列后，方可正式并列运行带负荷。

② 变压器的并列运行，必须考虑并列运行的合理性，不经济的变压器不允许并列运行，同时，还应注意，不应频繁操作。

③ 进行变压器的并列或解列操作时，不允许使用隔离开关和跌落式熔断器。并列和解列运行要保证正确的操作，不允许通过变压器倒送电。

④ 需要并列运行的变压器，在并列运行之前应根据实际情况，核算变压器负荷电流的分配，在并列之后立即检查两台变压器的运行电流分配是否合理。在需解列变压器或停用一台变压器时，应根据实际负荷情况，预计是否有可能造成一台变压器的过负荷。而且也应检查实际负荷电流，在有可能造成变压器过负荷的情况下，变压器不能进行解列操作。

6.7 变压器的检修与验收

6.7.1 变压器的检修周期

变压器的检修一般分为大修、小修，其检修周期规定如下。

(1) 变压器的小修

① 线路配电变压器至少每两年小修二次。

② 室内变压器做到至少每年小修一次。

(2) 变压器的大修　对于10kV及以下的电力变压器，假如不经常过负荷运行，可每10年左右大修一次。

6.7.2　变压器的检修项目

变压器小修的项目：

① 检查引线、接头接触有无问题；

② 测量变压器二次绕组的绝缘电阻值；

③ 清扫变压器的外壳以及瓷套管；

④ 消除巡视中所发现的缺陷；

⑤ 填充变压器绝缘油；

⑥ 清除变压器油枕集泥器中的水和污垢；

⑦ 检查变压器各部位油截门是否堵塞；

⑧ 检查气体继电器引线绝缘，受腐蚀者应更换；

⑨ 检查呼吸器和出气瓣，清除脏物；

⑩ 采用熔断器保护的变压器，检查熔丝或熔体是否完好，二次侧熔丝的额定电流是否符合要求；

⑪ 柱上配电变压器应检查变台杆是否牢固，木质电杆有无腐朽。

6.7.3　变压器大修后的验收检查

变压器大修后，应检查实际检修质量是否合格，检修项目是否齐全。同时，还应验收试验资料以及有关技术资料是否齐全。

(1) 变压器大修后应具备的资料

① 变压器出厂试验报告；

② 交接试验和测量记录；

③ 变压器吊芯检查报告；

④ 干燥变压器的全部记录；

⑤ 油、水冷却装置的管路连接图；

⑥ 变压器内部接线图、表计及信号系统的接线图；

⑦ 变压器继电保护装置的接线图和整个设备的构造图等。

(2) 变压器大修后应达到的质量标准

① 油循环通路无油垢，不堵塞；

② 铁芯夹紧螺栓绝缘良好；

③ 线圈，铁芯无油垢，铁芯的接地应良好无问题；

④ 线圈绝缘良好，各部固定部分无损坏、松动；

⑤ 高、低压线圈无移动、变位；

⑥ 各部位连接良好，螺栓拧紧，部位固定；

⑦ 紧固楔垫排列整齐，没有发生变形；

⑧ 温度计（扇形温度计）的接线良好，用500V兆欧表测量绝缘电阻，绝缘电阻应大于1MΩ；

⑨ 调压装置内清洁，接点接触良好，弹力符合标准；

⑩ 调压装置的转动轴灵活，封油口完好紧密，转动接点的转动正确、牢固；

⑪ 瓷套管表面清洁，无污垢；

⑫ 套管螺栓、垫片、法兰，填料等完好、紧密，没有渗漏油现象；

⑬ 油箱、油枕和散热器内清洁，无锈蚀，渣滓；

⑭ 本体各部的法兰、接点和孔盖等须紧固，各油门开关灵活，各部位无渗漏油现象；

⑮ 防爆管隔膜密封完整，并有用玻璃刀刻划的"十"字痕迹；

⑯ 油面指示计和油标管清洁透明，指示准确；

⑰ 各种附件齐全，无缺损。

第7章
常用控制电路的原理与安装

7.1 三相异步电动机单向旋转控制电路

三相异步电动机单向旋转控制电路如图 7-1 所示,此电路电动机采用接触器直接启动,许多中小型普通车床的主电动机都采用这种启动方式。

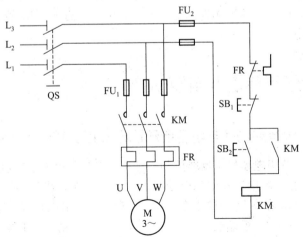

图 7-1   具有过载保护的单向旋转控制电路

（1）**工作原理** 合上电源开关 QS，启动时，按下启动按钮 SB_2，接触器 KM 线圈得电并吸合，其主触点闭合，电动机 M 旋转，同时 KM 常开辅助触点闭合起自锁作用（通常将这种用接触器本身的触点来使其线圈保持通电的环节叫"自锁"环节，与启动按钮 SB_2 并联的这种 KM 的常开辅助触点叫做自锁触点），当放开启动按钮后，仍可保证 KM 线圈通电，电动机正常运行。

停止时，按下停止按钮 SB_1，接触器 KM 因线圈失电而释放，其主触点、常开辅助触点断开，电动机 M 停转。

（2）**过载保护和短路保护** 过载保护：电动机在运行过程中，如果由于过载或其他原因使电流超过额定值时，这将引起电动机过热，因此必须对电动机进行过载保护。常用的过载保护元件是热继电器。当电动机过载时，经过一定时间，串接在主电路中的热继电器 FR 的热元件因受热弯曲，能使串接在控制电路中的 FR 常闭触点断开，切断控制电路，接触器 KM 的线圈断电，主触点断开，电动机 M 停转。

短路保护：由于热继电器的发热元件有热惯性，热继电器不会因电动机短时过载冲击电流和短路电流的影响而瞬时动作，所以在使用热继电器作过载保护的同时，还必须设有短路保护，并且选作短路保护的熔断器熔体的额定电流不应超过 4 倍热继电器发热元件的额定电流。

7.2 正反转控制电路

7.2.1 电容启动式与电容启动运行式正反转控制电路

（1）**单相电动机正反转控制原理** 图 7-2 所示为电容启动式或电容启动/电容运转式单相电动机的内部主绕组、副绕组、离心开关和外部电容在接线柱上的接法。其中主绕组的两端记为 U_1、U_2，副绕组的两端记为 W_1、W_2，离心开关 K 的两端记为 V_1、V_2。

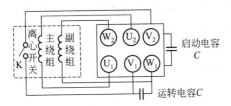

图 7-2 绕组与接线柱上的接线接法

这种电动机的铭牌上标有正转和反转的接法，如图 7-3 所示。

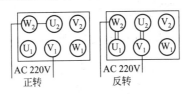

图 7-3 电动机正转、反转的接法

在正转接法时，电路原理图如图 7-4 所示。在反转接法时，电路原理图如图 7-5 所示。比较图 7-4 和图 7-5 可知，正反转控制实际上只是改变副绕组的接法：正转接法时，副绕组的 W_1 端通过启动电容和离心开关连到主绕组的 U_1 端；反转接法时，副绕组的 W_2 端改接到主绕组的 U_1 端。

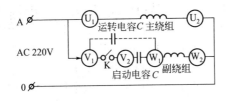

图 7-4 正转接法

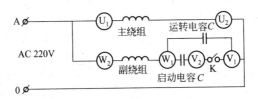

图 7-5 反转接法

　　由于厂家不同，有些电动机的副绕组与离心开关的标号不同，接线图及接线柱正反转标志图如图7-6及图7-7所示。

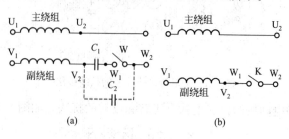

图7-6　电容启动运行及电感启动电动机另一种接线图

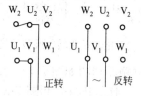

图7-7　接线柱正反转图

　　（2）三相倒顺开关控制单相电动机的正反转　现以六柱倒顺开关为例说明如下。

　　六柱倒顺开关有两种转换形式，打开盒盖就能看到厂家标注的代号：第一种如图7-8（a）所示，左边一排三个接线柱标 L_1、L_2、L_3，右边三个接线柱标 D_1、D_2、D_3；第二种如图7-8（b）所示，左边一排标 L_1、L_2、D_3，右边标 D_1、D_2、L_3。以第一种六柱倒顺开关为例，当手柄在中间位置时，六个接线柱全不通，称为"空挡"。当手柄拨向左侧时，L_1 和 D_1、L_2 和 D_2、L_3 和 D_3 两两相通。当手柄拨向右侧时，L_1 仍与 D_1 接通，但 L_2 改为连通 D_3、L_3 改为连通 D_2。

　　图7-9所示是第一种六柱倒顺开关用于控制单相电动机正反转的改造方法。实际上只是在 L_1 和 L_3 之间增加了一条短接线。AC220V从 L_1 和 L_2 上输入，图7-8中的 D_1 和 L_2 分别接至图7-9的 U_1 和 U_2 接线柱，图7-8的 D_3 连到图7-9的 V_1，图7-8的 D_2 连至图7-9的 W_2。

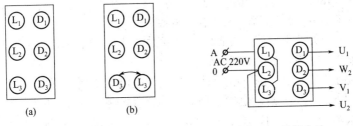

图 7-8　两种六柱接线开关　　　　图 7-9　改装方法

当倒顺开关的手柄处于中间位置时，D_1-D_3 无电，单相电动机不转。当手柄拨向左侧时，L_1 通过 D_1 连通 U_1，又通过短接线、L_3、D_3 连通 V_1；L_2 直接连通 U_2，又通过 D_2 连通 W_2。最后形成的电路如图 7-4 所示，即正转接法。当手柄拨向右侧时，L_1 通过 D_1 连通 U_1，又通过短接线、L_3、D_2 连通 W_2；L_2 直接连通 U_2，又通过 D_3 连通 V_1。最后形成的电路如图 7-5 所示，即反转接法。

① 三相倒顺开关控制电路，如图 7-10 所示，接线柱原理图如图 7-7 和图 7-8 所示。

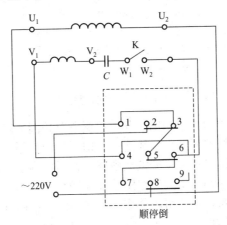

图 7-10　三相倒顺开关控制电路

电动机倒顺开关的工作原理如下。

当倒顺开关处于"顺"位置时，主绕组电流为电源、开关 2 点、1 点、U_1（始端）、U_2（末端）、8 点、电源。副绕组电流为电源、开关 2 点、1 点、3 点、5 点、4 点、V_1（始端）、V_2（末端）、C、K、6 点、7 点、8 点、电源。

当开关处于"停"位置时，电源供电没有形成回路。主、副绕组都没有电流，故电动机停转。

当开关处于"倒"位置时，主绕组电流为电源、开关 2 点、3 点、U_1、U_2、8 点、电源。副绕组电流为电源、开关 2 点、3 点、5 点、6 点、W_2、K、C、V_2（末端）、V_1（始端）、4 点、9 点、8 点、电源。与开关置"顺"位置时比较，改变了副绕组的始末端，副绕组中电流方向改变，电动机转向随之改变。

倒顺开关买回来时，其内部 1 点与 3 点、4 点与 9 点、6 点与 7 点都已连好，只须把 3 点与 5 点用短导线连一下即可安装使用。

② 使用 9 触点船型开关控制，如图 7-11 所示。

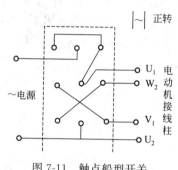

图 7-11　触点船型开关

开关控制原理与三相倒顺开关控制电路相同，船型开关买回来时，需用短导线按照图中接线连一下即可安装使用。

(3) 电容运行式正反转控制电路　普通电容运行式电动机绕组有两种结构，一种为主副绕组匝数及线径相同，另一种为主绕组匝数少，且线径粗，副绕组匝数多，且线径细。这两种电动机内的接线相同，如图 7-12 所示。

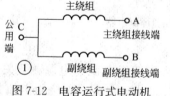

图 7-12　电容运行式电动机

① 主副绕组及接线端子的判别

用万用表（最好用数字表）R×1 挡任意测 CA、CB、AB 阻值，测量中阻值最大的一次为 AB 端，另一端为公用端 C。当找到 C 后，测 C 与另两端的阻值，阻值小的一组为主绕组，相对应的端子为主绕组端子或接线点；阻值大的一组为副绕组，相对应的端子为副绕组端子或接线点。在测量时如两绕组的阻值不同，说明此电动机有主、副绕组之分；如测量时，两绕组阻值相同，说明此电动机无主副绕组之分，任一个绕组都可为主，也可为副。

② 正反转的控制　对于不分主副绕组的电动机，控制电路如图 7-13 所示。C_1 为运行电容，K 可选各种形式的双投开关。对于有主副绕组之分的单相电动机，实现正反转控制，可改变内部副绕组与公共端接线，也可改变定子方向。如需经常改变转向，可将内部公用端拆开，参考电容启动进行式电动机接线及控制电路。

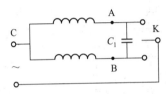

图 7-13　电容运转式电动机正反转控制电路

7.2.2　三相电动机正反转控制电路

(1) 接触器互锁正反转控制电路　电路图如图 7-14(a) 所示，其电路组成：QS 为闸刀开关，FU 为熔断器，KM_1、KM_2 为交流接触器，FR 为热继电器，SB_1 为停止按钮开关，SB_2 为正转启动按钮开关，SB_3 为反转启动按钮开关，M 为三相异步电动机。

工作原理：

① 正转启动过程。合上电源开关，按下启动按钮 SB_2，使交流接触器 KM_1 线圈得电动作。KM_1 动作后主触点 KM_{1-1} 闭合，这时三相电动机 3 个绕组与电源线接通而实现正转。KM_{1-2} 辅助常开触点闭合使开关 SB_2 自锁，此时 SB_2 复位后，电路仍然接通。KM_{1-3} 辅助常闭触点断开与 KM_2 互锁，确保 KM_1 动作时间 KM_2 不误动作。

② 停车过程。按下停止按钮 SB_1，切断正转控制电路，使 KM_1 接触器断电，KM_1 接触器线圈失电释放；进而切断电动机供

电，系统复位达到停车目的。

③ 反转启动过程。按下反转启动按钮 SB_3，此时，反转接触器 KM_2 线圈得电动作。KM_2 动作后，辅助常闭触点 KM_{2-3} 断开，切断正转接触器电路，使电动机停止正转；与此同时，主触点 KM_{2-1} 闭合，接通反转电路，系统完成由正转变反转的转换过程。

(2) 按钮和接触器双重互锁正反转控制电路 双重互锁控制电路在实用中操作更简便，可以实现从正转直接转换为反转，电路如图 7-14(b) 所示。电路组成：SB_2 和 SB_3，采用双控反向触点，触点交叉地接于正反转控制电路中，其他设备与前面相同。

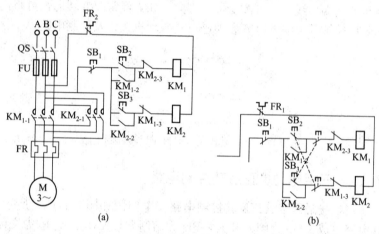

图 7-14 三相异步电动机正反转控制电路

① 正转控制电路。按下按钮开关 SB_2 接通接触器 KM_1 电路。此时，线电流经过 SB_1、SB_2、SB_3 的常闭触点，KM_{2-3}（常闭触点），KM_1 交流接触器线圈，热继电器常闭触点构成回路。于是交流接触器 KM_1 动作，主触点 KM_{1-1} 闭合，使电动机绕组接通，电动机 M 正转；辅助常开触点 KM_{1-2} 闭合，实现 SB_2 自锁，SB_2 复位后电路仍能接通；辅助常闭触点 KM_{1-3} 断开，对 KM_2 电路互锁，防止 KM_2 电路误动作。

② 反转控制电路。按下按钮 SB_3，SB_3 常闭触点使正转电路接触器 KM_1 线圈失电，主触点 KM_{1-1} 释放，同时 SB_3 常开触点闭合使反转电路接通。反向交流接触器 KM_2 线圈得电工作，此时，主

触点 KM_{2-1} 闭合，电动机实现反转运行。

7.3 三相异步电动机顺序控制

7.3.1 两台三相异步电动机顺序启动、停止控制电路

图 7-15 为两台三相异步电动机顺序启动、停止控制电路的主电路。

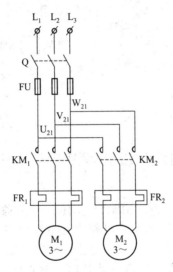

图 7-15 顺序控制电路的主电路

图 7-16（a）所示是两台电动机 M_1 和 M_2 的顺序启动控制电路，其电路是只有先按下 SB_3 按钮，使 M_1 电动机启动后，M_2 才能启动；而且，按下 SB_1 时 KM_1 线圈失电，M_1 停转，那么 M_2 也立即停止，即 M_1 和 M_2 同时停止。若只按下 SB_2 按钮可实现 M_2 电动机单独停止。

图 7-16（b）所示是两台电动机 M_1 和 M_2 的顺序停止控制电路，其电路由于在 SB_1 停止按钮两端并联着一个 KM_2 的常开触点，所以只有先使接触器 KM_2 线圈失电，即电动机 M_2 先停止，

然后才能按动 SB$_1$，断开接触器 KM$_1$ 线圈电路，使电动机 M$_1$ 停止。

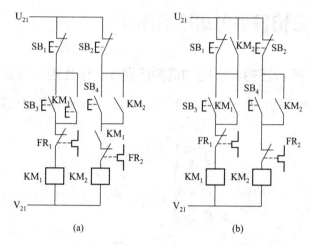

(a)　　　　　　　　　　(b)

图 7-16　两台三相异步电动机顺序启动、停止控制电路

7.3.2　两台三相异步电动机顺序启动、停止控制电路的工作原理

图 7-16(a) 为两台三相异步电动机顺序启动的控制电路，其工作原理：合上图 7-15 所示主电路中的电源开关 Q，启动时，先按下启动按钮 SB$_3$，接触器 KM$_1$ 线圈得电并吸合，其主触点闭合，电动机 M$_1$ 旋转，同时 KM$_1$ 常开辅助触点闭合起自锁作用也为 KM$_2$ 线圈得电做准备。当放开启动按钮后，仍可保证 KM$_1$ 线圈通电，电动机正常运行。此时再按下启动按钮 SB$_4$，接触器 KM$_2$ 线圈得电并吸合，其主触点闭合，电动机 M$_2$ 旋转，同时 KM$_2$ 常开辅助触点闭合起自锁作用，可保证 KM$_2$ 线圈通电，电动机 M$_2$ 正常运行。从而实现了 M$_1$ 启动后，M$_2$ 才能启动。

停止时，按下停止按钮 SB$_1$，接触器 KM$_1$ 线圈失电而释放，其主触点、常开辅助触点断开，电动机 M$_1$ 停转。由于 KM$_1$ 辅助常开触点接在 KM$_2$ 线圈电路中，所以导致 KM$_2$ 线圈失电而释放，其主触点、常开辅助触点断开，电动机 M$_2$ 也立即停止，即 M$_1$ 和

M_2 同时停止。若只按下 SB_2 按钮可实现 M_2 电动机单独停止。

图 7-16(b) 为两台三相异步电动机顺序停止的控制电路,其工作原理:合上图 7-15 所示主电路中的电源开关 Q,启动时,先按下启动按钮 SB_3,接触器 KM_1 线圈得电并吸合,其主触点闭合,电动机 M_1 旋转,同时 KM_1 常开辅助触点闭合起自锁作用。当放开启动按钮后,仍可保证 KM_1 线圈通电,电动机正常运行。此时再按下启动按钮 SB_4,接触器 KM_2 线圈得电并吸合,其主触点闭合,电动机 M_2 旋转,同时 KM_2 常开辅助触点闭合起自锁作用,可保证 KM_2 线圈通电,电动机 M_2 正常运行。停止时,由于在 SB_1 停止按钮两端并联着一个 KM_2 的常开触点,所以只有先按下 SB_2 使接触器 KM_2 线圈失电而释放,其主触点、常开辅助触点断开,即电动机 M_2 先停止,然后才能按动 SB_1,断开接触器 KM_1 线圈电路,使电动机 M_1 停止。

7.4 三相异步电动机自动降压启动电路的安装

7.4.1 按钮切换 Y-△减压启动控制电路

图 7-17 为按钮切换 Y-△减压启动控制电路,其工作原理:电动机 Y 接法启动时,先合上电源开关 QS,按下 SB_1,KM 线圈得电,KM 辅助常开触点闭合起自锁作用,KM 主触点闭合,同时 KM_Y 线圈得电,KM_Y 主触点闭合,电动机 Y 接法启动,此时,KM_Y 辅助常闭触点断开起互锁作用,使得 $KM_△$ 线圈不能得电,实现电气互锁。

电动机△接法运行:当电动机转速升高到一定值时,按下 SB_2,KM_Y 线圈失电,KM_Y 主触点断开,电动机暂时失电,KM_Y 常闭互锁触点恢复闭合,使得 $KM_△$ 线圈得电,$KM_△$ 辅助常开触点闭合自锁,同时,$KM_△$ 主触点闭合,电动机△接法运行;$KM_△$ 常闭互锁触点断开,使得 KM_Y 线圈不能得电,实现电气互锁。

停止时,按下停止按钮 SB_3,接触器 KM、$KM_△$ 因线圈失电而释放,其主触点、常开辅助触点断开,电动机 M 停转。

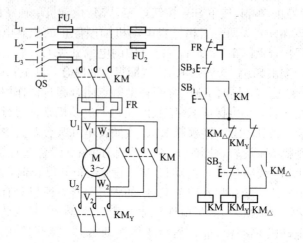

图 7-17　按钮切换 Y-△减压启动控制电路

7.4.2　时间继电器自动切换 Y-△减压启动控制电路

图 7-18 为时间继电器自动切换 Y-△减压启动控制电路，其工作原理：合上电源开关 QS，电动机 Y 接法启动时，先按下启动按钮 SB₁，接触器 KM 线圈得电并吸合，其主触点和辅助常开触点闭

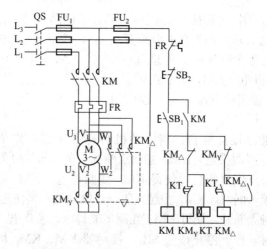

图 7-18　时间继电器自动切换 Y-△减压启动控制电路

合并自锁。此时接触器 KM_Y 和时间继电器 KT 的线圈同时都得电，KM_Y 主触点闭合，电动机做 Y 形连接启动。KM_Y 的辅助常闭触点断开起互锁作用，使接触器 KM_△ 线圈不得电，实现电气互锁。

经过一段时间延时后，时间继电器的常闭延时触点打开，常开延时触点闭合，使 KM_Y 线圈失电，其 KM_Y 常开主触点断开，辅助常闭互锁触点闭合，使 KM_△ 线圈得电，KM_△ 辅助常开触点闭合并自锁，电动机恢复△形连接全压运行。KM_△ 的辅助常闭互锁触点断开，切断 KT 线圈电路，并使 KM_Y 不能得电，实行电气互锁。停止时，按下停止按钮 SB_2，接触器 KM、KM_△ 因线圈失电而释放，其主触点、常开辅助触点断开，电动机 M 停转。

7.5 三相异步电动机制动控制

7.5.1 反接制动的基本原理

反接制动是将电动机的三根电源线中任意两根对调。若在停车前，把电动机反接，则其定子旋转磁场便反方向旋转，在转子上产生的电磁转矩亦随之反向，成为制动转矩，在制动转矩作用下电动机的转速便很快降到零，称为反接制动。必须说明的是，当电动机的转速接近于零时，应立即切断电源，否则电动机将反转。在控制电路中常用速度继电器来实现这个要求。

7.5.2 单向启动反接制动控制电路的工作原理

图 7-19 为单向启动反接制动控制电路，由于反接制动时制动电流比直接启动电流还大，因此，一般在主电路中串联限流电阻，其工作原理：合上电源开关 QS，启动时，先按下启动按钮 SB_2，正转接触器 KM_1 线圈得电并吸合，其主触点闭合，电动机直接启动，同时 KM_1 常开辅助触点闭合起自锁作用，辅助常闭触点断开起互锁作用 KM_2 线圈不得电。当电动机转速升高以后，速度继电

器的常开触点 KS 闭合，为反接制动接触器 KM₂ 接通做准备。停车时，按下停止按钮 SB₁，SB₁ 的常闭触点断开，常开触点闭合，此时接触器 KM₁ 失电释放，其常闭互锁触点恢复闭合，使 KM₂ 线圈得电并吸合，将电动机的电源反接，进行反接制动。电动机转速迅速下降，当转速接近于零时，速度继电器的常开触点 KS 断开，KM₂ 线圈失电释放，电动机脱离电源，制动结束。

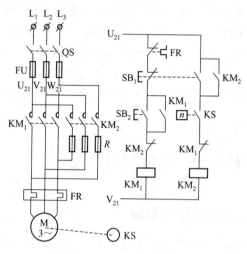

图 7-19　单向启动反接制动控制电路

注意：反接制动的制动力矩较大，冲击强烈，易损坏传动零件，而且频繁的反接制动可能使电动机过热。

7.6　电动机控制电路的布线与配盘工艺

7.6.1　电动机控制电路的布线要求

（1）板前明线布线

① 布线通道极可能少，同时并行导线按主、控电路分类集中，单层密排，紧贴安装面布线。

② 同一平面的导线应高低一致或前后一致，不能交叉，非交

叉不可时该根导线应在接线端子引出时就水平架空跨越，但必须走线合理。

③ 布线应横平竖直，分布均匀，变换走向时应垂直。

④ 布线时严禁损伤线芯和导线绝缘。

⑤ 布线顺序一般以接触为中心，由里向外，由高到低，先控制电路，后主电路进行，以不妨碍后续布线为原则。

⑥ 在每根剥去绝缘层导线的两端上编码套管。所有从一个接线端子在到另一个接线端子的导线必须连续，中间无接头。

⑦ 导线与接线端子或接线柱连接时不得压绝缘层，不反圈，不露铜过长。

⑧ 同一元件、同一回路的不同节点的导线间距应保持一致。

⑨ 一个电气元件的接线端子上的导线不得多于两根，每根接线端子板上的连接导线一般只允许连接一根。

(2) 板前线槽配线

① 所有导线的横截面积在等于或大于 0.5mm^2 时，必须采用软线。考虑机械强度的原因，所用最小横截面积在控制箱外为 1mm^2，在控制箱内为 0.75mm^2。但对控制箱内的很小电流的电路连线，如电子逻辑线路，可用 0.2mm^2 的，并且可以采用硬线，但只能用于不移动和没有振动的场合。

② 布线时严禁损伤线芯和绝缘导线。

③ 各电气元件的接线端子引出导线的走向以元件的水平中心线为界限，在水平中心线以上接线端子引出的导线必须进入元件上面的导线，在水平中心线以下接线端子引出的导线必须进入元件下面的行线槽。任何导线都不允许从水平方向进入行线槽。

④ 各电气元件接线端子上引出或引入的导线，除间距很小和元件机械强度很小允许直接架空敷设之外，其他导线必须经过行线槽进地连接。

⑤ 进入行线槽的导线完全至于行线槽内，并应尽可能避免交叉，装线不得超过其容量的 70% 以便能盖上行线槽盖，和以后的装配及维修。

⑥ 各电气元件与行线槽之间的外露导线应走向合理，并尽可能做到横平竖直，变换走向时要垂直。同一元件上的位置一致的端

子上引出或引入的导线要敷设在同一平面上，并应高低一致，不得交叉。

⑦ 所有接线端子、导线接头上都应该套有与电路图上相应的接点线号一致的编码套管，并按线号进行连接，连接必须可靠，不得松动。

⑧ 在任何情况下，接线端子必须与导线截面积和材料性质相适应。当连接端子不适合连接软线或截面积较小的软线时，可以在导线端头穿上针形或叉形扎头并压紧。

⑨ 一般一个接线端子只能连接一根导线，如果采用专门设计的端子，可以连接两根或多根导线，但导线的连接方式必须是公认的，在工艺上是成熟的，如加紧、压紧、焊接等，并应严格按照连接工艺的工序要求进行。

7.6.2 电气元件的安装

(1) 安装电气元件的工艺要求

① 组合开关、熔断器的受电端子应安装在控制板的外侧，并使熔断器的受电端为底座的中心端。

② 各元件的安装位置应整齐、匀称、间距合理，便于元件的更换。

③ 紧固各元件时要用力匀称，紧固程度适当，在紧固熔断器、接触器等易碎元件时，应用手按住元件一边轻轻摇动，一边用旋具轮换旋紧对角线上的螺钉，直到手摇不动后再适当旋紧些即可。

(2) 低压开关的安装
低压开关主要用于隔离、转换及接通和分断电路，多数作为机床电路的电源开关和局部照明电路的开关，有时也可用来直接控制小容量电动机的启动、停止和正反转。低压开关一般为非自动切换电器，常用的有刀开关、组合开关和低压断路器等。

① 刀开关的安装　刀开关安装时应做到垂直安装，使闭合操作时的手柄操作方向从下向上合，断开操作时的手柄操作方向应从上向下分，不允许采用平装和倒装，以防止产生误合闸。

接线时，电源进线应接在刀开关上面的进线端上，用电设备应接在刀开关下面的熔体上。

刀开关作为电动机的开关时，应将刀开关的熔体部分用导线直接连接，并在出线段另外加装熔断器作短路保护。

安装后应检查闸刀和静插座的接触是否成直线或紧密。

更换熔体必须按原规格在闸刀断开的情况下进行。

② 铁壳开关的安装 铁壳开关的安装必须垂直，安装高度一般不低于1.5m，并以操作方便和安全为原则。

接线时应将电源进线接在刀开关静插座的接线端子上，用电设备应接在熔断器的出线端子上。

开关外壳的接地螺钉必须可靠连接。

③ 组合开关的安装 HZ10组合开关应安装在控制箱内，其操作手柄最好伸出在控制箱的前面和侧面，应使手柄在水平旋转时为断开状态。HZ组合开关必须可靠接地。

若在箱内操作，开关最好安在箱的右上方，它的上方最好不要安装其他电器，否则采用隔离和绝缘措施。

组合开关的通断能力较低，不能用来分断故障电流，用于控制异步电动机的正反转时，必须在电动机完全停止转动后才能反向启动，且每小时的通断次数不能超过20次。

当操作频率过高或负载功率因数较低时，应降低开关的容量使用，以延长其使用寿命。

倒顺开关接线时，应将开关两侧进出线中的一根互换，并看清开关接线端的标志，以防接错，产生电源两相短路故障。

④ 低压断路器的安装 低压断路器的安装应垂直于配电板安装，电源引线应接到上端，负载引线应接到下端。

低压断路器作为电源总开关或电动机总开关时，在电源进线一侧不许加装刀开关或熔断器等，以形成一个明显的断开点。

⑤ 熔断器的安装 熔断器应完好无损，接触紧密可靠，并应额定电压和额定电流值得标志。

瓷插式熔断器垂直安装，螺旋式熔断器的电源进线应接在底座中心端的接线端子上，用电设备应接在螺旋壳的接线端子上。

熔断器应装合适的熔体，不能用多根小规格的熔体代替一个大规格的熔体。

(3) 接触器的安装

① 安装前的检查 检查接触器的铭牌与线圈的技术数据是否

符合实际使用要求。

检查接触器外观，应无机械损伤，用手推动接触器的可动部分时，接触器应动作灵活，无卡阻现象；灭护罩应完好无损，牢固可靠。

将铁芯极面上的防锈油脂或粘在极面上的污垢用煤油擦净，以免多次使用后衔铁被粘住，造成断电后不能释放。

测量接触器的线圈电阻和绝缘电阻。

② 安装要点　交流接触器应垂直安装在面板上，倾斜度不得超过 $5°$，若有散热孔，则应将有孔的放在垂直方向上，以利于散热，并按规定留有适当的飞弧空间，以免烧坏相邻的电器。

安装和接线时，注意不要将零线失落或掉落接触器内部。安装孔的螺钉应装有弹簧垫圈和平垫圈，并拧紧螺钉，以防振动松脱。

安装完毕，检查接线正确后，在主触点不带电的情况下操作几次，然后测量接触器的动作值和释放值，所测数值应符合产品的规定要求。

第8章
典型电气线路的
分析与维修

8.1 CA6140型普通车床电气控制与故障检修

8.1.1 CA6140 型车床的外形

CA6140 型普通车床的外形如图 8-1 所示。

图 8-1 CA6140 型普通车床外形

8.1.2 CA6140 型普通车床的电气原理

(1) **CA6140 型普通车床电气控制电路** 如图 8-2 所示。

(2) **主电路分析** 主电路中有 3 台控制电动机。

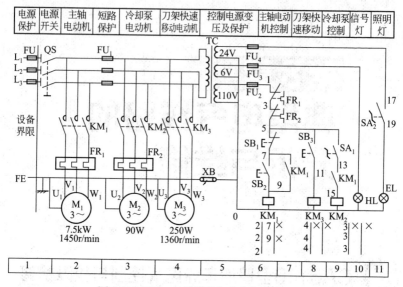

图 8-2 CA6140 型普通车床电气控制电路

① 主轴电动机 M_1，完成主轴主运动和刀具的纵横向进给运动的驱动。该电动机为三相电动机，主轴采用机械变速，正反向运行采用机械换向机构。

② 冷却泵电动机 M_2，提供冷却液用，为防止刀具和工件的温升过高，用冷却液降温。

③ 刀架电动机 M_3，为刀架快速移动电动机，根据使用需要，手动控制启动或停止。

电动机 M_1、M_2、M_3 容量都小于 10kW，均采用全压直接启动。三相交流电源通过转换开关 QS 引入，接触器 KM_1 控制 M_1 的启动和停止，接触器 KM_2 控制 M_2 的启动和停止，接触器 KM_3 控制 M_3 的启动和停止。KM_1 由按钮 SB_1、SB_2 控制，KM_3 由 SB_3 进行点动控制，KM_2 由开关 SA_1 控制。主轴正反向运行由机械离合器实现。

M_1、M_2 为连续运动的电动机，分别利用热继电器 FR_1、FR_2 作过载保护；M_3 为短期工作电动机，因此未设过载保护。熔断器 $FU_1 \sim FU_4$ 分别对主电路、控制电路和辅助电路实行短路保护。

(3) **控制电路分析** 控制电路的电源为由控制变压器 TC 次级输出的 110V 电压。

① 主轴电动机 M_1 的控制 采用了具有过载保护全压启动控制的典型电路。按下启动按钮 SB_2，接触器 KM_1 得电吸合，其动合触点 KM_1（7-9）闭合自锁，KM_1 的主触点闭合，主轴电动机 M_1 启动；同时其辅助动合触点 KM_1（13-15）闭合，作为 KM_2 得电的先决条件。按下停止按钮 SB_1，接触器 KM_1 失电释放，电动机 M_1 停转。

② 冷却泵电动机 M_2 的控制 采用两台电动机 M_1、M_2 顺序控制的典型电路，以满足使主轴电动机启动后，冷却泵电动机才能启动；当主轴电动机停止运行时，冷却泵电动机也自动停止运行。主轴电动机 M_1 启动后，接触器 KM_1 得电吸合，其辅助动合触点 KM_1（13-15）闭合，因此合上开关 SA_1，接触器 KM_2 线圈得电吸合，然后冷却泵电动机 M_2 才能启动。

③ 刀架快速移动电动机 M_3 的控制 采用点动控制。按下按钮 SB_3，KM_3 得电吸合，对 M_3 电动机实施点动控制，电动机 M_3 经传动系统，驱动溜板带动刀架快速移动。松开 SB_3，KM_3 失电，电动机 M_3 停转。

④ 照明和信号电路 控制变压器 TC 的副绕组分别输出 24V 和 6V 电压，作为机床照明灯和信号灯的电源。EL 为机床的低压照明灯，由开关 SA_2 控制；HL 为电源的信号灯。

8.1.3 常见电气故障检修

① 主轴电动机 M_1 不能启动的检修 检查接触器 KM_1 是否吸合，如果接触器 KM_1 吸合，故障必然发生在电源电路和主电路上。

② 接触器不吸合：接触器不吸合故障主要原因一般在控制电路，主要检查启动和停止按钮，和交流接触器的线圈。

③ 主轴电动机 M_1 启动后不能自锁的检修 主轴电动机 M_1 启动不能自锁的故障点在 KM_1 接触器的自锁常开触点脏污或者疲劳变形，一般更换触点就可以解决。

④ 主轴电动机 M_1 不能停车的检修 主轴电动机 M_1 不能停车

的故障点主要是 KM$_1$ 接触器卡滞造成，更换 KM$_1$ 接触器即可解决。

　　⑤ 主轴电动机在运行中突然停车的检修　主轴电动机在运行中突然停车的故障主要在于过流保护器动作，一般是过流保护器损坏，或电动机绕组绝缘损坏造成的。

8.2　M7120型磨床电气控制与故障检修

8.2.1　M7120 型磨床的外形

　　M7120 型磨床的外形如图 8-3 所示。

图 8-3　M7120 型磨床的外形

8.2.2　M7120 型磨床的电路原理

　　M7120 型磨床的电路原理如图 8-4 所示。

　　(1) M7120 型磨床的主电路原理　主电路共有 4 台电动机，其中 M$_1$ 为液压泵电动机，起到实现工作台的往复运动的作用，由

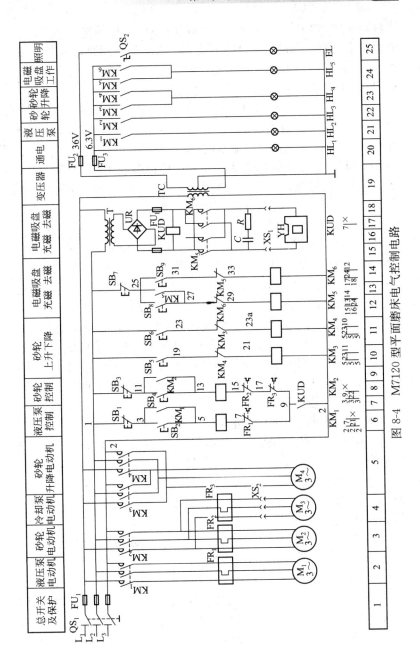

图 8-4 M7120 型平面磨床电气控制电路

接触器 KM_1 的主触点控制，单向旋转；M_2 为砂轮电动机，起到带动砂轮转动完成磨加工工作的作用；M_3 是冷却泵电动机，M_2 和 M_3 同由接触器 KM_2 的主触点控制，单向旋转，冷却泵电动机 M_3 只有在砂轮电动机 M_2 启动后才能运转，由于冷却泵电动机和机床床身是分开的，因此通过插头插座 XS_2 和电源接通；M_4 是砂轮升降电动机，在磨削过程中调整砂轮与工件之间的位置，由接触器 KM_3、KM_4 的主触点控制双向旋转。

因 M_1、M_2、M_3 是长期工作的，所以装有 FR_1、FR_2、FR_3 分别对其进行过载保护；M_4 是短期工作的，可不设过载保护。4 台电动机共用一组熔断器 FU_1 作短路保护。

(2) 控制电路原理

① 液压泵电动机 M_1 的控制 合上总开关 QS_1，整流变压器 T [16、17] 的副边绕组输出 135V 交流电压，经桥式整流器 UR [16、17] 整流得到直流电压，使电压继电器 KUD [16、17] 得电吸合，其动合触点 KUD [7] (9-2) 闭合，使液压泵电动机 M_1 和砂轮电动机 M_2 的控制电路具有得电的前提条件，为启动电动机做好准备，如果 KUD 不能可靠地动作，则各电动机均无法运行。由于平面磨床的工件靠直流电磁吸盘的吸力将工件吸牢在工件台上，因此只有具备可靠的直流电压后，才允许启动砂轮和液压系统，以保证安全。

当欠电压继电器 KUD 吸合后，其动合触点 KUD [7] (9-2) 闭合，按下启动按钮 SB_2 [6]，接触器 KM_1 得电吸合并自锁，液压泵电动机 M_1 启动运转，指示灯 HL_2 亮。若按下停止按钮 SB_1 [6]，则 KM_1 失电释放，电动机 M_1 失电停转。在运转过程中，若 M_1 过载，则热继电器 FR_1 的动断触点 FR_1 (7-9) 断开，M_1 停转，起到过载保护作用。

② 砂轮电动机 M_2 和冷却泵电动机 M_3 的控制如图 8-5 所示。

按下启动按钮 SB_4，接触器 KM_2 得电吸合并自锁，M_2 启动运转。由于冷却泵电动机 M_3 通过连接器 XS_2 与 M_2 联动控制，因此 M_3 与 M_2 同时启动运转。按下停止按钮 SB_3，KM_2 失电释放，电动机 M_2 与 M_3 同时失电停转。

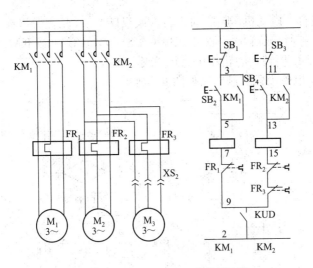

图 8-5　电动机 M_2、M_3 的控制电路

③ 砂轮升降电动机 M_4 的控制如图 8-6 所示。

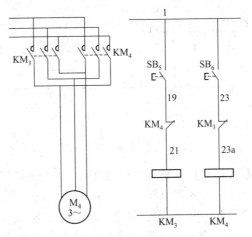

图 8-6　电动机 M_4 的控制电路

砂轮升降电动机只有在调整工件和砂轮之间位置时才使用，常采用点动控制。

当按下点动按钮 SB_5（或 SB_6）时，接触器 KM_3（或 KM_4）

得电吸合，电动机 M_4 启动正转（或反转），砂轮上升（或下降）。砂轮达到所需位置时，松开 SB_5（或 SB_6），KM_3（或 KM_4）失电释放，M_4 停转，砂轮停止上升（或下降）。

④ 电磁吸盘控制电路如图 8-7 所示。

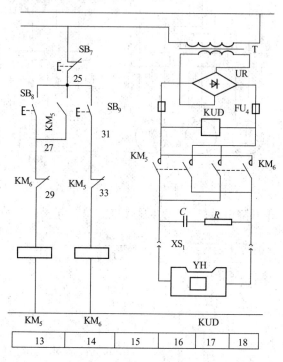

图 8-7　电磁吸盘控制电路

电磁吸盘控制电路由整流、控制电路和保护电路等组成，整流电路由变压器 T、桥式整流器 UR 组成，输出 110V 直流电源，控制电路由按钮 SB_7、SB_8、SB_9 和接触器 KM_5、KM_6 组成。

a. 充磁过程　按下充磁按钮 SB_8，KM_5 得电吸合并自锁，其主触点 [15、16] 闭合，电磁吸盘 YH 线圈得电，工作台充磁吸住工件，同时 KM_5 辅助动断触点 KM_5（31-33）断开，使 KM_6 不能得电，实现互锁。磨削加工完毕，在取下加工好的工件时，先按下 SB_7，切断电磁吸盘 YH 上的直流电源。由于吸盘和工件都有剩磁，这时需对吸盘和工件进行去磁。

b. 去磁过程 操作者按下点动按钮 SB_9，接触器 KM_6 线圈得电吸合，其两副主触点 [17、18] 闭合，电磁吸盘通入反向直流电，使工作台和工件去磁。去磁时，为防止因时间过长而使工作台反向磁化，再次吸住工件，接触器 KM_6 采用点动控制。

保护装置由放电电阻 R 和 C 以及欠压继电器 KUD 组成。电阻 R 和电容 C 的作用是，因为在充磁吸工件时，吸盘存储了大量磁场能量，在断开电源的一瞬间，吸盘 YH 的两端产生较大的自感电动势，使线圈和其他电气元件损坏，所以用电阻和电容组成放电回路，它是利用电容 C 两端的电压不能突变的特点，使电磁吸盘线圈两端电压变化趋于缓慢，利用电阻消耗电磁能量。RLC 电路可以组成一个衰减振荡电路，有利于去磁。欠压继电器 KUD 的作用是，在加工过程中，若电源电压低，则电磁吸盘将不能吸牢工件，导致工件被砂轮打出，造成严重事故。因此，在电路中设置了欠压继电器 KUD，将其线圈并联在直流电源上，其动合触点 [7] 串联在液压泵电动机和砂轮电动机的控制电路中，若电磁吸盘不能吸牢工件，KUD 就会释放，使液压泵电动机和砂轮电动机停转，保证了安全。

⑤ 照明和指示灯电路 EL 为照明灯，其工作电压为 36V，由变压器 TC 供电。QS_2 为照明负荷隔离开关。

$HL_1 \sim HL_5$ 为指示灯，工作电压均为 6V，也由变压器 TC 供给。其中，HL_1 为控制电路指示灯，HL_2 为 M_1 运转指示灯，HL_3 为 M_3 及 M_2 运转指示灯，HL_4 为 M_4 工作指示灯，HL_5 为电磁吸盘工作（充磁或去磁）指示灯。

8.2.3 M7120 型磨床的维修

① 砂轮升降电动机正反向均不能启动 故障原因一般是主电路熔断器 FU_1 熔断，按钮 SB_5、SB_6 触点接触不良老化是另外一个原因，可用万用表测量其常开点。

② 电磁吸盘没吸力 对于电磁吸盘没吸力，首先检查 FU_4 是否熔断，其次检查 YH 吸盘两个出线头是否脱落，并用万用表测量吸盘 XS_1 两端电压判断吸盘是否有短路或断路性故障，因为切削液容易造成吸盘绝缘损坏。

③ 砂轮电动机 M_2 启动后转动不停止　砂轮电动机 M_2 启动后转动不停止，主要检查交流接触器 KM_2 的触点是否粘连。一般是更换接触器就可以解决。

④ 冷却泵电动机不转　对于冷却泵电动机不转，在实际维修中除电动机绕组损坏外，主要是冷却泵电动机插头松脱造成。

8.3　Z35型钻床电气控制与故障检修

8.3.1　Z35 型钻床的外形

Z35 型钻床的外形如图 8-8 所示。

图 8-8　Z35 型钻床的外形

8.3.2　Z35 型钻床的电路原理

（1）Z35 型钻床的电气控制电路　如图 8-9 所示。

Z35 型摇臂钻床共配置 4 台电动机，M_1 为冷却泵电动机，由

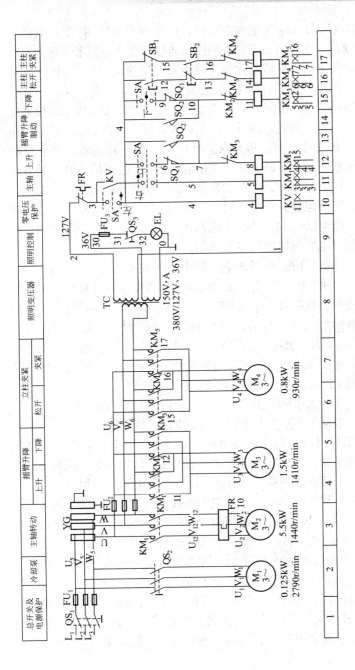

图 8-9 Z35 型摇臂钻床电气控制电路

开关 QS_2 控制；M_2 为主轴电动机，由接触器 KM_1 控制，只能正转，主轴正、反转则由机械手柄操作通过摩擦离合器来实现，通过改变主轴箱中的齿轮传动比能实现不同切削速度；M_3 为摇臂升降电动机，由接触器 KM_2、KM_3 控制正、反转，以实现摇臂上升或下降，当摇臂升（或降）到预定位置时，摇臂能在电气和机械夹紧装置配合下，自动夹紧在外立柱上；摇臂可沿立柱上、下移动，而摇臂与外立柱可以一起相对内立柱作 360°的回转运动，外立柱的夹紧与放松是通过立柱夹紧或放松电动机 M_4 的正反转并通过液压装置进行的，M_4 由接触器 KM_4 和 KM_5 控制其正反转。

(2) **控制电路分析**　如图 8-9 所示，合上开关 QS_1，电流经接线排 YG 给电动机 $M_2 \sim M_4$ 主电路供电，并通过控制变压器 TC 给控制电路供电，控制电路电压为 127V。

① **主轴电动机 M_2 的控制**　将十字开关手柄扳至左边的位置，触点 SA (3-4) 闭合，使电压继电器 KV 得电吸合并自锁，为其他控制电路得电做准备，主轴和摇臂升降控制是在电压继电器 KV 得电并自锁的前提下进行的。将十字开关手柄扳到右边位置，触点 SA (4-5) 闭合，使 KM_1 得电吸合，其主触点 [3] 闭合，使电动机 M_2 得电启动运转，经主传动链带动主轴旋转。主轴的旋转方向由主轴箱上的摩擦离合器手柄所扳的位置来决定。

将十字开关手柄扳至中间位置，SA 的触点全部断开，KM_1 失电释放，电动机 M_2 失电停转，主轴也停止转动。

② **摇臂升降的控制**　摇臂松开后才能进行升降，升或降到位后必须将摇臂夹紧。摇臂升降是由电气和机械传动联合控制的，能自动完成摇臂松开→摇臂上升或下降→摇臂夹紧的过程。

要使摇臂上升，将十字开关手柄扳到向"上"位置，SA 的触点 SA (4-6) 闭合，使 KM_2 得电吸合，其主触点 [4] 闭合，电动机 M_3 正转启动运转；KM_2 的辅助动断触点 KM_2 (10-11) 断开，使 KM_3 不能得电，实现互锁。因为摇臂上升前还被夹紧机构夹紧。同时机械装置使位置开关 SQ_2 的动合触点 QS_2 (4-10) [14] 闭合，为摇臂上升后的夹紧做好准备。当夹紧机构放松后，电动机 M_3 通过升降丝杆，带动摇臂上升。当摇臂上升到所需位置时，将十字开关扳到"中"位置，触点 SA (4-6) 复位断开，KM_2 失电释放，M_3 失电停转，摇臂也停止上升。KM_2 的辅助动断触点 KM_2（10-11）复位闭合，由于 SQ_2 的动合触点 SQ_2（4-10）已闭合，因此使 KM_3 得电吸合，其主触点 [5] 闭合，电动机 M_3 反转启动运转；KM_3 的辅助动断触点 KM_3（7-8）断开，使 KM_2 不能得电，实现互锁。M_3 反转运行后，通过传动装置，摇臂自动夹紧。夹紧后，位置开关 SQ_2 的动合触点 SQ_2（4-10）断开，使 KM_3 失电释放，电动机 M_3 失电停转，上述过程结束。

要使摇臂下降，可将十字开关 SA 扳到"下"位置，使触点 SA（4-9）闭合，KM_3 得电吸合，其主触点 [5] 闭合，电动机 M_3 反向启动运转，通过传动装置使摇臂夹紧机构松开，并使位置开关 SQ_2 的动合触点 SQ_2（4-7）闭合，为摇臂下降后的夹紧做准备。摇臂下降到所需位置时，将十字开关 SA 扳到"中"位置，其他动作与上升的动作类似。

为使摇臂上升时不致超过允许的极限位置，在摇臂上升、下降控制电路中分别串入位置开关 SQ_1 的动断触点 SQ_1（6-7）[12]、SQ_1（9-10）[15]，当摇臂上升到极限位置时，挡块将相应的位置开关压下，使电动机停转。

③ 立柱的夹紧与松开控制　钻床立柱夹紧与松开是通过 KM_4、KM_5 控制电动机 M_4 的正、反转实现的。如需要摇臂和外立柱绕内立柱转动时，应先按下按钮 SB_1，使 KM_4 得电吸合，其主触点 [6] 闭合，电动机 M_4 正转启动运转，通过齿式离合器带动齿轮油压泵，送出高压油，使外立柱松开；然后松开 SB_1，KM_4 失电释放，电动机 M_4 失电停转。此时推动摇臂和外立柱绕内立柱作旋转。当转到所需位置时，再按下按钮 SB_2，使 KM_5 得电吸合，其主触点 [7] 闭合，电动机 M_4 反向启动运运转，在油压的作用下，将外立柱夹紧，然后松开 SB_2，KM_5 失电释放，M_4 失电停转。

④ 冷却泵电动机 M_1 的控制　M_1 由转换开关 QS_2 直接控制。

8.3.3　Z35型钻床的维修

① 主轴电动机不能启动　首先检查 QS_1 总开关是否接通，然后用万用表测量 FU_1 和 FU_2 两端电压来判断是否熔断，再检查热

继电器 FR 是否因过载复位。对于主轴控制电路主要是检查 KM_1 线圈是否断开，SA 开关触点是否断路。

② 立柱夹紧或松开后电动机 M_4 不停止转动　主要是 KM_4、KM_5 主触点熔焊造成的。

③ 摇臂只能上升或只能下降　主要检查限位开关 SQ_1、SQ_2，因为在上升、下降的过程中，因 SQ_1 或 SQ_2 损坏会造成摇臂超过行程，所以平时注意对行程开关进行检查。

④ 冷却泵不转动　冷却泵不转动故障主要检查 QS_1 自锁按钮开关，和冷却泵电动机本身的绝缘绕组是否损坏。

8.4 X62W型铣床电气控制与故障检修

8.4.1　电气控制分析

X62W 型万能铣床电气控制线路如图 8-10 所示。

(1) 主电路　有三台电动机，M_1 是主轴电动机，M_2 是进给电动机，M_3 是冷却泵电动机。

① 主轴电动机 M_1 通过换相开关 SA_4 与接触器 KM_1 配合，能实现正、反转控制，与接触器 KM_2、制动电阻器 R 及速度继电器配合，能实现串电阻瞬时冲动和正、反转反接制动控制，并能通过机械机构进行变速。

② 进给电动机 M_2 通过接触器 KM_3、KM_4 与行程开关及 KM_5、牵引电磁铁 YA 配合，可实现进给变速时的瞬时冲动、三个相互垂直方向的常速进给和快速进给控制。

③ 冷却泵电动机 M_3 只需正转。

④ 电路中 FU_1 作机床总短路保护，也兼作主轴电动机 M_1 的短路保护；FU_2 作为 M_2、M_3 及控制、照明变压器一次侧的短路保护；热继电器 FR_1、FR_2、FR_3 分别作 M_1、M_2、M_3 的过载保护。

(2) 控制电路

① 主轴电动机的控制

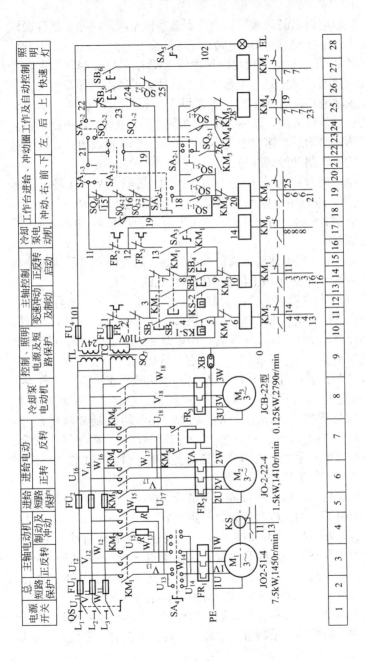

图8-10 X62W型万能铣床电气原理图

a. 主轴电动机的两地控制由分别装在机床两边的停止和启动按钮 SB_1、SB_3 与 SB_2、SB_4 完成。

b. KM_1 是主轴电动机启动接触器，KM_2 是反接制动和主轴变速冲动接触器，SQ_7 是与主轴变速手柄联动的瞬时动作行程开关。

c. 主轴电动机启动之前，要先将换相开关 SA_4 扳到主轴电动机所需要的旋转方向，然后再按启动按钮 SB_3 或 SB_4，完成启动。

d. M_1 启动后，速度继电器 KS 的一副常开触点闭合，为主轴电动机的停转制动做好准备。

e. 停车时，按停车按钮 SB_1 或 SB_2 切断 KM_1 电路，接通 KM_2 电路，进行串电阻反接制动。当 M_1 转速低于 120r/min 时，速度继电器 KS 的一副常开触点恢复断开，切断 KM_2 电路，M_1 停转，完成制动。

f. 主轴电动机变速时的瞬时冲动控制，是利用变速手柄与冲动行程开关 SQ_7 通过机械上的联动机构完成的。

② 工作台进给电动机的控制　工作台在三个相互垂直方向上的运动由进给电动机 M_2 驱动，接触器 KM_3 和 KM_4 由两个机械操作手柄控制，使 M_2 实现正反转，用以改变进给运动方向。这两个机械操作手柄，一个是纵向（左、右）运动机械操作手柄，另一个是垂直（上、下）和横向（前、后）运动机械操作手柄。纵向运动机械操作手柄与行程开关 SQ_1、SQ_2 联动，垂直及横向运动机械操作手柄与行程开关 SQ_3、SQ_4 联动，相互组成复合联锁控制，使工作台工作时只能进行其中一个方向的移动，以确保操作安全。这两个机械操作手柄各有两套，都是复式的，分设在工作台不同位置上，以实现两地操作。

机床接通电源后，将控制圆工作台的组合开关 SA_1 扳到断开位置，此时不需圆工作台运动，触点 SA_{1-1}（17-18）和 SA_{1-3}（11-21）闭合，而 SA_{1-2}（19-21）断开，再将选择工作台自动与手动控制的组合开关 SA_2 扳到手动位置，使触点 SA_{2-1}（18-25）断开，而 SA_{2-2}（21-22）闭合，然后启动 M_1，这时接触器 KM_1 吸合，使 KM_1（8-13）闭合，就可进行工作台的进给控制。

a. 工作台纵向（左、右）运动的控制　工作台纵向运动由纵向运动操作手柄控制。手柄有三个位置：向左、向右、零位。当手柄扳到向右或向左位置时，手柄的联动机构压下行程开关 SQ_1 或 SQ_2，使接触器 KM_3 或 KM_4 动作，控制进给电动机 M_2 的正、反转。工作台左右运动的行程，可通过调整安装在工作台两端的挡铁位置来实现。当工作台纵向运动到极限位置时，挡铁撞动纵向操作手柄，使它回到零位，工作台停止运动，从而实现了纵向极限保护。

b. 工作台垂直（上、下）和横向（前、后）运动的控制　工作台的垂直和横向运动，由垂直和横向运动操作手柄控制。手柄的联动机械一方面能压下行程开关 SQ_3 或 SQ_4，另一方面能接通垂直或横向进给离合器。其操作手柄有五个位置：上、下、前、后和中间位置，五个位置是联锁的。工作台的上下和前后运动的极限保护是利用装在床身导轨旁与工作台座上的挡铁，将操纵十字手柄撞到中间位置，使 M_2 断电停转。

c. 工作台快速进给控制　当铣床不作铣切加工时，为提高劳动生产效率，要求工作台能快速移动。工作台在三个相互垂直方向上的运动都可实现快速进给控制，且有手动和自动两种控制方式，一般都采用手动控制。

当工作台作常速进给移动时，再按下快速进给按钮 SB_5（或 SB_6），使接触器 KM_5 通电吸合，接通牵引电磁铁 YA，电磁铁通过杠杆使摩擦离合器合上，减少中间传动装置，使工作台按原运动方向作快速进给运动。松开快速进给按钮时，电磁铁 YA 断电，摩擦离合器断开，快速进给运动停止，工作台仍按原常速进给时的速度继续运动。可见快速移动是点动控制。

d. 进给电动机变速时瞬动（冲动）控制　变速时，为使齿轮易于啮合，进给变速也设有变速冲动环节。进给变速冲动是由进给变速手柄配合进给变速冲动开关 SQ_6 实现的。需要进给变速时，应将转速盘的蘑菇形手轮向外拉出并转动转速盘，将所需进给量的标尺数字对准箭头，然后再把蘑菇形手轮用力拉到极限位置并随即推回原位。在将蘑菇形手轮拉到极限位置的瞬间，其连杆机构瞬时压下行程开关 SQ_6，使 SQ_6 的常闭触点 SQ_6（11-15）断开，常开触点 SQ_6（15-19）闭合，使 KM_3 通电，电动机 M_2 正转。由于操作时只使 SQ_6 瞬时压合，所以 KM_3 是瞬时接通的，故能达到 M_2

瞬时转动一下，从而保证变速齿轮易于啮合。由于进给变速瞬时冲动的通电回路要经过 $SQ_1 \sim SQ_4$ 四个行程开关的常闭触点，因此，只有当进给运动的操作手柄都在中间（停止）位置时，才能实现进给变速冲动控制，以保证操作时的安全。同时，与主轴变速时冲动控制一样，电动机的通电时间不能太长，以防止转速过高，在变速时打坏齿轮。

③ 圆工作台运动的控制　为铣切螺旋槽、弧形槽等曲线，X62W 型万能铣床附有圆形工作台及其传动机构，可安装在工作台上。圆形工作台的回转运动也是由进给电动机 M_2 经传动机构驱动的。

圆工作台工作时，首先将进给操作手柄扳到中间（停止）位置，然后将组合开关 SA_1 扳到接通位置，这时触点 SA_{1-1}（17-18）及 SA_{1-3}（11-21）断开，SA_{1-2}（19-21）闭合。按下主轴启动按钮 SB_3 或 SB_4，则接触器 KM_1 与 KM_3 相继吸合，主轴电动机 M_1 与进给电动机 M_2 相继启动并运转，进给电动机仅以正转方向带动圆工作台作定向回转运动。由于圆工作台控制电路是经行程开关 $SQ_1 \sim SQ_4$ 的四个行程开关的常闭触点形成闭合回路的，所以操作任何一个长工作台进给手柄，都将切断圆工作台控制电路，实现圆形工作台和长方形工作台的联锁。若要使圆工作台停止转动，可按主轴停止按钮 SB_1 或 SB_2，则主轴与圆工作台同时停止工作。

④ 冷却泵电动机的控制与照明电路　冷却泵电动机 M_3 通常在铣削加工时由转换开关 SA_3 操作。扳至接通位置时，接触器 KM_6 通电，M_3 启动，输送切削液，供铣削加工冷却用。机床照明由照明变压器 TL 输出 24V 安全电压，由转换开关 SA_5 控制照明灯 EL。

8.4.2　X62W 型万能铣床电气线路的检修

由 X62W 型万能铣床电气控制线路的分析可知，它与机械系统的配合十分密切，例如进给电动机采用电气与机械联合控制，整个电气线路的正常工作往往与机械系统的正常工作是分不开的。因此，在出现故障时，正确判断是电气故障还是机械故障以及对电气与机械相配合情况的掌握，是迅速排除故障的关键。同时，X62W

型万能铣床控制电路联锁较多，这也是其易出现故障的一个方面。下面以几个实例来叙述 X62W 型万能铣床的常见故障及其排除方法。

(1) 主轴的制动故障检修

① 主轴停车制动效果不明显或无制动　首先检查按下停止按钮 SB$_1$ 或 SB$_2$ 后，反接制动接触器 KM$_2$ 是否吸合，如 KM$_2$ 不吸合，可先操作主轴变速冲动手柄，若有冲动，则故障范围就缩小到速度继电器和按钮支路上。若 KM$_2$ 吸合，则故障就可能是在主电路的 KM$_2$、R 制动支路上，可能是二相或三相断路，使主轴停车无制动；或者是速度继电器过早断开，使 KM$_2$ 过早断开，造成主轴停车制动效果不明显。可见，这个故障较多是由速度继电器 KS 发生故障引起的。速度继电器的两对常开触点是用胶木摆杆推动动作的，如果胶木摆杆断裂，将使 KS 常开触点不能正常闭合，使主轴停车无制动。另外，KS 轴伸端圆销扭弯、磨损或弹性连接件损坏、螺钉、销钉松动或打滑等，都会使主轴停车无制动。若 KS 常开触点过早断开，则可能是 KS 动触点的反力弹簧调节过紧或 KS 的永久磁铁转子的磁性衰减等，这些故障会使主轴停车效果不明显。

② 主轴停车后短时反向旋转　一般是由于速度继电器 KS 动触点弹簧调整得过松，使触点复位过迟，导致在反接的惯性作用下主轴电动机出现短时反向旋转。

③ 主轴变速时无瞬时冲动　可能是冲动行程开关 SQ$_7$ 在频繁压合下，开关位置改变以致压不上或触点接触不良。

④ 按下停止按钮后主轴不停　产生该故障的原因可能有：接触器 KM$_1$ 主触点熔焊、反接制动时两相运行、启动按钮 SB$_3$ 或 SB$_4$ 在启动后绝缘被击穿损坏。

⑤ 工作台不能快速进给　常见原因是牵引电磁铁 YA 电路不通，如线圈烧毁、线头脱落或机械卡死。如果按下 SB$_5$ 或 SB$_6$ 后接触器 KM$_5$ 不吸合，则故障在控制电路部分；若 KM$_5$ 能吸合，且牵引电磁铁 YA 也吸合正常，则故障大多为机械故障，如杠杆卡死或离合器摩擦片间隙调整不当。

⑥ 工作台控制电路的故障　这部分电路故障较多，现仅举一

例说明。故障现象：工作台能够纵向进给但不能横向或垂直进给。从故障现象看，工作台能够纵向进给，说明进给电动机 M_2、主电路、接触器 KM_3、KM_4 及与纵向进给相关的公共支路都正常，这样就缩小了故障范围。操作垂直和横向进给手柄无进给，可能是由于该手柄压合的行程开关 SQ_3 或 SQ_4 压合不上；也可能是 SQ_1 或 SQ_2 在纵向操纵手柄扳回中间位置后不能复位，引起联锁故障，致使 22-23-17 支路（图 8-10）被切断，无法接通进给控制电路。

(2) 继电器的检修 继电器是一种根据外界输入的信号如电气量（电压、电流）或非电气量（热量、时间、转速等）的变化接通或断开控制电路，以完成控制或保护任务的电器。继电器有三个基本部分，即感测机构、中间机构和执行机构。检修各种继电器装置，主要就是检修这三个基本部分。

1）感测机构的检修

① 对于电磁式（电压、电流、中间）继电器而言，其感测机构即为电磁系统。电磁系统的故障，主要集中在线圈及动、静铁芯部分。

a. 线圈故障检修 线圈故障通常有线圈绝缘损坏；受机械损伤形成匝间短路或接地；由于电源电压过低，动、静铁芯接触不严密，使通过线圈电流过大，线圈过热以至烧毁。修理时，应重绕线圈。

如果线圈通电后衔铁不吸合，可能是线圈引出线连接处脱落，使线圈断路。检查出脱落处后焊接上即可。

b. 铁芯故障检修 铁芯故障主要有：

• 通电后，衔铁吸不上。这可能是由于线圈断线，动、静铁芯被卡住，动、静铁芯之间有异物，电源电压过低等造成的，应区别情况修理。

• 通电后，衔铁噪声大。可能是由于动、静铁芯接触面不平整，或有油污造成的。修理时，应取下线圈，锉平或磨平其接触面；如有油污应用汽油进行清洗。噪声大可能是由短路环断裂引起的，修理或更换新的短路环即可。

• 断电后，衔铁不能立即释放。这可能是由于动铁芯被卡住、铁芯气隙太小、弹簧劳损和铁芯接触面有油污等造成的。检修时应针对故障原因区别对待，或调整气隙，使其保持在 0.02～0.05mm 之间；或更换弹簧；或用汽油清洗油污。

② 对热继电器而言，其感测机构是热元件，其常见故障是热元件烧坏，或热元件误动作不动作。

a. 热元件烧坏　这可能是负载侧发生短路，或热元件动作频率太高造成的。检修时应更换热元件，重新调整整定值。

b. 热元件误动作　这可能是整定值太小、未过载就动作，或使用场合有强烈的冲击及振动，使其动作机构松动脱扣而引起误动作造成的。

c. 热元件不动作　这可能是由于整定值太大，使热元件失去过载保护功能，以致过载很久仍不动作。检修时应根据负载工作电流来调整整定电流。

2) 执行机构的检修　大多数继电器的执行机构都是触点系统。通过它的"通"与"断"，来完成一定的控制功能。触点系统的故障一般有触点过热、磨损、熔焊等。引起触点过热的主要原因是容量不够，触点压力不够，表面氧化或不清洁等；引起磨损加剧的主要原因是触点容量太小，电弧温度过高使触点金属气化等，引起触点熔焊的主要原因是电弧温度过高，或触点严重跳动等。触点的检修顺序如下：

① 打开外盖，检查触点表面情况。

② 如果触点表面氧化，对银触点可不作修理，对铜触点可用油光锉锉平或用小刀轻轻刮去其表面的氧化层。

③ 如触点表面不清洁，可用汽油或四氯化碳清洗。

④ 如果触点表面有灼伤烧毛痕迹，对银触点可不必整修，对铜触点可用油光锉或小刀整修。不允许用砂布或砂纸来整修，以免残留砂粒，造成接触不良。

⑤ 触点如果熔焊，应更换触点。如果是因触点容量太小造成的，则应更换容量大一级的继电器。

⑥ 如果触点压力不够，应调整弹簧或更换弹簧来增大压力。若压力仍不够，则应更换触点。

3) 中间机构的检修

① 对空气式时间继电器而言，其中间机构主要是气囊，常见

故障是延时不准。这可能是由于气囊密封不严或漏气，使动作延时缩短，甚至不延时；也可能是气囊空气通道堵塞，使动作延时变长。修理时，对于前者应重新装配或更换新气囊，对于后者应拆开气室，清除堵塞物。

② 对速度继电器而言，其胶木摆杆属于中间机构。如反接制动时电动机不能制动停转，就可能是胶木摆杆断裂。检修时应予以更换。

(3) 电缆的故障检修

① 电缆常见故障

a. 线路故障　主要包括断线和不完全断线故障。

b. 绝缘故障　包括绝缘损坏或击穿，如相间短路、单相接地等。

c. 综合故障　兼有以上两种故障。

② 故障原因的分析　电缆产生故障的原因很多，电缆常见故障如下。

a. 机械损伤　电缆直接受到外力损伤，如基建施工时受挖掘工具的损伤，或由于电缆铅包层的疲劳损坏、铅包龟裂、弯曲过度、热胀冷缩等引起电缆的机械损伤。

b. 绝缘受潮　由于设计或施工不良，使水分浸入，使绝缘受潮，绝缘性能下降。绝缘受潮是电缆终端头和中间接线盒最常见的故障。

c. 绝缘老化　电缆中的浸渍剂在电热作用下，化学分解使介质损耗增大，导致电缆局部过热，绝缘老化造成击穿。

d. 电缆击穿　由于设计不当，电缆长期过热，使电缆过热击穿或由于操作过电压，造成电缆过电压击穿。

e. 材料缺陷　材料质差引起，如电缆中间接线盒或电缆终端头等附件的铸铁质量差，有细小裂缝或砂眼，造成电缆损坏。

f. 化学腐蚀　由于电缆线路受到酸、碱等化学腐蚀，使电缆击穿。

③ 电缆故障的检测

a. 无论何种电缆，均须在电缆与电力系统完全隔离后，才可进行鉴定故障性质的试验。

b. 鉴定故障性质的试验，应包括每根电缆芯的对地绝缘电阻、各电缆芯间的绝缘电阻和每根电缆芯的连续性。

c. 鉴定故障性质可用兆欧表试验。电缆在运动中或试验中已发现故障，兆欧表不能鉴别其性质时，可用高压直流来测试电缆芯间及芯与铅包间的绝缘。

d. 电缆二芯接地故障时，不允许利用另一芯的自身电容做声测试验。

e. 电缆故障的测寻。可先用电阻表测出故障点距离后，应根据故障的性质，采用声测法或感应法找出故障点的确切位置。充油电缆的漏油点可采用流量法和冷冻法测寻。

8.5 桥式起重机电气控制与维修

8.5.1 16t 桥式天车电路

(1) 16t 桥式天车的外形结构　如图 8-11 所示。

图 8-11　16t 桥式天车的外形结构

（2）16t 桥式天车原理

① 主电路原理　如图 8-12 所示。该台起重机配置 3 台线绕式电动机 M_1、M_2 和 M_3，它们分别是大车电动机、小车电动机和葫芦吊钩电动机，三台电动机均采用串接电阻（$1R$、$2R$、$3R$）的方法实现启动和逐级调速。M_1、M_2 和 M_3 三台线绕式电动机的正反转，和电阻 $1R$、$2R$、$3R$ 的逐级切除，分别利用凸轮控制器 QC_1、QC_2、QC_3 控制。

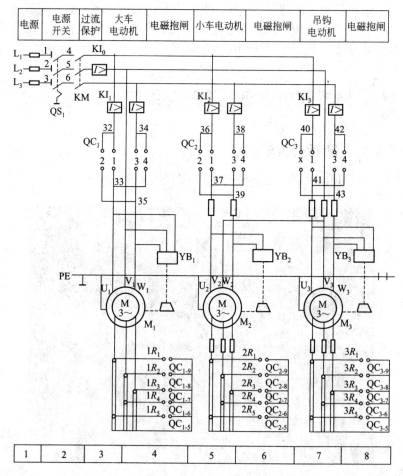

图 8-12　16t 桥式天车主电路原理

YB_1、YB_2、YB_3 作为三台电动机制动用的电磁铁，分别与电动机 M_1、M_2、M_3 的定子绕组并联，用来实现得电松闸、失电抱闸的制动作用，这样就保证在电动机定子绕组失电时，制动电磁铁失电，电磁抱闸抱紧，来避免重物自由下落而造成的事故发生。

主电路中的电流继电器 KI_1、KI_2、KI_3，作为电动机的过流保护，分别起到电动机 M_1、M_2、M_3 的过电流保护的作用。主电源电路采用的是 KI_0 电流继电器实现过电流保护的保护作用。

② 凸轮控制器的作用和原理 凸轮控制器的外形和结构如图 8-13 所示。

图 8-13 凸轮控制器的外形和结构

由图 8-13 可以看出只有三个凸轮控制器 QC_1、QC_2、QC_3 都在 "0" 位时，才可以接通交流电源，合上开关 QS_1，使 QS_1 开关闭合，按动启动按钮 SB，接触器 KM 得电吸合并自锁，然后便可通过 $QC_1 \sim QC_3$ 分别控制各电动机，凸轮控制器的触点工作状态如图 8-15 所示。

凸轮控制器是一种多触点、多位置的转换开关。凸轮控制器 QC_3、QC_2、QC_1 分别对大车、小车、吊钩电动机 $M_1 \sim M_3$ 实行控制。各凸轮控制器的位数为 5～0～5，共有 11 个操作位，共有 12 副触点，其中 4 副触点（1、2、3、4）控制各相对应电动机的正反转，5 副触点（5～9）控制电动机的启动和分级短接相应电阻，两副触点（10、11）和限位开关配合，用于大车行车、小车行车和吊钩提升极限位置的保护，最后一副触点（12）用于零位启动保护。

③ 控制电路原理如图 8-14 所示。

电源	短路保护	电源控制电路		照明及信号灯变压器	短路保护	电铃	照明	插座
		KM启动电路	KM自锁电路					

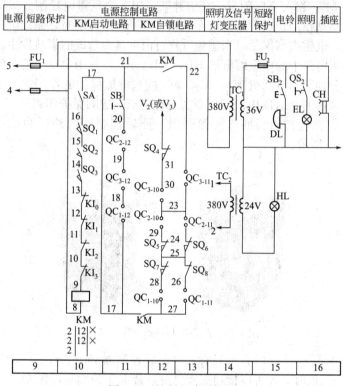

图 8-14　控制电路原理图

a. 天车运行准备工作　合上开关 QS_1，把凸轮控制器 QC_1、QC_2、QC_3 的手柄置于零位，把驾驶室上的舱口门和桥架两端的门关好，合上紧急开关 SA。按下启动按钮 SB [11]，使交流接触器 KM [10] 得电吸合，其辅助常开触点 KM (21-22)、KM (17-27) 闭合自锁，其主触点 [2] 闭合，接通总电源，为各电动机的启动做好准备。

大车、小车及葫芦提升凸轮控制器触点 QC_{1-10}、QC_{1-11}、QC_{2-10}、QC_{2-11}、QC_{3-10}、QC_{3-11} 和大车、小车及葫芦提升机构的限位开关 $SQ_4 \sim SQ_8$ 接成串并联电路与接触器 KM 辅助触点构成自锁电路，使大车、小车到了极限位置后，相应限位开关断开电动机停止转动，当凸轮控制器归"0"后，再次反向运动，即可退出极限。

b. 小车控制如图 8-14 所示，凸轮控制器触点状态如图 8-15 所示，下面就以小车控制对控制电路进行分析。

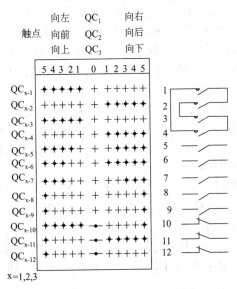

图 8-15　凸轮控制器触点工作状态

小车向前：把 QC$_2$ 手柄在向前方向转到"1"位，则 380V 交流电压，经过 QC$_2$ 到电动机 M$_2$ 和 YB$_2$ 电磁抱闸线圈，小车向前移动。

QC$_2$ 手柄向前方向转到"1"位 $\begin{cases} QC_2(36\text{-}37)(即\ QC_{2\text{-}1})[5] \\ QC_2(38\text{-}39)(即\ QC_{2\text{-}3})[5]M_2、YB\ 小车向前移动 \\ QC_{2\text{-}10}(自锁) \end{cases}$

把 QC$_2$ 手柄在"向前"从"1"转到"2"位，则是把电阻 R_5 短接，小车电动机由于电压的提升加快了移动速度。

QC$_2$ 手柄向前方向转到"2"位 $\begin{cases} QC_{2\text{-}10}(自锁)\rightarrow \\ QC_2(36\text{-}37)\rightarrow \\ QC_2(38\text{-}39)\rightarrow QC_{2\text{-}5}\rightarrow 短接电阻\ R_5\rightarrow \\ M_2\ 加速小车向前加快移动 \end{cases} \Bigg\} M_2^+$

如此继续，把 QC$_2$ 手柄在"向前"从"2"转到"3""4""5"

位时，其触点 QC_2（36-37）[5]、QC_2（38-39）[5] 和 QC_{2-5} 继续保持闭合，而在"3""4""5"位时，触点 QC_{2-5}、QC_{2-5}-QC_{2-6}、QC_{2-5}-QC_{2-7}、QC_{2-5}-QC_{2-9} 分别接通，相应短接电阻 $2R_5$、$2R_4$、$2R_3$、$2R_2$、$2R_1$，小车速度逐渐加快。

小车向后：把 QC_2 手柄转到"向后"方向的位置上，其工作原理与小车"向前"控制相似，小车便向相反方向运动。

c. 大车控制 大车"向左""向右"控制，把 QC 手柄转到"向左""向右"方向的位置上，大车分别向左或向右运动，其控制原理和小车控制相同。

d. 葫芦吊钩"向上""向下"控制：当把 QC_3 手柄转到"向上""向下"位置上，葫芦升降电动机分别正转和反转，带动吊钩分别向上和向下运动，其工作原理与小车"向前"控制相似。

(3) 安全保护措施

① 过电流保护：每台电动机的 U、W 两相电路中，都串联接入电流继电器，这样只要一台电动机超过电流整定值，过流继电器就动作，切断控制电源，并将主电源切断，所有电动机抱闸制动，使电动机停在原处。只有排除电路故障天车才能重新启动。

② 短路保护：在每个电路中，每个控制回路都由熔断器作为短路保护。

③ 零位保护：控制回路中设定零位联锁，只有凸轮控制器 QC_1、QC_2、QC_3 处于零位天车才能启动。

④ 停车保护：为使天车及时准确地停车，在电路中采用电磁制动器 YB_1、YB_2、YB_3 作为停车保护。

⑤ 应急触电保护：桥式起重机的驾驶室内，在天车操作员便于操作的位置，安装 SA 开关，当发生意外情况时操作员立即迅速断开 SA 开关，就可以断开系统电源，使天车停下，避免事故的发生。

8.5.2 16t 桥式起重机常见故障分析检修

(1) 合上电源开关 QS_1，按下 SB 启动按钮，主接触器 KM 不吸合

① 线路无电压，用万用表电压挡测量 QS_1 进线处。如没有电

压，检查电源保险是否烧断，如断则应更换。

② 过流继电器动作，用万用表电阻挡检查过流继电器的动断联锁触点，应为导通状态，否则可判断该分路过流。

③ 紧急开关 SA 未合上。

④ 凸轮控制器没在零位，则 QC_{1-12}、QC_{3-12}、QC_{2-12} 断开。应将控制器手柄扳到零位。

(2) 按下 SB_1 按钮过流继电器动作　当按下 SB_1 按钮过流继电器动作，一般故障为凸轮控制器 QC_1、QC_2、QC_3 或线绕电动机 M_1、M_2、M_3 接地或短路，在故障处理上可分别断开进行分断检查，以便于排除故障。

(3) 在操纵凸轮控制器时，控制器内部有火花产生　凸轮控制器冒火花故障主要为控制器触点与铜片接触不良、触点脏污。处理方法是调整触点间距，并用砂纸打磨。

(4) 制动电磁铁过热　制动电磁铁过热的故障，主要是制动电磁铁线圈匝间短路，一般予以更换。而制动电磁铁过热故障的另外一个原因就是制动电磁铁的摩擦盘调整得太紧，只要把调整螺栓调到合适位置就可以了。

(5) 照明和信号电路故障　照明和信号电路故障在实际维修中主要是短路保护保险烧断，照明灯泡和指示信号灯泡断丝，变压器线圈匝间短路。一般处理方法就是更换。

第9章
典型电子线路的安装调试与维修

9.1 电气控制线路的原理与安装

9.1.1 三相异步电动机正反转控制电路调试与安装

（1）安装元器件

① 根据图 9-1 所示的原理图，选取所用电气元件，并进行检测。

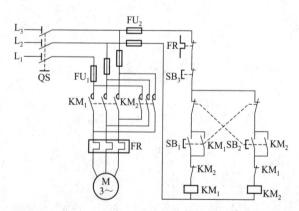

图 9-1　正反转控制电路原理图

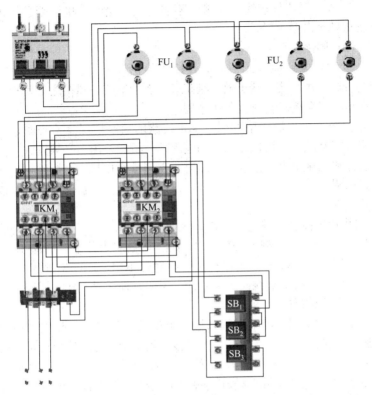

图 9-2　三相异步电动机正反转控制电路位置及接线图

② 在控制线路板上按位置图安装电气元件，如图 9-2 所示。要求：各元件的安装位置应整齐、匀称、牢固、间距合理，便于元器件的更换。

(2) **布线**　按接线图 9-2 所示的走线方法进行布线。要求：

① 布线顺序一般以接触器为中心，由里到外、由低到高，先控制电路、后主电路进行，以不妨碍后续布线为原则。

② 布线时应横平竖直，分布均匀，同一平面应高低一致，尽量不交叉，变换走向时应垂直。

③ 同一元件、同一回路的不同接点的导线间距应保持一致。

④ 剥线时严禁损伤线芯和导线绝缘层，导线与接线柱连接时不得压绝缘层，不允许反圈，铜线头不允许露出过长。

⑤ 同一元器件接线端子最多不超过两根接线，接线端子排每个插孔只允许接一根线。

(3) 调试步骤

① 根据电路原理图 9-1 检查接线的正确性。从电源端开始，逐端核对接线及接线端子处是否正确，有无漏接、错接之处，检查接点是否符合要求，压接是否牢固。

② 检查无误后，用万用表检查线路的通断情况。检查时，应选用数字万用表或机械万用表的电阻挡，机械万用表必须先进行挡位选择和机械调零。检查主电路时，先测量两相间是否短路，分别用表笔测量 $U_{11} \sim U_{12}$、$V_{11} \sim V_{12}$、$W_{11} \sim W_{12}$，此时两相间应该断开。

③ 检查控制电路时，将表笔分别搭接在 U_{11}、V_{11} 线端上，读数应为∞。按下正转启动按钮 SB_1 时，读数应为接触器线圈 KM_1 的电阻值。若不按 SB_1 按钮只按下接触器 KM_1 辅助常开触点时，万用表仍显示接触器线圈的电阻值，说明自锁可以工作。用同样的方法可以测试反转。

④ 通电检测：经指导教师检查无误后方可接入三相电和电动机通电试车。首先按下 SB_1，观察接触器 KM_1 吸合是否正常，此时 KM_1 应吸合，同时观察电动机是否旋转。接下来按下 SB_3，KM_1 线圈断电，其触点松开，观察电动机是否停转。也可以不经过停止按钮 SB_3，直接按反转启动按钮 SB_2，先观察接触器 KM_1 是否断开，同时观察接触器 KM_2 吸合是否正常。此时，观察电动机旋转是否与刚才旋转的方向相反。

通电试车完毕，停转，切断电源 QS，先拆除三相电源线，再拆除电动机线。

9.1.2　两台三相异步电动机顺序启动控制电路调试与安装

(1) 安装元器件

① 选取所用电气元件，并进行检测。

② 在控制线路板上按位置图安装电气元件，如图 9-3 所示。要求：各元件的安装位置应整齐、匀称、牢固、间距合理，便于元器件的更换。

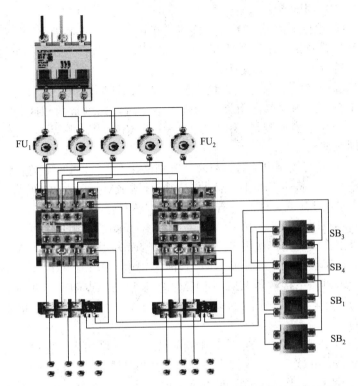

图 9-3 两台三相异步电动机顺序启动控制电路位置及接线图

(2) 布线 按接线图 9-3 所示的走线方法进行布线。要求：

① 布线顺序一般以接触器为中心，由里到外、由低到高，先控制电路、后主电路进行，以不妨碍后续布线为原则。

② 布线时应横平竖直，分布均匀，同一平面应高低一致，尽量不交叉，变换走向应垂直。

③ 同一元件、同一回路的不同接点的导线间距应保持一致。

④ 剥线时严禁损伤线芯和导线绝缘层，导线与接线柱连接时不得压绝缘层、不允许反圈、铜线头不允许露出过长。

⑤ 同一元器件接线端子最多不超过两根接线，接线端子排每个插孔只允许接一根线。

(3) 调试步骤

① 根据电路原理图检查接线的正确性。从电源端开始，逐端核对接线及接线端子处是否正确，有无漏接、错接之处，检查接点是否符合要求，压接是否牢固。

② 检查无误后，用万用表检查线路的通断情况。检查时，应选用数字万用表的电阻挡，检查主电路时，先测量两相间是否短路，分别用表笔测量 $U_{11} \sim U_{12}$、$V_{11} \sim V_{12}$、$W_{11} \sim W_{12}$，此时两相间应该断开。

③ 检查控制电路时，将表笔分别搭接在 U_{21}、V_{21} 线端上，读数应为∞。按下 SB_3 时，读数应为接触器 KM_1 线圈的电阻值，说明电动机 M_1 可以工作。若不按 SB_3 按钮只按下接触器 KM_1 辅助常开触点时，万用表仍显示接触器 KM_1 线圈的电阻值，说明自锁可以工作。要是只按下 SB_4 时，将表笔仍分别搭接在 U_{21}、V_{21} 线端上，读数应为∞，说明 KM_2 线圈不得电，电动机 M_2 不可能工作，若再按下接触器 KM_1 使 KM_1 辅助常开触点闭合，此时读数应为接触器 KM_2 线圈的电阻值，说明 M_2 电动机受 M_1 电动机控制。

④ 通电检测：经指导教师检查无误后方可接入三相电对电动机进行通电试车。首先按下 SB_3，观察接触器 KM_1 吸合是否正常，此时 KM_1 应吸合，同时观察 M_1 电动机是否旋转。此时再按下 SB_4，使 KM_2 线圈得电，其触点吸合，观察 M_2 电动机是否受 M_1 电动机控制。接下来按下 SB_1，使 KM_1 线圈断电，其触点松开，观察两台电动机是否都停止。若只按下 SB_2，KM_2 线圈断电，其触点松开，观察 M_2 电动机停止的同时是否 M_1 也停止，还是只有 M_2 电动机单独停止。

通电试车完毕，停转，切断电源 Q，先拆除三相电源线，再拆除电动机线。

9.1.3 两台三相异步电动机顺序停止控制电路调试与安装

(1) 安装元器件

① 选取所用电气元件，并进行检测。

② 在控制线路板上按位置图安装电气元件，如图 9-4 所示。

要求：各元件的安装位置应整齐、匀称、牢固、间距合理，便于元器件的更换。

（2）布线 按接线图 9-4 所示的走线方法进行布线。要求：

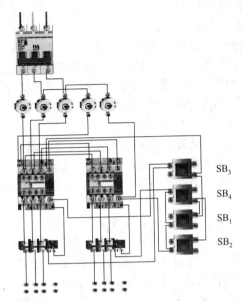

图 9-4 两台三相异步电动机顺序停止控制电路及接线图

① 布线顺序一般以接触器为中心，由里到外、由低到高，先控制电路、后主电路进行，以不妨碍后续布线为原则。

② 布线时应横平竖直，分布均匀，同一平面应高低一致，尽量不交叉，变换走向时应垂直。

③ 同一元件、同一回路的不同接点的导线间距应保持一致。

④ 剥线时严禁损伤线芯和导线绝缘层，导线与接线柱连接时不得压绝缘层、不允许反圈、铜线头不允许露出过长。

⑤ 同一元器件接线端子最多不超过两根接线，接线端子排每个插孔只允许接一根线。

（3）调试步骤

① 根据电路原理图检查接线的正确性。从电源端开始，逐端核对接线及接线端子处是否正确，有无漏接、错接之处，检查接点

是否符合要求，压接是否牢固。

② 检查无误后，用万用表检查线路的通断情况。检查时，应选用数字万用表的电阻挡，检查主电路时，先测量两相间是否短路，分别用表笔测量 $U_{11} \sim U_{12}$、$V_{11} \sim V_{12}$、$W_{11} \sim W_{12}$，此时两相间应该断开。

③ 检查控制电路时，将表笔分别搭接在 U_{21}、V_{21} 线端上，读数应为∞。按下 SB_3 时，读数应为接触器 KM_1 线圈的电阻值，说明电动机 M_1 可以工作。若不按 SB_3 按钮只按下接触器 KM_1 辅助常开触点时，万用表仍显示接触器 KM_1 线圈的电阻值，说明自锁可以工作。将表笔仍分别搭接在 U_{21}、V_{21} 线端上，读数应为∞。按下 SB_4 时，读数应为接触器 KM_2 线圈的电阻值，说明电动机 M_2 可以工作。若不按 SB_4 按钮只按下接触器 KM_2 辅助常开触点时，万用表仍显示接触器 KM_2 线圈的电阻值，说明自锁可以工作。

④ 通电检测：经指导教师检查无误后方可接入三相电对电动机进行通电试车。首先按下 SB_3，观察接触器 KM_1 吸合是否正常，此时 KM_1 应吸合，同时观察 M_1 电动机是否旋转。此时再按下 SB_4，使 KM_2 线圈得电，其触点吸合，观察 M_2 电动机是否受 M_1 电动机控制。接下来按下 SB_1，由于在 SB_1 停止按钮两端并联着一个 KM_2 的常开触点，所以只有先按下 SB_2 使接触器 KM_2 线圈失电而释放，其主触点、常开辅助触点断开，观察电动机 M_2 是否先停止，然后才能按动 SB_1，断开接触器 KM_1 线圈电路，观察电动机 M_1 是否才停止。说明停止时 M_1 电动机受 M_2 电动机控制。

通电试车完毕，停转，切断电源 Q，先拆除三相电源线，再拆除电动机线。

9.1.4 按钮切换 Y-Δ减压启动控制电路调试与安装

（1）安装元器件

① 选取所用电气元件，并进行检测。

② 在控制线路板上按位置图安装电气元件，如图 9-5 所示。要求：各元件的安装位置应整齐、匀称、牢固、间距合理，便于元器件的更换。

（2）布线 按接线图 9-5 所示的走线方法进行布线。要求：

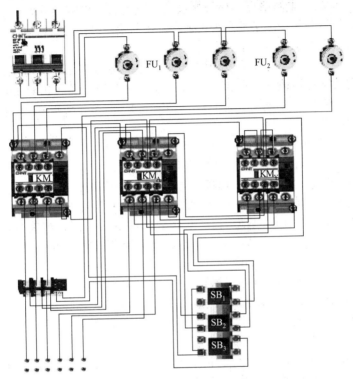

图 9-5 按钮切换 Y-△减压启动控制电路位置及接线图

① 布线顺序一般以接触器为中心，由里到外、由低到高，先控制电路、后主电路进行，以不妨碍后续布线为原则。

② 布线时应横平竖直，分布均匀，同一平面应高低一致，尽量不交叉，变换走向时应垂直。

③ 同一元件、同一回路的不同接点的导线间距应保持一致。

④ 剥线时严禁损伤线芯和导线绝缘层，导线与接线柱连接时不得压绝缘层、不允许反圈、铜线头不允许露出过长。

⑤ 同一元器件接线端子最多不超过两根接线，接线端子排每个插孔只允许接一根线。

(3) 调试步骤

① 根据电路原理图检查接线的正确性。从电源端开始，逐端核对接线及接线端子处是否正确，有无漏接、错接之处，检查接点是否符合要求，压接是否牢固。

② 检查无误后，用万用表检查线路的通断情况。检查时，应选用数字万用表的电阻挡，检查主电路时，先测量两相间是否短路，分别用表笔测量 $U_{11} \sim U_{12}$、$V_{11} \sim V_{12}$、$W_{11} \sim W_{12}$，此时两相间应该断开。

③ 检查控制电路时，将表笔分别搭接在 U_{21}、V_{21} 线端上，读数应为∞。按下 SB_1 时，读数应为接触器 KM 或 KM_Y 线圈的电阻值，说明电动机 M 在 Y 形接法启动工作。若不按 SB_1 按钮只按下接触器 KM 辅助常开触点时，万用表仍显示接触器 KM 或 KM_Y 线圈的电阻值，说明自锁可以工作。此时按下 SB_2 时，将表笔仍分别搭接在 U_{21}、V_{21} 线端上，读数应为接触器 KM 和 $KM_\triangle$ 线圈的电阻值，说明 $KM_\triangle$ 线圈得电电动机 M△形接法全压运行工作。

④ 通电检测：经指导教师检查无误后方可接入三相电对电动机进行通电试车。首先按下 SB_1，观察接触器 KM 吸合是否正常，此时 KM 和 KM_Y 线圈应吸合。同时观察电动机 M 是否在 Y 形接法启动旋转。KM_Y 的辅助常闭触点断开起互锁作用，$KM_\triangle$ 线圈不得电。当转速达到一定时再按下 SB_2，使 KM_Y 线圈失电，辅助常闭触点恢复闭合解除互锁，同时 $KM_\triangle$ 线圈得电，其主触点吸合，观察电动机 M 是否在△形接法全压运行。停止时按下 SB_3，使 KM 线圈断电，其主触点和辅助常开触点都松开，观察电动机是否停止。

通电试车完毕，停转，切断电源 QS，先拆除三相电源线，再拆除电动机线。

9.1.5 时间继电器自动切换 Y-△ 减压启动控制电路调试与安装

(1) 安装元器件

① 选取所用电气元件，并进行检测。

② 在控制线路板上按位置图安装电气元件，如图 9-6 所示。

要求：各元件的安装位置应整齐、匀称、牢固、间距合理，便于元器件的更换。

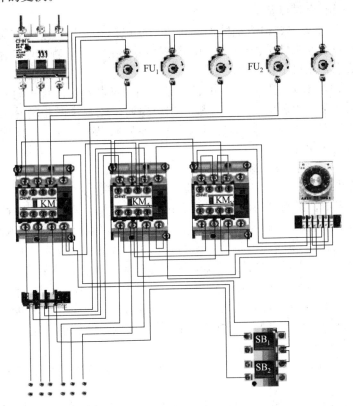

图 9-6 时间继电器自动切换 Y-△减压启动控制电路位置及接线图

(2) 布线 按接线图 9-6 所示的走线方法进行布线。要求：

① 布线顺序一般以接触器为中心，由里到外、由低到高，先控制电路、后主电路进行，以不妨碍后续布线为原则。

② 布线时应横平竖直，分布均匀，同一平面应高低一致，尽量不交叉，变换走向时应垂直。

③ 同一元件、同一回路的不同接点的导线间距应保持一致。

④ 剥线时严禁损伤线芯和导线绝缘层，导线与接线柱连接时不得压绝缘层、不允许反圈、铜线头不允许露出过长。

⑤ 同一元器件接线端子最多不超过两根接线，接线端子排每个插孔只允许接一根线。

(3) 调试步骤

① 根据电路检查接线的正确性。从电源端开始，逐端核对接线及接线端子处是否正确，有无漏接、错接之处，检查接点是否符合要求，压接是否牢固。

② 检查无误后，用万用表检查线路的通断情况。检查时，应选用数字万用表的电阻挡，检查主电路时，先测量两相间是否短路，分别用表笔测量 $U_{11} \sim U_{12}$、$V_{11} \sim V_{12}$、$W_{11} \sim W_{12}$，此时两相间应该断开。

③ 检查控制电路时，将表笔分别搭接在 U_{21}、V_{21} 线端上，读数应为∞。按下 SB_1 时，读数应为接触器 KM、KM_Y 或 KT 线圈的电阻值，说明电动机 M 在 Y 形接法启动工作。若不按 SB_1 按钮只按下接触器 KM 辅助常开触点时，万用表仍显示接触器 KM、KM_Y 或 KT 线圈的电阻值，说明自锁可以工作。KT 经过一段时间的延时，常闭延时触点打开，常开延时触点闭合，使 KM_Y 线圈失电，其 KM_Y 常开主触点断开，辅助常闭互锁触点闭合，使 $KM_\triangle$ 线圈得电，将表笔仍分别搭接在 U_{21}、V_{21} 线端上，读数应为接触器 KM 和 $KM_\triangle$ 线圈的电阻值，说明 $KM_\triangle$ 线圈得电电动机 M△形接法全压运行工作。

④ 通电检测：经指导教师检查无误后方可接入三相电对电动机进行通电试车。

首先按下 SB_1，观察接触器 KM 吸合是否正常，此时 KM、KM_Y 和 KT 线圈应吸合。同时观察电动机 M 是否在 Y 形接法启动旋转。KM_Y 的辅助常闭触点断开起互锁作用，$KM_\triangle$ 线圈不得电。当 KT 延时时间到时，常闭延时触点打开，常开延时触点闭合，使 KM_Y 线圈失电，其 KM_Y 常开主触点断开，辅助常闭互锁触点闭合解除互锁，使 $KM_\triangle$ 线圈得电，其 $KM_\triangle$ 常开主触点闭合，辅助常闭互锁触点断开，此时 KT 线圈失电，观察电动机 M 是否在△形接法全压运行。停止时按下 SB_2，使 KM 线圈断电，其主触点和辅助常开触点都松开，观察电动机是否停止。

通电试车完毕，停转，切断电源 QS，先拆除三相电源线，再拆除电动机线。

9.2 电子线路安装与维修

9.2.1 串联型稳压电源电子线路的安装与调试

(1) **所需设备、材料和工具** 如表 9-1 所示。

表 9-1 所需设备、材料和工具

名称	型号与规格	单位	数量
二极管 $VD_1 \sim VD_4$	2CP21	个	4
三极管 VD_5	3DA1A	个	1
稳压二极管 VD_6	2DW230	个	1
变压器 T	200/10V	个	1
电源开关	220/10V	个	1
熔断器 FU_1	BX0.5A	个	1
熔断器 FU_2	BX0.4A	个	1
电容器 C_1, C_3	500μF/25	个	2
电阻 R_1	1kΩ	个	1
电阻 R_2	2.2kΩ	个	1
电阻 R_3	2.2kΩ	个	1
电容器 C_2	0.05μF	个	1
电阻 RL	3kΩ	个	1
直流电流表	0.5A	块	1
万用表	MF47	块	1

(2) **稳压电路** 当电网电压波动或负载发生变化时,能使输出处电压稳定的电路,称为稳压电路。

在电子电路,特别是精密电子测量仪器、自动控制、计算装置等电路中要求整流滤波后,还要接入直流稳压电路,以保证输出电压稳定。

(3) 硅稳压二极管　硅稳压二极管实质上是一个硅二极管，只是其工作区在反向击穿电压，所以使用时必须反向连接。硅稳压二极管的主要参数是：稳压电压 U_Z、稳压电流 I_Z、最大稳定电流 I_{ZM} 和最大耗散功率 P_{CM}。

当使用多个稳压二极管时只能串联使用。

(4) 晶体管串联型稳压电路

① 基本原理　电路图如图 9-7 所示。

基准电压 U_Z 是稳压二极管 V_1 向半导体三极管 V_2（调整管）基极提供的稳定直流电压。

$U_{be}=U_Z-U_L$，$U_L=U_i-U_{ce}$

a. 当电网电压 U_i 升高时，稳压过程为：$U_i \uparrow I_L \uparrow U_e \downarrow U_{be} \downarrow I_b \downarrow I_c \downarrow U_{ce} \uparrow U_L \uparrow$。当 U_i 降低时，稳压过程正好相反。

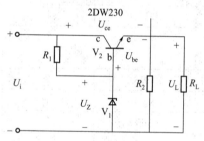

图 9-7　串联型稳压电路

b. 若 U_i 不变，R_L 减小引起 I_L 增大，导致 U_L 减小时稳压过程为：$R_L \downarrow I_L \uparrow U_e \downarrow U_{be} \uparrow I_b \uparrow I_c \uparrow U_{ce} \downarrow U_L \uparrow$。

若 R_L 增大引起 U_L 增高，则稳压过程相反。

② 安装　电路安装图如图 9-8 所示。

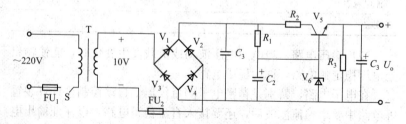

图 9-8　串联型稳压电路安装图

　　a.根据需要配齐元件并检测元件。

　　b.消除元件和印制电路板面铜丝（箔）的氧化层，并搪锡。

　　c.剥去电源连线及负载连接线的线端绝缘，消除氧化层并加以搪锡处理。

　　d.二极管、电解电容器应正向连接，稳压二极管反向连接，半导体三极管3个极不能接错。

　　e.根据电路图自左向右焊接元件。

　　f.焊接时注意纠正虚焊、漏焊。

　　③ 调试

　　a.检查线路板无误后通电。

　　b.测相应电压。

　　④ 故障分析

　　a.若测出 $U_o \approx 9V$，则 C_1 开路或 $V_1 \sim V_4$ 有开路。断点检查排除。

　　b.若 $U_{be} \approx 0$ 或 $U_{be} \approx U_o$，则 V_5 损坏。

　　c.若 V_6 两端电压为 0，则 V_6 可能接反或被击穿。

9.2.2　晶体管放大电路的安装与调试

　　(1) 所需设备、材料和工具　如表 9-2 所示。

表 9-2　所需设备、材料和工具

名称	规格、型号	单位	数量
示波器	SR-8	台	1
信号发生器	XD1B	台	1
万用表	MF47	块	1
晶体管毫伏表	DA-16	台	1
电烙铁	25W	把	1
直流稳压源	$0 \sim 30V/0 \sim 3A$	台	1
焊锡丝	$\phi 0.8mm$	卷	1
电路板	$120mm \times 90mm \times 2mm$	块	1
导线	0.5mm	m	若干
元器件	见明细表	件	各1

(2) 放大电路　放大电路就是把微弱的电信号（电流、电压或者功率）转变为较强的电信号的电子电路，图 9-9 所示为放大电路方框图。

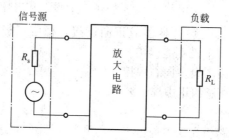

图 9-9　放大电路的方框图

放大电路由半导体三极管、电阻器、电容器及电源等一些元器件组成，它利用半导体三极管电流放大原理，把微弱的电信号转变为较强的电信号。向放大电路提供输入信号的电路或设备称为信号源，接收放大电路输出电信号的元器件或电路称为放大电路的负载。多级放大电路由两个或两个以上单级放大电路组成，级与级之间连接方式为耦合。常用的耦合方式有：阻容耦合、变压器耦合和直接耦合等。

(3) 两级放大电路

① 电路分析　两级放大电路图如图 9-10 所示，该电路由两级单管放大电路耦合而成。

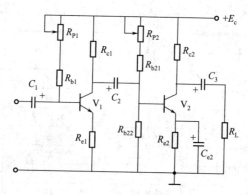

图 9-10　两级放大电路图

第一级采用固定偏置的共发射极放大电路,调整 R_{P1} 可以改变 V_1 的静态工作点,V_1 的发射极电阻 R_{e1} 是交直流负反馈电阻。

第 2 级是采用分压偏置的共发射极放大电路,调整 R_{P2} 可以改变 V_2 的静态工作点,C_{e2} 是旁路电容,提供交流通道,因此,第 2 级电路没有交流负反馈,不会降低放大倍数。C_2 为级间耦合电容,C_1、C_3 分别是输入、输出耦合电容。

② 电路元器件明细表　见表 9-3。

表 9-3　电路元器件明细表

序号	代号	名称	型号与规格	数 量
1	V_1、V_2	三极管	3DG6	2
2	R_{P1}	微调电位器	WSW1、$1M\Omega 0.5W$	1
3	R_{P2}	微调电位器	WSW1、$220k\Omega 0.5W$	1
4	$C_1 \sim C_3$	电解电容器	CD11、$20\mu F/50V$	3
5	R_{e1}	电阻	RJ21、$100\Omega 1/8W$	1
6	R_{e2}	电阻	RJ21、$1k\Omega 1/8W$	1
7	R_{b1}	电阻	RJ21、$100k\Omega 1/8W$	1
8	R_{b21}	电阻	RJ21、$20k\Omega 1/8W$	1
9	R_{b22}	电阻	RJ21、$10k\Omega 1/8W$	1
10	R_{c1}	电阻	RJ21、$5.1k\Omega 1/8W$	1
11	R_{c2}、R_L	电阻	RJ21、$5.6k\Omega 1/8W$	2
12	C_{e2}	电解电容器	CD11、$100\mu F/50V$	1

③ 安装步骤　如图 9-11 所示正确安装元器件。并用电烙铁将断口 b、c、e 各处焊接好,接通 12V 电源。

a. 调整放大电路的静态工作点、测量电压放大倍数。

在放大器的输入端输入一个 1kHz 的正弦交流信号,用示波器观察 R_L 上的电压波形,反复调整输入信号的大小以及微调电位器 R_{P1} 和 R_{P2},使 R_L 上的电压波形为最大并不失真,然后测量数据,并记录到表 9-4 中。

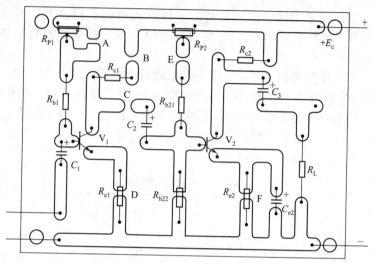

图 9-11　两级放大电路装配图

表 9-4　测量数据

三极管各极对地电压/V	U_{b1}	U_{c1}	U_{e1}	U_{b2}	U_{c2}	U_{e2}
输入电压/V		输出电压/V		放大倍数		

b. 将端口 A 焊接好，R_{P1} 短路，相当于 V_1 基极上偏置电阻变小，用万用表测量并记录半导体三极管所处的状态，再将断口 A 焊开。

c. 将 B 焊开，相当于 V_1 集电极电阻开路，用万用表测量半导体三极管各极对地电压，通过数据分析 3 极所处状态，再将 B 焊好。

d. 分别将断口 D 焊好（相当于 R_{e1} 短路）、断口 C 断开（相当于耦合电容 C_2 开路）、断口 E 焊开（相当于 R_{e2} 或 C_{e2} 短路），都用万用表测量半导体三极管各极对地电压，同时观察输出电压波形的变化，通过数据分析半导体三极管都处于什么状态，再将 D 焊开，C 焊好，E 焊好，F 焊开。

e. 注意：焊接顺序要按步骤，焊接动作要快，以免烫坏元件与线路板。

9.2.3　NE555 时基电路及应用

(1) 所需设备、材料和工具　如表 9-5 所示。

表 9-5 所需设备、材料和工具

名称	规格	单位	数量
NE555	DIP	个	1
三极管	2N4250	个	1
电容器	$0.01\mu F$、25V	个	2
	$0.1\mu F$、25V	个	2
电阻	10kΩ	个	2
按钮	LAY3-20	个	1
白炽灯	220V/40W	个	1
万用表	MF500	台	1
电烙铁	220V/25W	把	1
焊锡丝	$\phi 0.7mm$	kg	若干
导线	$\phi 0.5mm$	m	若干

（2）NE555 时基电路 NE555 时基电路的封装形式有两种，一是 8-DIP 双列直插 8 脚封装，另一种是 8-SOP 小型（SMD）封装形式，NE555 的外形如图 9-12 所示。各公司生产的产品，内部结构和工作原理都相同。NE555 属于 CMOS 工艺制造，图 9-13 是它的内部功能原理框图。

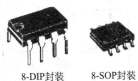

8-DIP封装　　　8-SOP封装

图 9-12　NE555 的封装形式

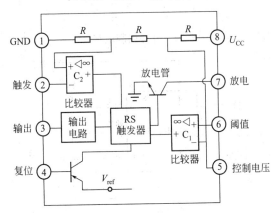

图 9-13　NE555 内部功能框图

表 9-6 是 NE555 的极限参数。

表 9-6　NE555 的极限参数

电源电压	允许功耗	工作温度	储藏温度	最高结温
+18V	600mW	−10～+70℃	−65～+150℃	300℃

不同的封装形式及不同的生产厂商的器件这些参数不尽相同。极限参数是指在不损坏器件的情况下，厂商保证的界限，并非可以工作的条件，如果超过某一环境下使用，其间的安全性将不能得到保证，这在使用中应加以注意。

利用 NE555 可以组成很多应用电路，甚至多达数百种应用电路，例如，家用电器控制装置、门铃、报警器、信号发生器、电路检测仪器、元器件测量仪、定时器、压频转换电路、电源应用电路、自动控制装置及其他应用电路等。

(3) NE555 的连接　NE555 常用电路见图 9-14～图 9-17。

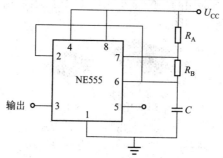

图 9-14　脉冲调制电路（一）

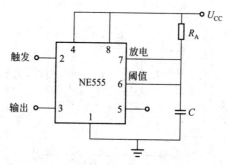

图 9-15　脉冲调制电路（二）

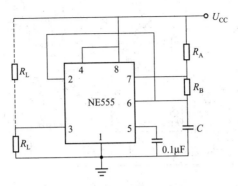

图 9-16 无稳态工作方式

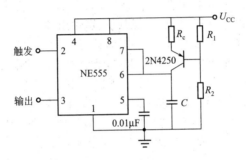

图 9-17 单稳态电路

（4）NE555 应用实例 广告灯控制器，白天控制广告灯熄灭，晚上光线暗时则自动开启，1～7h（可调）后自动熄灭。本控制器还可用于彩灯、路灯等的控制。

广告灯控制器由 NE555 组成的光控及抗干扰电路、CD4541 定时电路、继电器控制、电源电路等部分组成，电路原理图如图 9-18 所示。

NE555 时基电路接成施密特触发器，对光敏电阻 R_G 接收到的信号进行整形和功率放大以后，驱动后续电路。当白天有光照时，NE555 第 3 脚输出低电平，夜晚无光照时输出高电平。

CD4541 是一块具有振荡计数、定时功能的 IC，在电路中作为定时控制用。CD4541 工作时，第 1 脚接振荡电阻，第 2 脚接振荡电容，第 3 脚接保护电阻，第 8 脚为输出脚，第 9 脚可选择第 8 脚

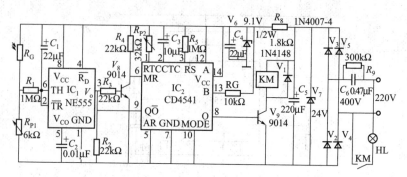

图 9-18　广告灯控制器电路

的输出状态，第 10 脚接低电平为单定时模式，接高电平为循环定时模式，第 12、13 脚可设定时间或设定输出频率。

220V 交流市电经 R_9、C_6 阻容降压，$V_2 \sim V_5$ 整流，C_5 滤波，V_7 稳压，给继电器提供 24V 的吸合电压。此电压通过 R_8 和 V_6 稳压，C_4 滤波，给 IC$_1$ 和 IC$_2$ 提供 9.1V 的工作电压。

白天，光敏电阻 R_G 阻值很小，通过 R_G 和 RP$_1$ 分压，NE555 第 6 脚电压大于 $2U_{CC}/3$，使第 3 脚输出为低电平，半导体三极管 V_9 截止。CD4541 第 6 脚复位端为高电平，其内部计数器清零复位，第 8 脚输出端为低电平，V_9 截止，继电器动合触点断开，其受控电路不工作。

当夜幕降临的时候，R_G 阻值逐渐增大，NE555 第 2 脚电位逐渐降低，当小于 $U_{CC}/3$ 时，NE555 第 3 脚输出端信号翻转为高电平。V_8 基极电位升高而导通，给 CD4541 第 6 脚提供一个由高电平变为低电平的脉冲负跳变沿，使内部电路开始计数，输出端第 8 脚输出高电平。V_9 导通，继电器 KM 得电，动合触点闭合，受控电路工作。

R_{P2} 和 C_3 为 CD4541 外接振荡电阻和振荡电容，当经 $t = 32768 \times 2.3RC \approx 24871s$ 时间后，输出端第 8 脚变为低电平，V_9 截止，KM 的动合触点失电而断开，受控电路停止工作。通过微调 R_{P2}，可改变定时时长。

此电路对于外界干扰引起的白天瞬间变暗不会导致继电器误动作，因为 NE555 第 2、6 脚所接 R_1 和 C_1 组成延时抗干扰电路，当R_G阻值瞬间增大时，由于电容C_1两端电压不能突变，从而保持第6脚电位基本不变，第3脚输出仍为低电平。但当R_G阻值长时间较大时，C_1充电完成后，NE555第6脚电压降低，第3脚输出高电平，从而导致继电器动作。

9.2.4　时间继电器电子线路的安装与调试

（1）所需设备、材料和工具表　如表9-7所示。

表9-7　所需设备、材料和工具表

名称	规格	单位	数量
二极管	2CP18	个	2
三极管	3DG12	个	1
电容器	$2\mu F$、500V	个	1
	$170\mu F$、25V	个	1
	$100\mu F$、25V	个	1
电阻	500kΩ	个	1
	300kΩ、5W	个	1
	470kΩ	个	1
按钮	LAY3-20	个	1
白炽灯	220V/40W	个	1
直流继电器	JRX-BF-12VDC	个	1
万用表	MF47	块	1
电烙铁	220V/50W	把	1
焊锡丝	$\phi0.7mm$	kg	若干
导线	$\phi0.5mm$	m	若干
空心铆钉板	2mm×150mm×200mm	块	1
空心铆钉	0.7mm	个	若干

（2）时间继电器　时间继电器是从得到输入信号起，到产生相应的输出信号（为触点的通断等），有一个符合一定准确度的延时过程的继电器。

时间继电器按延时方式分有：通电延时型和断电延时性。

常用的有电磁式、空气阻尼式、电动机式和晶体管式时间继电器。

(3) 延时电路

① 电路要求　自动关白炽灯装置可以做到一按动开关，白炽灯 EL 马上就亮，过一段时间白炽灯又自动熄灭，电路如图 9-19 所示。

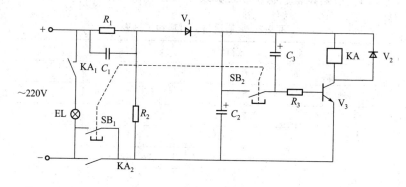

图 9-19　延时电路

② 电路分析　主电路采用 220V 交流电压，白炽灯 EL 作为负载。由直流继电器动合触点 KA₁ 控制主电路的通与断。控制电路中二极管 V₁ 作为整流元件，由它输出电流（直流）经 V₃ 放大后输送给 KA（直流继电器线圈），使其吸合，并接通 KA₁、KA₂、电容器 C_3 与电阻 R_3 组成延时电路，C_2 为滤波电路。

③ 工作原理　按下按钮 SB，C_1 被短接，$U_{C3}=0$；同时，半导体三极管 V₃ 导通。继电器 KA 获电，动合触点 KA₂ 接通，锁住 SB₁；KA₁ 也接通，白炽灯 EL 点亮。

释放 SB，V₃ 仍导通。由于 U_{C3} 不断上升，V₃ 的 U_{be} 下降，直至 V₃ 截止。从而 KA 断电，其动合触点 KA₁，KA₂ 断开，使白炽灯 EL 熄灭。

(4) 安装与调试

① 安装步骤

a. 按电路要求配齐所有元件，并检验它们的好坏。

b. 在 2mm×150mm×200mm 的空心铆钉板上布置元件位置。

c. 清除元件引线、空心铆钉、空心铆钉板背面连接裸线、电源连接线和负载连接线端的氧化层，并搪锡。

d. 按电路图进行焊接。

e. 检查元件焊接是否正确。

② 调试

a. 调试控制电路：切断主电路，接通控制电路电源，若 KA 有吸合现象，用万用表电阻挡测其动合触点，一段时间后，KA 铁芯自动释放，其动合触点复原，说明控制电路工作正常。

b. 调试主电路：接上主电路，白炽灯 EL 能在 SB 的控制下变亮和自动熄灭，说明整个电路工作正常。

(5) 故障分析

① 故障现象：继电器 KA 不能吸合。故障原因：

a. 二极管 V_1 断路，使控制电路中无直流电源。

b. V_1 被击穿，交流电源与 R_1、C_2 构成通路，控制电路无直流电源。

c. V_3 损坏。

d. KA 损坏。

② 故障现象：电路无延时现象。

故障原因：电容器 C_3 断路或被击穿。

③ 故障现象：V_3 烧坏。

故障原因：

a. V_2 接反，对 V_3 无保护。

b. 继电器自感电动势引起的冲击电流所致。

参考文献

[1] 王兰君，张景皓. 看图学电工技能. 北京：人民邮电出版社，2004.

[2] 徐第等. 安装电工基本技术. 北京：金盾出版社，2001.

[3] 蒋新华. 维修电工. 沈阳：辽宁科学技术出版社，2000.

[4] 曹振华. 实用电工技术基础教程. 北京：国防工业出版社，2008.

[5] 曹祥. 工业维修电工通用教材. 北京：中国电力出版社，2008.

[6] 孙华山，等. 电工作业. 北京：中国三峡出版社，2005.

[7] 曹祥. 智能楼宇弱电工通用培训教材. 北京：中国电力出版社，2008.

[8] 孙艳. 电子测量技术实用教程. 北京：国防工业出版社，2010.

[9] 张冰. 电子线路. 北京：中华工商联合出版社，2006.

[10] 杜虎林. 用万用表检测电子元器件. 沈阳：辽宁科学技术出版社，1998.

[11] 王永军. 数字逻辑与数字系统. 北京：电子工业出版社，2000.

[12] 祝慧芳. 脉冲与数字电路. 成都：电子科技大学出版社，1995.